# 在线

## 互联网青少年的心理画像

雷 雳◎著

北京师范大学出版集团
BEIJING NORMAL UNIVERSITY PUBLISHING GROUP
北京师范大学出版社

# 前　言

　　毋庸置疑，今天已经是互联网的时代！中国互联网络信息中心最近的调查表明，截至 2023 年 6 月，我国网民规模达 10.79 亿人（CNNIC，2023）。互联网已然成为人们生活中不可或缺的部分。

　　互联网的各种应用呈现了独特的特征：视觉匿名、文本沟通、空间穿越、时序弹性、地位平等、身份可塑、多重社交、存档可查。人们过去在真实的物理环境中的生活，相当多的部分在现在虚拟的网络环境中也可以如实呈现，甚至是花样翻新！那么，正处于社会化关键阶段的青少年在这种独特的网络环境中是如何成长的呢？其心理历程又是怎样的呢？

　　自 2000 年开始，我们对此进行了长时间的探索和研究。指导这一系列研究工作的大体理论假设是：青少年心理的发展在网络环境与真实环境中是相似的，并且，互联网独有的特点又使得青少年的网络心理别具一格。相应地，关于青少年互联网心理学的理论框架也在我的头脑中形成了。在这一理论框架的指导下，一系列的研究陆续展开。

　　具体而言，在这一系列的研究中，我们从青少年上网的概况、网络与个体、网络与人际、网络与文化、健康上网等方面，探索了青少年的互联网服务使用偏好；探索了人格、心理弹性、应对方式、生活事件、社会支持等因素与青少年网络行为的关系；探索了青少年上网行为污名化的特点；探索了青少年上网与其身体映像、自我中心思维、自我发展、自我认同、心理性别的关系；探索了青少年上网与其依恋关系、网上亲社会行为、网上偏差行为、社交网站使用、移动社交的关系；探索了青少年上网与其学习适应、网络音乐使用、网络购物意向、网络游戏体验的关系；探索了青少年上网与其心理健康问题、互联网信息焦虑的关系，以及健康上网的结构特征等。

总之，希望这一系列的研究成果能够为网络时代的青少年大致描绘出心理画像，让"在线青少年"的轮廓反映在这样一幅一幅粗线条的写意画中。

此外，有一点需要说明的是，书中提到的"显著""不显著"等说法，均指的是统计意义上的，只不过为了避免统计数字可能给读者带来困扰，基于统计分析的各种系数、指标大都被略去了，有兴趣的读者可以在我们发表的文章中查看。在此还需要提到的是，本人之前编写了《鼠标上的青春舞蹈：青少年互联网心理学》（2010，华东师范大学出版社），这本书对之前的研究进行了总结；《青少年网络心理解析》（2012，开明出版社）则可以被看成它的修订版，删除了前者中的一些内容，同时又补充了一些新的内容；本书又可以被看成新的修订版，此次修订主要对全书的总体架构进行了调整，同时补充了新的内容。

我们现在做的工作对全面描述青少年的网络心理来说，可能挂一漏万，很多问题还有待进一步广泛而深入地研究，所以本书的出版属抛砖引玉而已。很多具体的工作是我与我的学生共同完成的，本书是我们共同的成果。参与研究的学生包括李宏利、陈猛、柳铭心、杨洋、陈辉、张新风、郑思明、郭菲、伍亚娜、张国华、李冬梅、郝传慧、马利艳、孟庆东、李富峰、尹娟娟、马晓辉、任小莉、王勍、杜岩英、冯丹、王伟、谢笑春。最后，感谢参与整个研究计划的数万名青少年，以及他们的家人和老师；感谢出版社编辑为本书的出版所做的一切。

2023 年 10 月于中国人民大学

# 目　录

# 第一章 引 论

**开脑思考**

1. 互联网是如何兴起的？如果今天的世界没有互联网，会是怎样的呢？

2. 青少年作为一个发展阶段的群体，其独特的特点是什么？互联网对于青少年而言有什么特别之处吗？

**关键术语**

互联网，网络自我认同，病理性互联网使用，网上偏差行为，心理社会性

## 第一节 背景

### 一、互联网的产生与发展

在谈青少年上网的心理与行为特点之前，我们先简要看看互联网的产生与发展。

互联网的快速发展是最近几十年的事，不过其起源可以追溯到 20 世纪 60 年代，在此我们通过若干具有里程碑意义的历史时刻，来简要了解一下互联网的产生与发展。这些时刻反映了互联网的产生、电子邮件的发展、万维网的发展、网络社交的演变、在线多媒体的普及、网络资源、从 Web 1.0 到 Web 2.0 的演变等，同时包括值得我们关注的一些事件。

1969 年 11 月，阿帕网（ARPANET）创立，一开始它仅仅是美国军方为了远距离共享数据而开发的计算机网络，现在成了当今互联网诞生的主要标志。

1971 年末，雷·汤姆林森（Ray Tomlinson）用自己编写的程序成功发送了世界上第一封电子邮件。他也是电子邮件中那个标志性的"@"符号的创立人。

1978 年 5 月，第一封垃圾电子邮件被发给 400 个用户，以推销产品。

1984 年 10 月，互联网先驱乔纳森·波斯塔尔（Jonathan Postel）引入了顶级域名的概念，并推出了 .com，.org，.gov，.edu 以及 .mil 等顶级域名。

1986 年，美国国家科学基金会建立了一个连接各个大学的校园网。

1987 年 9 月，王运丰教授等人在北京建成了一个电子邮件节点，并发出了中国第一封电子邮件，邮件内容为："Across the Great Wall we can reach every corner in the world."（越过长城，走向世界）。

1990 年 11 月，基于蒂姆·伯纳斯-李（Tim Berners-Lee）的贡献，万维网（World Wide Web）在早期的超文本试验中逐步形成。

1990 年 11 月 28 日，中国的顶级域名 .cn 完成注册，从此中国在国际互联网上有了自己的身份标识。

1993 年，第一款真正意义上的网络浏览器诞生，它被称为 Mosaic。它的出现极大地推动了万维网的普及。

1994 年，雅虎诞生。

1994 年 4 月 20 日，中国被国际上正式承认为真正拥有全功能互联网的国家。

1995 年，亚马逊网站建立。

1995 年 9 月，易贝网开拍，拍卖的第一个东西是一支旧的激光笔。

1996 年 1 月，中国公用计算机互联网全国骨干网建成并正式开通，全国范围的公用计算机互联网络开始提供服务。

1996 年 11 月，ICQ 发布。

1997 年 6 月，网易公司成立。

1997 年 11 月，中国互联网络信息中心发布了第一次《中国互联网络发展状况统计报告》，截至 1997 年 10 月 31 日，中国上网用户数为 62 万人。

1997 年 12 月，乔恩·巴吉尔(Jorn Barger)第一次提出"weblog"，后来演变为"blog"(博客)。

1998 年 2 月，搜狐公司成立。

1998 年 8 月，谷歌公司成立。

1998 年 11 月，腾讯公司成立。

1998 年 12 月，新浪公司成立。

1998 年 12 月，"阿里巴巴"网站创立，1999 年 6 月，阿里巴巴公司正式运营。

1999 年 8 月，第一个博客网站开通，它可以让用户方便地创建自己的博客。

1999 年 9 月，中国招商银行率先在国内全面启动"一网通"网上银行服务，成为国内首先实现全国联通"网上银行"的商业银行。

2000 年 1 月，百度公司创立。

2000 年 12 月 7 日，由中国文化部等单位共同发起的"网络文明工程"在北京正式启动，其主题是"文明上网、文明建网、文明网络"。

2001 年 1 月 1 日，中国互联网"校校通"工程进入正式实施阶段。

2001 年 1 月，维基百科诞生。

2001 年 11 月 22 日，共青团中央、教育部等部门向社会正式推出《全国青少年网络文明公约》。

2003 年，"MySpace""LinkedIn""Skype"等社交网站先后上线，苹果公司推出"iTunes"和"Safari"浏览器。

2003 年 10 月 18 日，淘宝网推出"支付宝"功能。

2004 年 2 月 4 日，社交网络服务网站脸书上线。

2005 年 2 月，YouTube 上线。

2005 年 7 月，中国互联网络信息中心发布了《第 16 次中国互联网络发展状况统计报告》，截至 2004 年 6 月 30 日，我国网民首次突破 1 亿，达到 1.03 亿人。

2006 年 1 月 1 日，中华人民共和国中央人民政府门户网站正式开通。

2006 年 6 月，推特网建立。

2008 年 1 月，中国互联网络信息中心发布了《第 21 次中国互联网络发展状况统计报告》，截至 2007 年 12 月，我国网民数突破 2 亿。

2010 年 1 月，中国互联网络信息中心发布了《第 25 次中国互联网络发展状况统计报告》，截至 2009 年 12 月，我国网民增至 3.84 亿人。

2011 年 1 月 19 日，中国铁路 12306 网站正式运营使用，我国人民开始步入网络购买火车票的时代。

2011 年 1 月 21 日，腾讯公司推出微信。

2013 年 6 月，"棱镜门"事件引发全球众多国家开始重视网络信息安全的保障。

2014 年，共享单车 ofo 创立。

2016 年 3 月至 2017 年 5 月，谷歌公司开发的"阿尔法狗"（AlphaGo）围棋成为第一个击败人类职业围棋选手、第一个战胜围棋世界冠军的人工智能程序。

2016 年 11 月 7 日，《中华人民共和国网络安全法》正式颁布，该法于 2017 年 6 月 1 日正式实施。《中华人民共和国网络安全法》的颁布，标志着我国网络安全正式步入法制化管理。

2018 年，教育部办公厅印发《关于做好预防中小学生沉迷网络教育引导工作的紧急通知》并致信全国家长，强调各方面尽心尽责、密切配合、齐抓共管，家校共筑防范网络沉迷之"堤"。

2019 年，全国"扫黄打非"办公室发起"护苗 2019"专项行动，让未成年人的合法权益得到切实保护。

2020 年 7 月，为给广大未成年人营造健康的上网环境，推动网络生态持续向好，国家互联网信息办公室决定启动为期 2 个月的"清朗"未成年人暑期网络环境专项整治。

2021 年 8 月，中国互联网络信息中心发布了第 48 次《中国互联网络发展状况统计报告》，截至 2021 年 6 月，我国网民规模达 10.11 亿人，互联网普及率达 71.6％。

2023 年 8 月，中国互联网络信息中心发布了第 52 次《中国互联网络发展状况统计报告》。截至 2023 年 6 月，我国网民规模达 10.79 亿人，互联网普及率达 76.4％。

## 二、中国互联网应用整体状况

1997 年，经国家主管部门研究决定由中国互联网络信息中心联合互联网络单位共同实施一项统计工作，调查我国网民人数和结构特征、互联网基础资源、上网条件和网络应用等方面的信息。

据中国互联网络信息中心分析，我国网民规模的快速增长与以下因素密不可分。

第一，我国快速发展的经济是互联网用户规模快速增长的基础。我国经过几十年的改革开放，在年均 GDP 增长的背景下，积累了相当的实力。随着全民整体收入的增加，人们在信息需求上的投入越来越多。同时，良好的经济环境为互联网产业的创新和发展创造了条件，并促使产业内并购和商业模式升级，最终使更多的人成为网民，并更好地服务于网民群体。

第二，为保证我国信息化健康发展，国家制定并发布了《2006—2020 年国家信息化发展战略》等一系列政策，信息化已成为促进科学发展的重要手段。

第三，通信和网络技术向宽带、移动、融合方向发展，数据通信正在逐渐取代语音通信成为通信领域的主流。随着产业技术的进步和网络运营商竞争程度的加剧，网络接入的软硬件环境在不断优化。网络接入和用户终端产品的价格不断下降，使用户的上网门槛不断降低。

第四，互联网具有高黏性和高传播性。根据中国互联网络信息中心的调查，一旦用户接触互联网，流失率极低；互联网上的网络游戏、即时通信、博客、论坛、交友等应用具有极强的互动功能，这些功能会推动相关应用的传播。这种传播既包括向网民的传播，也包括向非网民的传播，而向非网民的传播将推动网民规模的扩张。

第五，网民规模的扩张推动网络价值的提升，而网络价值的提升又进一步增强其扩张力。根据梅特卡夫定律（Metcalfe's Law），网络价值与网络规模的平方成正比。随着网民规模的快速增长，网络价值不断膨胀。将目光瞄向网络价值的机构和个人创造的内容，反过来进一步增强了网络的扩张力和吸引力。

## 第二节 网络心理的理论观

关于网络空间中心理与行为的特点和规律如何从理论上进行阐释，已经受到了众多研究者的重视，并且他们也付出了努力，提出了很多理论观点和模型。这些理论观点和模型或从传统心理学领域中的著名理论观点中汲取营养，迁移而来，或从关于网络心理与行为的种种研究中萃取提升，自成一家。我们在此整理了若干种理论观点，按照个体特征视角、网络情境视角和交互作用视角来分类，以期能够帮助读者形成关于网络行为和心理特点的概念性认识。

# 一、个体特征视角

## (一)富者更富模型

社会心理学中有一个社会促进理论,原本被用于解释个体完成某种活动时,因他人在场或与他人一起活动而造成行为效率提高的现象。该理论被用于解释互联网使用时,指的是富者更富现象(Zywica & Zywica,2008)。富者更富模型是网络研究中提出的一种理论模型,主要描述的是网络中新的节点更倾向于与那些具有较高连接度的"大"节点相连接的现象(Buchanan,2002)。

互联网研究者将社会促进理论用于解释互联网的使用效果(Kraut et al.,2002),认为那些社会化良好和外倾型以及得到较多社会支持的个体,能够从互联网使用中得到更多的益处(Valkenburg,Schouten,& Peter,2005;Walther,2007)。社会化程度比较高的个体愿意通过互联网和他人进行交流,并且可以通过这种媒介结识新的朋友。已经拥有大量社会支持的个体可以运用互联网来加强他们与其支持网络中的他人的联系。因此,相对于内倾型的个体与社会支持有限的个体来说,通过扩大现有的社会网络规模和加强现有的人际关系,外倾型的个体与社会支持较多的个体能够通过互联网使用获得更高的社会卷入和心理健康水平。

这个理论模型得到了研究的支持,使用互联网可以给外倾型的个体带来更多的好处(Kraut et al.,2002)。在使用互联网更多的人群中,外倾型的个体报告了更高的主观幸福感提升,包括孤独感和消极情感的减少、压力的减小和自尊的提高。随着互联网使用的增加,内倾型的个体比外倾型的个体报告更多的孤独感,并发现更多的社会资源支持与更多的家人沟通和更高的计算机技术水平相关。另一项研究显示,外倾型的青少年在网络中的自我表露和在线交流均比内倾型的青少年多,这促使他们的在线友谊能更快更好地形成(Peter et al.,2005)。

### (二)穷者变富模型

穷者变富模型源于社会补偿理论，原本被用于解释在合作情境中，当一方合作伙伴工作不得力时，另一方加倍努力以弥补整体工作效果的现象(Williams & Karau，1991)。在被用于互联网研究时，该模型描述的是网络中穷者变富的现象，一般作为与社会促进理论或者富者更富理论相对的理论假设被提出，指的是现实生活中社交不足的个体拥有更广泛的在线社交网络(Valkenburg et al.，2005)。

社会补偿理论预测，内倾型的个体与缺乏社会支持的个体能够从互联网的使用中获得最大的益处。社会支持有限的个体可以运用新的交流机会建立人际关系、获得支持性的人际交往及有用的信息(Valkenburg et al.，2005)。在现实生活环境中，对他们来说，这些都是不可能实现的。如果这种在线的相对较弱的相互关系取代了现实生活中原本比较强的人际关系，那么互联网使用就可能会干扰或者削弱他们在现实生活中的人际关系。这个理论模型同时可以被用于解释互联网使用对青少年的心理健康具有消极破坏作用的研究结论。

关注在线关系的很多研究也支持了这个社会补偿理论(穷者变富)。研究发现，有社交焦虑的青少年可以在网络中更多地与陌生人交谈，内倾型的青少年更容易形成在线友谊关系(Gross，Juvonen，& Gable，2002)。研究同样显示，内倾型的青少年更愿意通过在线交流来锻炼自己的社会沟通技巧，这种动机可以提高他们在线友谊的数量(Peter et al.，2005)。

### (三)用且满足理论

用且满足理论开始主要被用于研究媒体用户的使用动机、期望及媒体对人的行为的影响，后来重点解释它们之间的关系。研究者总结以往研究，提出了用且满足理论的研究内容：社会性和心理根源上的需要使用户产生对大众媒体或其他媒体的期望，这导致用户接触不同类型的媒体或参与其他活动，从而带来需要的满足和其他附带的可能无意的结果（Katz，Blumler，& Gurevitch，1974）。

用且满足理论的研究最先开始于大众媒体的研究，早期主要考察报纸、电视等媒体的使用，探讨人们使用它们的原因（Ruggerio，2000）。该理论体现了人们使用大众媒体的心理需求。例如，根据观众"使用"电视后得到"满足"的不同特点，可以总结出四种基本类型：一是心理转换效用，即电视节目可以提供消遣和娱乐，带来情绪上的释放感；二是人际关系效用，即电视节目可以使观众对出镜的人物、主持人等产生一种"朋友"的感觉；三是自我确认效用，即电视节目中的人物、事件及矛盾的解决等可以为观众提供自我评价的参考框架；四是环境监测效用，即电视节目可以使观众获得与自己的生活直接相关的信息（庾月娥，杨元龙，2007）。

20 世纪 80 年代以后，互联网开始普及，研究者将该理论引入了网络使用的研究，提出了网络使用与满足感，并试图通过增加变量来丰富这一模型，取得了大量的研究成果。

一些研究者从网络可以带来满足感的角度考察了网络使用和网络成瘾的关系。研究发现，网络带来的满足感体现在信息、互动和经济控制等方面。其他新的满足感包括问题解决、追求其他、关系维持、身份寻求和人际洞察方面（Korgaonkar & Wolin，1999）；娱乐、信息学习、逃避现实和社交等网络满足感因素分别解释了社交性服务的 44%、任务性服务的 47%、市场交易性服务的 30%（Lin，2001）；研究者从专门针对网络的满足感的概念中提取了 7 个因素（虚拟交际、信息查找、美丽界面、货币代偿、注意转移、个人身份和关系维持），并且认为这几个因素都有可能增强用户网络成瘾的倾向（Song et al.，2004）。

之后，拉罗斯和伊斯汀提出了一个新范式——社会认知理论范式，将班杜拉的社会认知理论和用且满足理论结合，提出了网络自我效能感和网络自我管理两种具有启发意义的机制，并进行了验证分析

（LaRose & Eastin，2004）。对中国台湾地区高中生网络成瘾者和非网络成瘾者的网络使用模式、满足感和交往愉悦度的比较研究发现，社会交往动机和满足感的获得与网络成瘾显著相关（Yang & Tung，2007）。庾月娥、杨元龙（2007）运用用且满足理论从心理和社会需求的角度解释了人们喜欢使用网上聊天服务的原因。

简言之，用且满足理论认为人们根据不同的需求选择媒体内容，不同的媒体内容也会满足人们不同的心理需求。该理论在网络使用的研究上体现了重要的应用价值。

### （四）网络聊天室的印象管理模型

印象管理普遍存在于社会交往中，是个人试图控制别人看法的过程（Leary & Kowalski，1990），它有时可能涉及歪曲和呈现来自一个人"真实自我"的离经叛道的方面。大部分印象管理的研究主要集中于面对面的互动。不过，印象管理行为并不局限于面对面的社交互动。以计算机为媒介的交往，可以通过交换社交信息形成和管理印象，并发展关系（Lea & Spears，1993；O'Sullivan，2000）。

研究者发现印象管理在聊天室里是特别突出的，所以他们在382名本科生中开展了关于聊天室使用情况的调查。然后根据调查结果，对10名被试进行了深度访谈，采用扎根理论研究方法对他们进行了系统分析，构建了印象管理模型（Becker & Stamp，2005）。

如图1-1所示，印象管理包含三种动机：社会接纳愿望、关系发展与维持愿望和自我认同实验愿望。社会接纳愿望是指在聊天室文化中被社会接纳的愿望，如担心其他人可能会认为自己不聪明，被试会对交流进行调整，以管理自己的印象，使自己得到社会的认可；关系发展与维持愿望是指使用聊天室与已经认识的和在现实生活中从来没见过的人交流，来发展和保持关系，发展在线关系，升级靠面对面或电话交流维持的关系；自我认同实验愿望是指在线构建理想自我，印象管理是尝试新自我认同的中心。

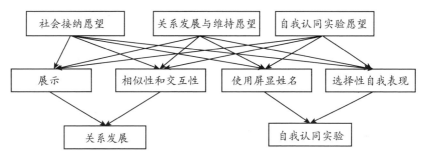

**图 1-1　网络聊天室的印象管理模型**

这三种动机组成了影响印象管理核心现象的必然条件，而社交媒介本身提供的背景环境特点也会对行为策略产生影响，成为障碍。必然条件和障碍影响了四种行动/互动策略：展示、相似性和交互性、使用屏显姓名及选择性自我表现。展示是指用户为了获得一个积极的印象，表现出自己对网络聊天文化的掌握，显得经验丰富、技巧纯熟，如使用网络流行语、表情符号等；相似性和交互性是指人们在网络聊天时喜欢寻找与自己相似的人进行交流，容易被与他们的交流方式相似的人吸引，也就容易导致相互认可和激励；使用屏显姓名是指用户聊天使用个性化的网名，一个网名揭露了人们的人格和兴趣，可以表示一个人的自我认同；选择性自我表现是指聊天时可能故意引导谈话内容，故意表现出某种个性，而这些可能是其现实生活中不具备的，目的是使自己更具有吸引力。

通过这些策略，聊天室的研究对象期望达到两个目标：关系发展和自我认同实验（Becker & Stamp，2005）。所有人都把自己塑造为社会所期望的。利用先前描述的印象管理的互动策略，人们试图制造对自己有利的印象。其结果是，通过聊天室发展出了至少一种关系。这些关系大多数是短暂的、柏拉图式的友谊，但有些是长期的和/或浪漫的友谊。人们经常发展他们的自我认同和管理他人对自己印象的能力。聊天室让人们能够展示与面对面互动完全不同的自己。例如，有些人在面对面互动中很害羞，但是聊天室的匿名性让他们在网上更具有表现力。

### （五）自我概念碎片假说与自我概念统一假说

研究者（Valkenburg & Peter，2008；Valkenburg & Peter，2011）关于网络交往对自我概念清晰度的风险概括出了两个相反的假说：自我概念碎片假说和自我概念统一假说。自我概念碎片假说认为，在网上塑造的可能的自我认同的难易程度，可碎片化青少年的人格。此外，新关系使他们面对不同的人和思想，可能会进一步瓦解他们已经很脆弱的人格。互联网能给个体提供与许多不同的人在不同的网络环境中进行互动的机会，但破坏了他们将自我认同的多个方面整合为一个有机整体的能力。整合这些"移动人格"的挑战对青少年来说特别大，因为他们刚刚开始形成自我认同。

自我概念统一假说认为，互联网给青少年与来自不同背景的人交流的机会比以往任何时候都多。在线活动为青少年提供机会来试验他们的自我认同，并接受他人的反馈和验证。自我表达和自我验证这样的机会可以提高自我概念的清晰度。而青少年在一个得到大大扩展的社交环境中验证他们的自我认同，这反过来也可以刺激他们的自我概念清晰度。

有三项研究考察了互联网对青少年自我概念清晰度的影响，但这些研究得出了不同的结果（Valkenburg & Peter，2008；Mazalin & Moore，2004；Matsuba，2006）。其中两项研究显示，频繁的互联网使用或在线自我认同实验（假装是别人）与更不稳定的自我概念有关（Mazalin & Moore，2004；Matsuba，2006）。然而，更严格的多因素分析表明，这种关联会很快地与其他变量（如孤独感和社交焦虑）一并被纳入一个模型中（Valkenburg & Peter，2008）。因此，现在的研究不支持互联网促进或阻碍青少年自我概念清晰度的形成的结论。其他因素如孤独感似乎对青少年自我概念的影响要大于互联网使用。

### （六）沉醉感理论

沉醉感的概念最早由契克森米哈伊（Csikszentmihalyi）于 20 世纪

60 年代提出，也被称为最佳体验，指的是人们对某一活动或事物表现出浓厚的兴趣，并能推动个体完全投入某项活动或事物的一种情绪体验（任俊，施静，马甜语，2009；Massimini & Carli，1988）。同时，沉醉感一般是个体从当前从事的活动中直接获得的，回忆或想象等活动则不能产生这种体验（Carr，2004）。沉醉感是个体的认知、情感与行为活动整体参与的结果，是无数噪声之后出现的"悦音与和谐之音"（Massimini & Carli，1988）。沉醉感本身也在发展变化，表现出从无到有、从小到大、从弱转强的动态过程。

契克森米哈伊在 1975 年系统地构建了沉醉感理论模型，他指出个体所感知到的自己已有的技能水平与外在活动的挑战性相符是引发沉醉感的关键，即只有挑战性和技能处于平衡状态时，个体才可能完全融入活动，并从中获得沉醉感。由于外在活动是不断变化发展的，即个体所从事活动的复杂度会不断增加，因此，为了维持沉醉感，个体就必须不断发展出新的技巧来应对新挑战，这也导致个体的身心得到发展。

体验沉醉感一般分为三个阶段（Chen，Wigand，& Nilan，1999）。首先是相关信息收集阶段，主要包括明确目标、及时清晰地反馈，最重要的是感受到挑战与技巧较好匹配；其次是体验阶段，主要包括行为与意识融合、行为控制感、深度注意；最后是沉醉感的效果体验阶段，如自我意识缺失、时间感混乱、出现欣快感等。

沉醉感对虚拟空间中（或者是计算机使用活动中）的心理活动也可以有独特的解释。霍夫曼和诺瓦克（Hoffman & Novak，1996）提出了一个多媒体环境下沉醉感产生的理论模型，他们认为"远程临境感"是互联网使用过程中沉醉感产生的重要条件。诺瓦克等人（2000）发现，沉醉感的影响因素是控制感、唤醒和集中注意力以及技巧（网络使用）、交互性（上网速度）与任务的重要性。

互联网使用过程中的沉醉感与多种活动有关（Novak et al.，2000；Pearce et al.，2004；Wheeler & Rois，1991），如发送与阅读

电子邮件、信息检索、发布帖子、玩网络游戏、网络聊天及电子购物等活动都可能给用户带来欣快感与沉醉感。

在线游戏沉醉感对用户玩游戏有很好的预测作用。社会规范、玩家对网络游戏的态度及沉醉感能够解释大约80％的玩网络游戏(行为)的差异(Hsu & Lu，2004)。基于信息技术沟通的沉醉感具有稳定的结构，也就是说，个体在使用信息技术过程中一般都会体验到深度注意、欣快感与内在兴趣(Rodríguez-Sánchez et al.，2008)。浏览网站的沉醉感也会使个体出现时间错觉，体验到欣快感与虚拟真实性；出现沉醉感的人在网上能够学到更多的内容，更愿意积极行动(Skadberg & Kimmel，2004)。

## 二、网络情境视角

### (一)技术接受模型

技术接受模型(the technology acceptance model，TAM)是一种用来模拟用户如何接受并使用某种技术的信息系统理论(Davis，1989)。该模型认为，当出现某种新技术时，许多因素都会影响用户关于如何以及何时使用它的决定，这些因素包括感知到的有用性(perceived usefulness)和感知到的易用性(perceived ease-of-use)。感知到的有用性是指个体相信使用某种特殊系统可能会提高他们的工作表现的程度，感知到的易用性则是指个体相信能够轻松使用某种特殊系统的程度。

技术接受模型主要有两个理论来源。其中感知到的有用性源于期望模型(Robey，1979)。该模型认为，如果一个系统不能帮助人们提高工作表现，那么这个系统将不会被人们喜欢。感知到的易用性则源于班杜拉的自我效能感理论。班杜拉区分了效能期望和结果期望。效能期望类似于感知到的易用性，指个体认为自己能够很好地完成某些任务的能力；结果期望则类似于感知到的有用性，指一旦很好地执行了某种行为，那么就会得到良好的结果。

技术接受模型被广泛使用。有研究者以该模型为概念框架，分析了消费者对移动互联网的态度。结果表明，用户对移动互联网的感知与他们的动机显著相关，尤其是感知到的质量和感知到的可用性对用户外在与内在动机的影响显著(Shin，2007)。研究者还对技术接受模型做出了修正以研究大型多人在线角色扮演游戏玩家的游戏行为。结果表明，游戏玩家的态度和目的受到感知到的安全及感知到的乐趣的影响(Shin，2010)。

温凯特希等人在结合技术接受模型、计划行为理论、社会认知理论等的基础上，提出了技术接受和使用的综合模型(见图 1-2)(Venkatesh et al.，2003)。该模型认为个体的表现期望、努力期望、社会影响和促进条件通过个体的行为意图可以影响个体的技术使用。同时这一影响过程还受到性别、年龄、经验和使用主动性的调节作用。表现期望类似于感知到的有用性，指的是个体对技术使用可以提高工作表现的预期；努力期望类似于感知到的易用性，指的是技术使用的容易度；社会影响指的是感知重要他人会认为他们会使用新技术的程度；促进条件指的是个体认为有组织的或技术性的基础设施的存在会帮助他们使用新技术的程度。

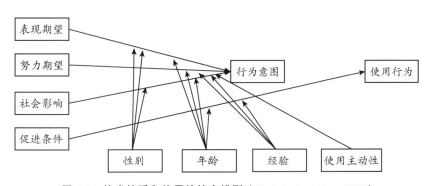

图 1-2 技术接受和使用的综合模型（Venkatesh et al.，2003）

## (二)生态技术-子系统理论

发展心理学中一个重要的理论是生态系统理论，这一理论由布朗芬布伦纳提出，用于解释环境对儿童发展的影响。该理论认为儿童的发展嵌套于相互影响的一系列环境系统中，这些系统包括微系统、中系统、外系统、宏系统和时间系统。

生态系统理论产生于互联网出现之前，随着电脑和网络的发展与普及，网络在儿童的发展中扮演着重要角色。为了更好地解释电脑等电子媒体如何影响儿童的发展，约翰逊和帕普兰帕对生态系统理论做了补充，提出了生态技术-子系统理论（Johnson & Puplampu，2008）。如图1-3所示，该理论认为儿童的发展被嵌套于多层次的环境模型中。第一层是技术-子系统，主要包括电脑、互联网、手机、录像机、电子书、电视、软件、随身听等电子媒体。电子媒体的使用对儿童的影响是通过技术-子系统来调节的。第二层是微系统，指的是与儿童的发展产生直接影响的环境，主要有家庭、学校和同伴。家长对儿童使用电子媒体的陪伴、同伴对电子媒体使用的分享、学校老师对电子媒体使用的引导都会对儿童的发展产生影响。第三层是中系统，指的是微系统之间的联系，当家庭与学校微系统对使用电子媒体的态度一致时，儿童才能更好地发展。第四层是外系统，指的是儿童并未直接参与却对他们的发展产生影响的系统。例如，父母在工作环境中是否使用电脑会间接影响儿童的家庭是否安装电脑。第五层是宏系统，指的是社会意识形态和文化价值观。例如，宏系统决定了人们更愿意把电脑看成学习工具还是产生社会偏差的工具。第六层是时间系统，它关注的是人生的每一个过渡点，生态环境的变化可能会影响个体的发展，如网络应用能力的变化与人生中的过渡点（如入学）是有关的。

该理论强调了技术在儿童发展中的重要作用，但并未详细解释技术是如何影响儿童的发展的。约翰逊（2010）提出生态技术-微系统用于详细解释网络在儿童发展中的作用。如图1-4所示，生态技术-微系统是由两个相互分离的环境维度构成的，这两个维度分别是网络的使用功能和网络的使用环境。网络的使用功能包括交际功能、

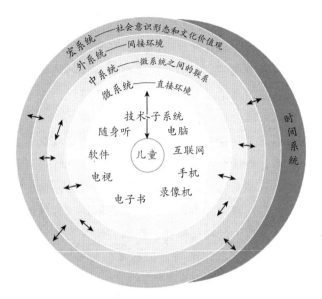

**图 1-3 生态技术-子系统**（Johnson & Puplampu，2008）

**图 1-4 生态技术-微系统**（Johnson，2010）

信息功能、娱乐功能和技术功能。网络的使用环境包括社区、家庭和学校。儿童并不是被动接受网络的影响的，儿童的认知、情绪、社会、身体的发展都与网络的使用功能和使用环境产生交互影响。

### (三)网上偏差行为的线索滤掉理论

关于网上偏差行为有几种理论解释，其中一种理论从互联网媒介层面入手，认为网上偏差行为的出现是网络自身的特征所致的。在这种理论中，线索滤掉理论最有代表性。线索滤掉理论主要包括社会在场理论、社会线索减少理论和去个体化三个方面。

有研究者提出了社会在场理论，认为不同的交流媒介会传达不同水平的社会在场，而社会在场决定了交流者是否能够得到交流对象的视觉、听觉甚至是触觉的信息(Short et al.，1976)。他们指出，在以电信技术为媒介的交流过程中，交流双方看不到对方导致很多视觉线索的缺失，如交流双方的身体姿势、面部表情等反应都无法知晓。这些视觉线索让沟通者能够了解彼此的态度，如果没有这些视觉线索，他们就不能获得社会人际信息，会导致沟通双方产生更多的争论(Joinson，2003)。

社会线索减少理论认为，在以计算机为媒介的有限的网络交流中，有限的网络带宽导致了交流过程中的社会线索(包括环境线索与个人线索)的减少。而社会线索的减少又进一步减小了社会规范与限制对个人的影响，并由此产生了反规范与摆脱控制的行为(Kiesler et al.，1984)。

去个体化指的是个体在群体中没有个体化的时候，该群体成员很有可能会减少内部约束(Festinger et al.，1975)。去个体化是一种普遍存在的状态，匿名、感觉超负荷等情境都可以导致去个体化，并使人表现出去抑制、敌对的行为(Zimbardo，1969)。去个体化是匿名、缺少自我关注和他人聚焦及较低的自我控制引起的(Spears，Lea，& Lee，1992)。

根据线索滤掉理论，由于网络超空间的特征，网上交际首先是以身体缺场为前提的，因此导致网络人际互动缺少了很多线索，这使得个体在互动情境中对判断互动目标、语气和内容的能力降低。而且，网络匿名性和不完善的规范，会导致网络空间中的个体对自我和他人感知的变化，从而使得受约束行为的阈限降低，出现更多的去个性化行为和去抑制性行为，也就是网上偏差行为。值得注意的是，上述观点从网络自身的特点出发，认为网上偏差行为是网络的特点造成的。然而它夸大了媒介的作用，忽视了个体在网上偏差行为过程中的主体性。

### (四)网络成瘾的 ACE 模型

扬等人提出了 ACE 模型，将其作为理论框架来解释网络成瘾行为(Young et al.，2000；2001)。ACE 模型包含三个变量 A、C、E，分别指的是匿名性、便利性和逃避性。他认为这是导致用户网络成瘾的原因。

国内的研究者(陈侠，黄希庭，白纲，2003)将 ACE 模型引入对网络成瘾的解释中，认为这三个特点同样是网络成瘾的主要原因。匿名性是指人们在网络里可以隐藏自己的真实身份，用户在网络里可以做自己想做的事、说自己想说的话，不用担心谁会对自己造成伤害。扬等人(1999)指出，互联网的匿名性与网络欺骗甚至犯罪行为相关，虚拟的环境会让那些害羞和内向的个体在其中交流时感到相对安全。便利性是指网络使用户足不出户，点击鼠标就可以做想做的事情，如网络游戏、网络购物、网络交友。逃避性是指当碰到不顺利的事情时，用户可能会通过上网找到安慰。情感需要使用户发展出适应性的在线人格，这为用户提供了从消极情感(如压力、抑郁和焦虑等)、困难情境和个人困苦(如失业和婚姻失败等)中暂时逃避的机会。这种即时性的心理逃避与虚幻的在线环境联系在一起成为强迫性上网行为的主要强化力量(Young et al.，1999；Young & Klausing，2007)。

## 三、交互作用视角

### (一)社会认知结构模型

互联网是社会性和认知性的空间(Kiesler，1997)，处理信息的过程与认知发生的心理社会过程相关联(Riva，2002)。里瓦和加林贝蒂综合了一系列理论与实证研究的结果后提出，以计算机为媒介的沟通作为一种虚拟沟通，是一个新出现的特别概念，不同于以往任何一种沟通形式(Riva & Galimberti，1997)。他们初步构建了社会认知结构模型来探讨这种数字交流过程中的人类的心理与社会根源。

里瓦和加林贝蒂(1997)认为，网络化现实、虚拟交谈、身份建构是互联网络空间中心理社会性发展的三大心理动力。网络连线的事实使得交流主体之间的相互理解过程变成对概念的理解过程，认知因素在这个过程中起着协调作用，这种作用发生在思想之间的空间里，而非思想之中。虚拟交谈使得沟通从线性模式转变成沟通互动的对话模式。身份建构使用户从被动参与状态转变为主动参与状态，这同样影响了用户的个性化过程。

根据后来一系列的研究结果，里瓦等人(Riva & Galimberti，1998a；1998b)又提出了一个三水平模型来对互联网用户的网络沟通经验进行研究(Riva，2002)，可以说，三水平模型在一定程度上完善了社会认知结构模型。这两个模型的主要目的都是研究以计算机为媒介的交流中沟通者的认知过程与心理社会性发展。这三个水平主要包括背景、情景、交互作用。背景指的是一般社会环境，情景指的是网络经验发生的现实生活条件，交互作用指的是通过互联网与其他行为者发生的交互作用。里瓦从用户自我认同构建的角度进一步详细地论述了三水平模型的主要内容和框架，从图1-5中可以看到，这个三水平模型具有明显的系统观的倾向，人在互联网中获得的间接经验源于交互作用。这种系统观表明，互联网中的心理过程与心理社会性不仅发生在个体内部，而且也发生在个体之间、系统之内。发生在个体之间、系统之内的心理网络化也开始被研究者重视。

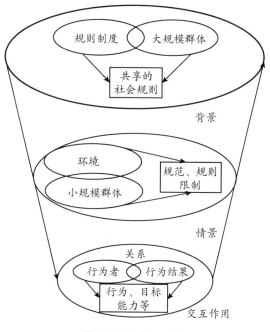

**图 1-5 三水平模型**

## (二)以计算机为媒介的沟通能力模型

施皮茨贝格提出了多文化背景中的沟通能力模型,认为沟通能力是影响交流沟通效果的重要变量(Spitzberg,1989;2000a;2000b)。沟通能力指的是在互动情境中有效发送和接收信息以促进交流与沟通的能力。这里提到的有效性指的是沟通者的目的可以达到的程度。有能力的沟通者需要根据不同个性化的情境、文化和条件来编辑与发送信息。所发送的信息是否适当是以信息接收者对该信息的理解和认识为标准的。因此,接收者的行为或反应可以为发送者确认自己是否被理解提供好的反馈。

沟通能力模型充分考虑到了影响沟通能力的各个因素以及如何对沟通的影响进行评价的问题。沟通能力现在被认为是沟通有效性与沟通适当性之间的一个连续体。沟通形式交互作用的结果可以通过沟通、背景、信息及媒介得到预测(Spitzberg,2000b)。在某一特定的沟通过程中，沟通能力由三个因素组成：动机(进行沟通之前的准备性愿望)、知识(知晓沟通装置与沟通进行时的行为活动)、技能(有能力应用关于沟通的装置与行为性的知识)。这三个因素对沟通结果的影响主要是通过三个中介变量(背景因素、信息因素、媒介因素)实现的。

施皮茨贝格(Spitzberg，2000b)的沟通能力模型主要是从媒体心理学的角度提出的，他不仅注意到了沟通者内部的心理过程与外显行为，而且也注意到了沟通者心理与行为发生的外部环境。从这个模型中，沟通者可以了解到怎样才能有效地进行沟通。

施皮茨贝格(Spitzberg，2006)在沟通能力模型的基础上又提出了以计算机为媒介的沟通能力(computer-mediated communication competence，CMC)模型，并开发出了一套量表用于测量以计算机为媒介的沟通能力。以计算机为媒介的沟通能力模型包括与其有关的动机、知识、技能、背景等因素(见图1-6)。有研究者通过实证研究得出结论：与在现实生活中相比，以计算机为媒介的沟通对有效沟通能力的要求有所提高，这包括一定的语言文字读写能力、编码能力和网络交流语言的熟悉程度(Davis，McCoy，& Wilson，2006)。

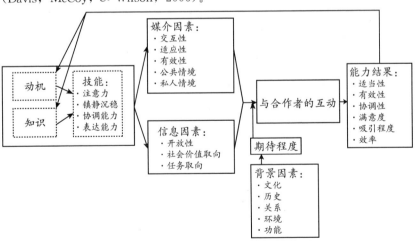

**图1-6　以计算机为媒介的沟通能力模型**

### （三）在线行为动机的整合模型

已有研究对用户为何参与网络社区的行为有了深入探讨，研究者对已有研究进行了整合，提出了在线行为动机的整合模型（Sun，Rau，& Ma，2014）。该模型将个体在线行为的动机来源分为四种：在线社区因素（在线社区的特点及与使用者无关的环境因素）、用户个体因素、承诺因素和质量需求因素。这种分类将在线行为动机的原因分为三个来源：外部环境因素、用户个体因素和用户与环境的交互因素。模型中的在线社区行为也分为三个部分：在线社区公民行为，主要指在线社区规范的产生与发展；内容提供行为，主要指在线社区中有效资源的提供；听众参与行为，主要指社区资源的消耗行为。下面将从动机来源的四个方面分别介绍该模型。

**1. 在线社区因素**

在线社区因素包括群体认同、社区可用性、前分享规范、交互性和社区名望。群体认同指的是在线社区成员对社区的共同认知状态和他们与社区在道德和情感上的联结。高群体认同的在线社区会有更多的成员加入。对于新成员，高认同的群体有利于他们尽快形成对社区的承诺。社区可用性是影响个体加入社区的重要因素。信息膨胀会阻碍用户的网络使用，便于用户使用的网络社区则有利于用户的信息搜索，也有利于成员之间的信息分享。前分享规范指的是一种刺激与鼓励社区成员分享行为的规范。这种规范鼓励用户意识到自己的分享行为对社区和自身的重要意义。交互性指的是网站对用户发布的信息可提供有用性反馈的程度。社区名望可以激发用户参与的热情。

**2. 用户个体因素**

用户个体因素指的是激发用户的在线社区参与行为的内部因素，主要包括个体特征、自我效能、目标、愿望和需求。个体特征主要指的是一些人格特点，如自恋、外向性、尽责性和自我表露。例如，高自恋的个体在脸书上有更多的交互行为，高外向性的个体在网络社区中的表现更为活跃，高尽责性的个体在网络社区中更倾向于表露一些私人信息。此外，外向性对自我表露有正向预测作用。自我效能主要包括技术自我效能、信息自我效能和联系自我效能。技术自我效能可以使用户在参与在线社区活动的时候感到更为舒适；高信息自我效能的用户认为他们会提供更多的有效信息；高联系自我效能的用户认为他们的信息会被更匹配的用户接受，并且这种自我效能会激发他们产生更多的帮助行为。愿望和需求可以直接影响个体的在线社区参与行为，用户会通过产生参与在线社区活动的目标而间接影响在线社区参与行为。

**3. 承诺因素**

承诺反映了用户与在线社区的关系。根据组织承诺理论，承诺因素可以分为情感承诺、规范承诺和持续性承诺。情感承诺反映了用户对在线社区的情感依恋和认同；规范承诺反映了个体会持续成为在线社区成员的一种责任感，高规范承诺的个体会一直留在社区中，并帮助社区发展；持续性承诺聚焦于个体对离开社区所要付出的代价的结果的意识。高持续性承诺的个体会认为他们离开社区的代价非常高，因此会继续留在社区中。

**4. 质量需求因素**

质量需求因素也是一种用户与在线社区的交互，反映了用户对社区的安全性、隐私性、便宜性和有效性的期望。当用户对自己所在的在线社区感到满意时，他们会有更多的参与行为，并且对该在线社区有更高的承诺；反之，他们则会担心自己在在线社区中的隐私安全，可能就会采用"潜水"的方式来进行自我保护。

**(四)策略性的自我认同理论**

众多研究者都注意到了以计算机为媒介的沟通可能会对网络使用者的自我认同和身份建构产生影响，一般的研究结果都显示以计算机为媒介的沟通中的自我认同过程有不同于现实生活中面对面沟通的特点（Riva & Galimberti，1997；Dietz-Uhler & Bishop-Clark，2001；Mckenna & Barth，1998）。研究者认为，在以计算机为媒介的沟通中的匿名状态会导致社会认同的激活，从而取代面对面交流中的个体认同(Reicher & Levine，1994)。

塔拉莫和利戈里奥提出了策略性的自我认同理论，认为以计算机为媒介的沟通者根据交互情境使用策略性的定位来表现与建构自我(Talamo & Ligorio，2001)。

他们提出，网络空间中的自我认同与技术工具和网络社区提供的资源有关。网络用户在网络空间里用"化身"的形式表征自己的身份，这种化身可以在虚拟空间里进行运动、和他人交谈，并随着用户的目的和情绪状态不断地发生变化(Talamo & Ligorio，2001)。由于沟通者在同样一个互动环境里可以以多种不同的身份出现，与现实生活中稳定的和可辨认的身份相比，这样的定位拓宽了自我角色的概念(Hermans，1996)。个体表现出什么样的自我取决于当时互动情境中的策略性位置变动(Harré & Van Langenhove，1991)。个体如何定位自己在网络中的位置与其对沟通情境的感知有关。

从这个角度来看，沟通者在网络情境中的身份和角色只是在某些特殊时刻的社会建构。同时，沟通者共有的情境与他们各自的某种特定社会建构非常相关。也就是说，在网络团体的互动情境中，用户策略性地选择使用特定的身份特征表现自己，以增强他们参与团体行为的有效性。究竟表现何种身份与个体的自身特征以及参与网络群体的状态和目的有关(Wenger，1998)。网络社会互动中所建构的身份取决于用户想表现自己的哪些方面，以及交流背景中的榜样和引导作用。

塔拉莫和利戈里奥(2001)指出，网络自我认同的建构过程看起来与心理学中的对话法具有高度的一致性，这主要是因为不同的身份在概念化的过程中是多样性的、被定位的，可以使用多种形式进行表达以及与背景相联系在一起。不难看出，这种策略性的自我认同是与以计算机为媒介的沟通中的文本化信息或副言语联系在一起的，个体如果长时间使用互联网，其自我认同一定会受到影响。自我认同在互联网中是具有动力性的，并与背景密切联系，以计算机为媒介的沟通者不断地建立与重新建立自我认同。

### (五)网络沟通的人际理论

以计算机为媒介的沟通中所形成的人际关系一直都是众多心理学家所关注的问题。关于这方面的理论主要有纯人际关系理论和超个人交流理论。

以计算机为媒介的沟通中所形成的人际关系已经成为很多互联网用户现实生活中的人际关系的一个重要组成部分，但是互联网中所形成的人际关系与面对面的情境下所形成的人际关系又存在显著差异。通过以计算机为媒介的沟通所形成的人际关系的明显特征就是去个体化、社会认同减少、自我认同增多、自我感加强（Dietz-Uhler & Bishop-Clark，2001；Mckenna & Barth，2000；Riva & Galimberti，1997）。

一方面，吉登斯提出了纯人际关系理论，这一理论可以很好地解释缺少社会线索与物理线索的条件下互联网中所形成的亲密的人际关系（Giddens，1991；1992；1994）。纯人际关系理论主要是建立在信任感、自愿承诺、高度的亲密感的基础之上的。吉登斯认为这样的人际关系是后传统社会主要的人际关系，这样的人际关系具有以下特征：第一，纯人际关系不依赖社会经济生活，它以一种开放的形式不断地在反省的基础上得到建立；第二，承诺在纯人际关系中起着核心作用，并且这种人际关系主要是围绕着亲密感展开的，在这样的人际关系中，个人的自我认同感很容易得到证实。

另一方面，超个人交流理论是由沃尔瑟提出，并逐步改进和完善的一个理论（Walther，1996）。沃尔瑟认为以计算机为媒介的交流是一种"超人际的交流"。与面对面的交流相比，人们在以计算机为媒介的交流中更容易把交流对象理想化，更容易运用印象管理策略给对方留下好印象，从而更容易建立亲密关系。

沃尔瑟以传播中的四个要素构建了超个人交流理论。①信息接收者。信息接收者倾向于把交流对象理想化。由于在以计算机为媒介的交流过程中可得的线索非常少，因此信息接收者就会利用这些极其有限的线索对信息发送者的行为进行过度归因，从而忽视信息发送者的不足（如拼写错误、语法错误等）。②信息发送者。信息发送者会运用更多的印象管理手段进行最佳的自我呈现。沃尔瑟发现信息发送者会运用诸如时间调整、个性化语言、长短句选择等一系列的技术、语言与认知策略等来呈现最佳的自我（Walther，2007）。③传播通道。以计算机为媒介的交流由于可以延迟做出反应，使得信息发送者可以有充足的时间整理观点、组织语言，从而为选择性自我呈现提供前提条件。④反馈回路。面对面交流存在"行为确证"（Burgoon et al.，2000），沃尔瑟认为这种效应在以计算机为媒介的交流中会被放大，计算机媒介使用者之间的关系因此会呈现出螺旋上升的趋势（谢天，郑全全，2009）。

## （六）共同建构模型

萨布拉玛妮安和斯迈赫将青少年的上网行为看成个体与媒体（网络）相互作用的整体，并用共同建构模型解释青少年与媒体的互动（Subrahmanyam & Šmahel，2011）。共同建构模型最早由格林菲尔德提出并用来解释青少年的在线聊天行为（Greenfield，1984）。

用户在使用社交网站、即时通信工具、聊天室等在线社交平台时，实际上与这些平台共同构建了整个互动环境（Subrahmanyam & Šmahel，2011）。研究者认为互联网是一种包含了无穷级数应用程序的文化工具系统（Greenfield & Yan，2006）。在线环境也是文化空间，它同样会建立规则，向其他用户传达该规则并要求其共同遵守。在线文化是动态的，呈周期性变化，其用户会不断设定并传达新的规则。青少年不只是被动地受到在线环境的影响，他们在与其他人联系的同时也参与了建构环境。青少年与在线环境是一种相互影响的关系（Subrahmanyam & Šmahel，2011）。

如果青少年用户也参与了在线环境的建构，那么就可以认为他们的在线世界和离线世界是彼此联系的。相应地，数字世界也是他们发展的一个重要场所。青少年会通过在线行为来解决离线生活中遇到的问题和挑战，如性的发展、自我认同、亲密感和人际关系等。此外，青少年的在线世界和离线世界之间的联系不仅体现在发展主题方面，而且体现在他们的行为、交往的对象和维持的关系等方面，甚至还包括问题行为（Subrahmanyam & Šmahel，2011）。基于此，萨布拉玛妮安和斯迈赫（2011）认为青少年的身心发展与数字环境是密切联系的。青少年的在线行为与离线行为紧密相连，甚至在他们的主观经验中"真实"与"虚拟"是可以混为一谈的。由此萨布拉玛妮安和斯迈赫建议使用"物理/数字"和"离线/在线"来表示从在线世界到离线世界这一连续体的两端，避免使用"真实世界"与"虚拟世界"这种容易产生混淆的概念。青少年可以通过在线世界拓展他们的离线物理世界，同时在线的匿名性会使青少年摆脱各种限制，做出各种尝试，并以此促进青少年的自我认同（Subrahmanyam & Šmahel，2011）。

共同建构模型也是对已有的媒体效应模型与用且满足理论的发展。媒体效应模型将用户的在线行为视为一种被动接受的过程；用且满足理论则认为用户的媒体使用行为是基于某种目的，并祈求获得满足的过程。共同建构模型则从互动共建的角度，将用户视为一个可以影响媒体文化的能动性个体，并且媒体使用行为也不单纯是一种需求满足的过程（Subrahmanyam & Šmahel，2011）。这一理论从动态、宏观的视角为深入理解青少年的网络行为提供了有力支持。

### (七)网络成瘾的认知-行为模型

戴维斯指出，病理性互联网使用（pathological internet use，PIU）即网络成瘾，分为一般性 PIU 和特殊性 PIU（Davis，2001）。一般性 PIU 指的是一种普遍的网络使用行为，如网络聊天和着迷于电子邮件等，也包括漫无目的地在网上打发时间的行为；特殊性 PIU 指的是个体对互联网的病理性使用基于某种特别的目的，如在线游戏行为。为此戴维斯提出了认知-行为模型用于区分并解释这两种 PIU 行为的发生、发展和维持。该模型认为 PIU 的认知症状先于情感或行为症状出现，并且导致情感和行为症状的出现，强调认知在 PIU 中的作用(见图 1-7)。

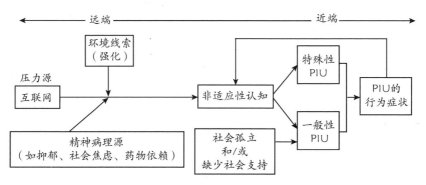

**图 1-7 戴维斯的认知-行为模型**

根据认知-行为模型，病理性行为受到不良倾向(如个体的易患素质)和生活事件(如压力源)的影响。过度使用互联网的线下精神病理源包括抑郁、社会焦虑和药物依赖等(Kraut et al. ，1998)。精神病理源是 PIU 形成的必要条件，位于 PIU 病因链远端。但是精神病理源并非单独起作用，它只是必要的病理性诱因。模型中的压力源指的是不断发展的互联网技术，如在线股票服务、聊天服务等技术。接触新技术也位于 PIU 病因链远端，只是导致 PIU 的催化剂，并不能单独作用产生 PIU。

与网络经历和新技术联系在一起的主要因素是用户感受到的强化作用，当个体最初接触一种网络使用时，他会被随之而来的积极感觉强化，就会继续而且更多地使用这种服务以求得到更多的积极感觉。这种操作性条件反射会一直持续到个体发现另外一种新技术得到类似的积极感觉为止。与使用网络相关的其他条件可能会成为次级强化物，如触摸键盘的感觉等，这些次级强化线索可以强化、发展并维持一系列 PIU 症状。

模型中位于 PIU 病因链近端的是非适应性认知，它是模型的中心因素，是 PIU 发生的充分条件。非适应性认知可以分为两种类型：关于自我的非适应性认知和关于世界的非适应性认知。关于自我的非适应性认知是冥想型自我定向认知风格导致的。这种个体会不断地思考关于互联网的事情，不会被其他事情分心，而且希望从使用网络中得到更多更强的刺激，从而导致 PIU 行为的延续。关于世界的非适应性认知则倾向于将一些特殊事件与普遍情况联系在一起。这种个体常常会想："互联网是我唯一可以得到尊重的地方""不上网就没人爱我"等。这种"全或无"的扭曲思维方式会加重个体对互联网的依赖。非适应性认知可能导致一般性 PIU，也可能导致特殊性 PIU。

另外，一般性 PIU 与个体的社会背景有关。缺乏家人和朋友的社会支持以及社交孤立会导致一般性 PIU。一般性 PIU 用户将太多的时间用在网络上，频繁地查看邮件、逛论坛或者和网友聊天。这些行为也会明显地促进 PIU 的发展和维持。

## 拓展阅读

### 社交媒体影响心理健康的八个方面

我们必须正视这样一个现实：社交媒体让我们常常面对升职、购房、生育、订婚、度假甚至分手这样的事件，在我们还未意识到时，就已被卷入嫉妒、竞争、抑郁等情绪的旋涡之中。

当前社会信息饥渴，它吞没了我们熟悉的逸闻趣事，也不公正地带给我们一些并不熟悉的只言片语。我们容易沉迷于社交媒体所呈现的某人的形象或生活中，从而导致羡慕、排斥他人以及下意识地与所谓好友比较。

社交媒体抑郁症是诸如虚拟游戏网站和在线社区等社交网站带来的心理影响。美国儿科学会认为它会导致有潜在心理健康风险的人出现抑郁和自尊问题。

以下是导致社交媒体抑郁症的八大原因。

一、降低效率

社交媒体一方面使我们彼此之间每天都更易连接，同时也分散我们的注意力并降低工作效率。大脑很难同时专注于两个或两个以上的任务。这就意味着，如果你一边工作，一边浏览社交网站上的视频，那么你就是在拿你工作的质量冒险，在降低你整体的工作效率。

二、脱离现实

社交媒体关注琐事，如你的好友昨晚吃了什么或者你姐妹裙子上的猫等。诚然，它确实有趣，但并不是生活的改变。对于真正重要的事情，如订婚、生育、毕业等，你很少在社交媒体上与朋友分享。你在社交媒体上所花费的时间影响了你的现实生活。

三、社交恐惧

脸书上的朋友更新的状态与你通过打电话甚至一起去喝个咖啡、了解到的她的生活并不是完全一样的。在网络上和四十多个"好友"聊天、送出生日祝福后，你会感到筋疲力尽，并犹豫要不要进行真正的面对面的对话，而积极的面对面的对话可以正向地改变大脑的化学成分。

四、情感淡漠

当你登录脸书，不一会儿，你就会得到有关升职、生育、结婚、中彩票的消息。这些消息太好了以至于你不断地对比自身的情况，并对这些事情感到漠然——即使它有可能被夸大。记住，人们常常只分享自己好的那一面。

五、害怕错过

有一种现象叫作害怕错过，它促使你依赖社交网络，不至于错过重要的事情，如生日聚会、网友郊游，或你不想错过的某场音乐会。

六、滋生懒惰

如果你把所有的空闲时间都花在社交网络上，那么你不仅不会积极主动，而且还会越来越懒惰。这就是你的身体和大脑需要暂时离开社交网络去进行体育锻炼的很重要的原因。体育锻炼可以增加内啡肽，促使血液流向大脑，从而保证你的身心健康。

七、难以独处

在社交网络中，常常有人喜欢抱怨、寻求安慰或获取同情。当你总是需要在线朋友的陪伴时，你就难以在现实世界中独处。许多网络成瘾的人发现他们难以独处或享受自己的聚会。

八、加剧痛苦

我们已确认使用社交媒体的行为可以引发多种情绪，过多使用会脱离现实生活。不管是抑郁会导致过多使用社交媒体还是过多使用社交媒体会导致抑郁，大量的医学研究都表明，社交媒体会加重某些情绪，包括痛苦、抑郁和悲伤。

作者：安娜·弗利特（Anna Fleet）

译者：王艳、雷雳

# 第三节　青少年的心理发展

我们认为，互联网所创造出的虚拟空间为青少年的成长和发展提供了一个新的舞台，其社会化过程除了在真实的物理世界中继续展开，也会迁移、整合到虚拟空间中来，更可能会由于互联网的独特之处而花样翻新！下面我们就先看看青少年心理发展的基本特点。

青少年的心理发展特点主要体现在三个方面，即身体、认知和心理社会性的发展，这些方面进一步又可以反映在若干个发展主题上（雷雳，2009）。

## 一、身体及认知的发展特点

### （一）身体发展再攀"生长高峰"

青少年处于青春期，这是身体发育的第二次"生长高峰"，此时身体外形发生剧变，内部机能和性走向成熟。这些变化具体体现为身高、体重快速增长，心肺机能接近成人，男孩的肌肉发展得更好，女孩的脂肪发展得更好，大脑发育基本成熟，性发育成熟。

在此，我们更关心青春期发育会带来的心理适应问题，大体上可以从三个方面来看。

**1. 对青春期身体变化的反应有备则无患**

青春期身体变化最显著的表现就是遗精和月经的出现，它们分别是男孩、女孩性成熟的标志。青少年对此是否有所准备，对心理适应会产生很大的影响。

一方面，我国男孩首次出现遗精是在十四五岁，最早可能在 12 岁左右，一般到 20 岁时，几乎所有的男性都经历了遗精（张金山等，2006）。关于遗精对青少年的心理发展可能产生的影响，研究表明男孩主要的心理体验依次是害羞、新奇、恐慌、无所谓，其中 52％的人感到害羞和恐慌（邓明昱等，1989）。如果男孩对遗精有所认识、有所准备，他们的反应就会比较积极（Stein & Reiser，1994）。

另一方面，我国女孩月经初潮的年龄在 13 岁左右，最早可能在 9 岁，最晚可能在 20 岁左右（侯冬青等，2006）。对于月经初潮，我国女孩的主要心理体验依次是害羞、恐慌、新奇、无所谓，其中 68％的人感到害羞和恐慌（邓明昱等，1989）。经历了月经初潮的女孩其消极感受并没有想象中的那么严重。经历了月经初潮，女孩对女性的特点会有更多的兴趣（Greif & Ulman，1982），在心理上也表现得更加成熟。

**2. 早熟、晚熟的青少年心态各异**

某些青少年青春期的起始时间和发展速度与众人不同。例如，北京早熟的青少年占 1％～3％（张金山等，2006；侯冬青等，2006），身体的早熟和晚熟会给其心理适应带来不同影响。

男孩的早熟与积极的自我评价联系在一起，而晚熟一般与消极的自我评价联系在一起（Richards & Larson，1993）。对女孩来说，早熟并不像对于男孩那样是一件好事。她们往往会感到尴尬，自我意识更强，她们的自尊更容易受到消极的影响（Alsaker，1992）。晚熟的女孩在社会交往上明显处于不利的地位。

实际上，青春期的起始时间只要是不合时宜的，无论是早了还是晚了，也无论是对男孩还是对女孩，都可能带来问题。成熟速度与性别的交互作用会给青少年带来混乱和压力。例如，早熟者会由于受到年龄较大的同伴的怂恿去做一些坏事，而晚熟者之所以做坏事则是为了提升自尊和赢得社会地位（Williams & Dunlop，1999）。所有的青少年都希望得到同伴的喜欢和尊重，为了使自己能被大家接受，他们会去做一些具有补偿作用的事。

**3. 青少年的身体映像事关重要**

在青少年期，身体映像作为对身体特征的态度和反映，一直被认为是青少年自我概念发展过程中的核心要素，并且对实际的社会适应有着重要影响。

从青春期起始时间的角度来看，相对准时的青春期发育进程与女孩对自己的身体魅力和身体映像的正面感受相联系。然而，早熟的女孩往往比准时的或者晚熟的女孩对自己的身体更为不满（Petersen & Crockett，1985），这源自她们在乳房开始发育时遭到同伴的取笑，有时甚至会遭到父母的取笑（Silbereisen & Kracke，1997）。

身体魅力和身体映像与青少年积极的自我评价、受欢迎程度以及同伴的接受性有着重要联系（Koff，Rierdan， & Stubbs，1990）。有吸引力的青少年可能具有高水平的自尊、健康的个性品质，他们的社会适应更好，拥有更广泛的人际交往技能。无论男女，身体魅力都与自尊有着显著联系（高红艳，王进，胡炬波，2007；Thornton & Ryckman，1991）。而且，长相容貌对女孩自尊的影响超过对男孩的影响（Wade & Cooper，1999）。

青少年对自己身体的知觉存在性别差异。在整个青春期，女孩比男孩更对自己的身体不满（唐东辉等，2008；Henderson & Zivian，

1995)。那些希望自己拥有健硕身体的男孩只有在未能如愿时，才会对自己的外表感到不满(Jones，2004)。

## (二)青少年的认知发展重在抽象思维

### 1. 形式运算思维水到渠成

尽管青少年的思维仍然有不成熟的地方，但是很多人都能进行抽象思维。按照皮亚杰(Jean Piaget)的看法，认知发展会经历四个阶段，其中形式运算阶段大约从 11 岁开始。这时抽象、系统的思维能力使得青少年在面对问题时能够先提出假设，演绎出可供检验的推理，孤立和综合各种变量，看看哪一种推理会得到证实。换言之，处于形式运算的阶段青少年能够"对运算进行运算"，不再非要以具体的东西为思维对象，能够通过内部反省形成新的一般性逻辑原则。

皮亚杰认为，假设演绎推理是形式运算思维产生的标志，也是形式运算思维的一个重要特征。青少年在面对问题时，能够先进行假设，或对可能影响某种结果的变量加以预测。然后，他们根据假设进行演绎，进行逻辑性的、可检验的推理，他们会系统地孤立某些变量、组合某些变量，来看看哪一种推理在现实生活中能够得到验证。

形式运算思维的另一个重要特征是命题思维，即青少年对以语言表述的命题进行评价时，能够不依赖现实世界的环境。命题思维使青少年明白，如果前提是正确的，那么得出的结论也一定是正确的。例如，所有的男人都是凡人(前提)，苏格拉底是男人(前提)，因此，苏格拉底是凡人(结论)(费尔德曼，2007)。

### 2. 信息加工能力又添新章

青少年期出现的认知变化与儿童期相比有些微不足道，但是元认知成了青少年期认知发展的中心(Kuhn，1999；Berk，2007)。

在青少年期，工作记忆和加工速度都差不多达到了成人的水平，青少年能够较好地存储认知过程中所需要的信息。其信息加工的速度与年轻成人一样快(Kail，2004)。

青少年在面对特定的任务时，能够更加熟练地确定解决问题的适当策略，并对所选策略的有效性进行监控（Schneider & Pressley，1997）。例如，青少年更可能列出课文的提纲和重点，也更可能把自己理解不透彻的材料列出来，以便深入学习。

元认知技能的发展非常突出地反映在青少年的科学推理中。科学推理的核心是协调理论与证据。青少年经常会让理论和证据针锋相对，他们会尝试各种各样的策略，反省并修改策略，最终明白逻辑的本质。随着时间的推移，他们会把自己对逻辑的理解应用到越来越广泛的情境中。

### (三)青少年的自我中心思维别具一格

青少年有一个突出的特点是自我中心思维，两个截然不同但又有联系的概念——假想观众和个人神话对此进行了描述（Elkind，1967；Goossens et al.，2002）。假想观众指的是青少年认为每个人都像他们那样对自己的行为特别关注。这一信念导致了青少年过高的自我意识、对他人想法的过分关注，以及在真实的和假想的情境中去推测他人反应的倾向。个人神话指的是青少年相信他们自己是独一无二的、无懈可击的、无所不能的（雷雳，张雷，2003）。

首先，根据传统的观点，假想观众和个人神话与从儿童期向青少年期过渡过程中发生的重要的认知变化相联系（Elkind，1967）。认知的自我中心有一种特殊形式，即无法区分自己的想法和他人的想法，它是形式运算思维必然的副产品。对这种区分的缺乏反映在假想观众这一心理结构中（特别是无法区分自己所关注的东西与他人所关注的东西），而个人神话则是对这些感受的过分区分。

假想观众和个人神话抓住了被视为青少年典型行为的那些方面。例如，与外貌有关的自我意识以及对同伴团体的服从等——相信其他人（假想观众）正在看着自己、正在评价自己。孤独感及冒险行为可以被视为个人神话的结果——相信自己是独一无二的、无懈可击的。

其次，根据新视点理论，青少年对自我认同的探索，也被认为解释了其看似自我中心的思维过程，特别是解释了假想观众的建构过程（O'Connor，1995）。与那些不关心自我认同的人相比，纠缠于各种自我认同问题的青少年就可能会有比较高的假想观众的敏感性（Vartanian & Saarnio，1995）。假想观众和个人神话有助于青少年从心理上脱离父母。假想观众的观念建构仅仅是关于人际交往和人际情境中的自我的白日梦倾向。

最后，假想观众和个人神话的观念建构有助于青少年的分离—个体化过程。当青少年越来越关注与非家庭成员的关系，并且开始思考或者想象自己在各种社会情境或者人际情境中的样子时，他们自己是注意的焦点。当他们重新评估和建构与父母的关系时，这种人际倾向的白日梦让他们能够维持一种与他人的亲近感。对独一无二、无懈可击、无所不能的强调（进行个人神话的观念建构），有助于青少年构建独立的自我，即脱离家庭纽带的自我。

### (四)青少年学习的适应多方掣肘

小学毕业后，儿童会升入初中；初中毕业后，很多人会升入高中。每次升学后，新的学校生活对青少年来说都是一种挑战，其社会适应和学习都会有新的特点。

青少年升入初中后，学校一般都比小学时的大，班里的同学大多数可能都不认识，老师也是陌生人，而且作业也比小学时的多了。随着从小学到初中、初中到高中的学校的变化，青少年的成绩分数可能会下降。这一方面是因为中学的学业标准更加严格了，另一方面则是因为学校的转变通常使得个人受到的关注减少了，老师更多面向全体学生进行教学，每个人参与班级决策的机会也减少了（Seidman et al.，2004）。因此，学生对中学生活的评价就不如小学那么正面了。青少年会说老师对他们不太关心、不太友好、评分不公平。结果，很多青少年感到对学习无能为力，学习动机下降（Anderman & Midgley，1997）。

青少年的自信和自我价值也会进行调整。追踪研究发现，青少年的学习成绩分数在下降，但自主性在提升（Rudolph et al.，2001；Seidman et al.，2003）。

父母适当的卷入、监控能够给孩子一定的自主空间，与孩子上中学以后的良好适应相联系（Grolnick et al.，2000）。在学校里建立一些较小的单位会促进青少年与老师和同伴建立更为密切的关系（Seidman et al.，2004）。入学分班时，让青少年与几个熟悉的同伴在一个班级，有助于他们获得安全感和社会支持。此外，学校应尽量减弱竞争气氛、不以成绩区别对待学生，也有助于青少年学业价值观的树立及自尊与学习成绩的提高（Roeser，2000）。

## 二、心理社会性的发展特点

### （一）青少年的心理社会性任务主攻自我认同

埃里克森把人的发展分为八个阶段，青少年的发展处于第五个阶段——自我认同对角色混乱（Erikson，1959）。在此期间，青少年试图回答"我是谁""我在社会中的位置是什么"这样的问题。他们经历着一种自我认同危机，这是一个暂时的痛苦时期，他们在解决了三个主要的问题后（价值观的确立、职业的选择、令人满意的性别认同的发展），才会形成个人的自我认同。成功解决这一危机的青少年会形成一种忠诚的品质，即对所爱的人、朋友和伙伴持久的忠诚、信任。

在这一过程中，他们会进行内在的灵魂摸索，审视儿童期界定的自我，把它们与新的特质、能力和承诺进行综合，塑造成稳固的内核，形成成熟的自我认同。尽管自我认同的萌芽早已出现，但是只有到了青少年后期和青年期才会完成。

近期的理论家不再把自我认同的发展过程看成一种危机，而看成一种探索之后的承诺（Grotevant，1998；Kroger，2005）。青少年尝试生活中的各种可能性，收集关于自我和环境的重要信息，并做出持久的决定，在这一过程中他们形成了组织化的自我结构（Moshman，2005）。

青少年期发展的消极后果是角色混乱，他们对未来的成人角色含糊不清。在面对成人期的挑战时，他们可能会显得漫无目的、措手不及。当然，某种程度的混乱也是正常的，它解释了青少年许多行为杂乱无章的本质及其痛苦的自我意识。

### (二)青少年的情绪游离夸张

青少年在谋求独立的过程中在情绪情感上要逐渐地脱离父母，追求一种情绪自主，并且其日常生活中也会映射出一些基本的情绪反应。

### 1. 情绪情感渐离父母

青少年个体化和自我认同探索的过程，要求他们在情绪情感上逐渐独立于父母。从情绪的角度来看，青少年再次进入了向父母争取自主的阶段。

青少年期的情绪自主表现为更强的自我依靠、主动性、对同伴影响的抗拒力、对自己的决定和活动的责任感。它是在以父母为中心的人际关系向着以同伴为中心的人际关系转化的过程中产生的。

在青少年发展的过程中，其情绪自主在青少年早期是平稳上升的，而对同伴影响的抗拒力则是下降的(Steinberg & Silverberg，1986)。并且，青少年对自己的父母形成了批评性的态度，他们能够从父母身上挑剔出自己从前看不到的欠缺。他们可能经常会觉得从"真正理解"自己的同伴那里听取意见，比从父母那里听取意见更好一些。不过，父母与青少年之间的关系在冲突和变化之中也能够保持一定程度的凝聚力。情绪自主和一定程度上脱离父母的制约对青少年的多方面发展会起到推动作用(Chang et al.，2003)。

### 2. 日常的情绪体验常有夸张

青少年日常生活中的情绪特点可以从其平常的情绪状态中看到，可以从其情绪体验的变化中看到。通常，初中生体验到的消极情绪比学龄儿童更为突出(Greene，1990)。虽然消极情绪在高中阶段又有稍许下降，但是女孩沉浸在消极情绪中的时间似乎比男孩更长。

青少年报告的极端积极情绪和消极情绪都比他们的父母多，报告的中立的或者温和的情绪则不如他们的父母多（Larson & Richards，1994）。青少年更可能报告感到窘迫、神经紧张、冷漠、厌烦。不过，有处于青少年期的孩子的家庭氛围未必就是风雷激荡、充满压力的。

## (三)青少年的自我矛盾交锋

### 1. 自我概念与自尊浴火而生

青少年开始发展关于自我的更为抽象的特质，会把儿童期使用的孤立特质(如聪明、有天赋)统一为更为抽象的描述(如智力)，并且自我概念变得更加分化。青少年开始根据个人的信仰和标准而不是社会比较来看待自我（Harter，2003）。

青少年自我概念的典型特征是，他们常常以相互矛盾的方式来描述自我。这是因为其社会世界被扩展之后，产生了新的人际压力，在不同的人际关系中会表现出不同的自我。

并且，青少年常常会做出虚假的自我行为(其行为方式不是真实的自我表现)，在同学之间以及在恋爱关系中更是如此。出于贬低真实的自我而做出虚假的自我行为的青少年，他们会受到抑郁及绝望的困扰；而目的在于取悦他人或者只是试一试的青少年，他们在做出虚假的自我行为时，并不会遇到这些问题（Harter et al.，1996）。

青少年自我概念的不一致会使他们痛问"真我是谁"。但是这种矛盾在几年之后就会减少，因为青少年会形成关于自我的更为一致的看法。

此外，青少年既从总体上对自我进行评价，也从一些具体的方面(如学业、运动、外表、社会关系及道德行为)对自我进行评价。并且，青少年尤其重视社会性品质，年龄大一些的青少年对自我进行描述时，个人价值观和道德价值观都是关键。

### 2. 自我认同渐趋尘埃落定

青少年自我概念和自尊的发展为其自我认同的形成奠定了基础。马西娅根据埃里克森的理论衍生出的两个关键的标准(探索和承诺)来评估自我认同的发展，提出了四种自我认同的状态：自我认同完成，指的是经过探索之后，对价值观、信念、目标有所承诺；自我认同延迟，指的是只有探索，尚无承诺；自我认同早闭，指的是未经探索就有承诺；自我认同扩散，指的是既无探索也无承诺的无动于衷（Marcia，1980；1991）。例如，在整个中学阶段，小付都喜欢打篮球。高一时，她觉得做物理学家很棒。高二时，她选修了计算机课程，此时她找到了适合自己的方向，她知道自己以后应该学的是计算机科学。这就是自我认同的完成状态。

### (四)青少年的心理性别更趋于传统

青少年期是一个心理性别强化的时期，即关于男性、女性的刻板印象进一步提升，走向传统的性别认同（Basow & Rubin，1999）。

在青少年早期，男孩、女孩在经历身体和社会性变化的同时，也会对自己的性别角色进行重新界定。青少年对性别角色的认识发展会出现波动，呈现出一种近似字母"N"形的趋势，11岁以后达到一个顶峰，之后下降，14岁左右再次上升，18岁以后稳定（赵淑文，雷雳，1996）。

随着青春期的开始，关于男孩、女孩与心理性别相联系的期望也会变得日益深化，男孩、女孩之间的心理及行为差异在青少年早期会变得越来越大，因为这时迫使他们服从传统的男性化及女性化性别角色的社会化压力增加了（Lynch，1991）。尤其是对女孩更为突出（Crouter et al.，1995），她们这时尝试异性活动的自由与儿童期相比已经不可同日而语。

### (五)青少年的道德发展渐入佳境

### 1. 男生更看重公平道德

科尔伯格提出，每个人的道德都是随年龄及经验的增长逐渐发展的，并且遵循一种普遍的顺序原则，即三水平六阶段。道德发展第三水平是"后习俗道德水平"，包括第五、第六阶段，道德发展达到这一水平的时间大约是在青少年早期或成人初期，一些人可能永远达不到。此时人们超越了其所处社会的特定规则来思考普遍的道德原则，其道德原则比社会所使用的特定规则更加宽泛。

第五阶段，社会法制取向。处于这一阶段的人会进行理性的思考，看重大多数人的意志和社会利益，会做出正确的事，因为他们对社会公认的法律具有一种义务感。他们会认识到法律与人的需要有时会发生冲突，但是，从长计议，遵守法律对社会有好处。当然，法律可以作为固有社会契约中变化的一部分进行修改。

第六阶段，普遍伦理取向。在最后这一阶段，人们遵守法律是因为他们以普遍的伦理原则为基础。他们不会服从违背原则的法律。他们的所作所为基于自己对"对与错"的判断，而不管他人的意见。他们的举动遵循内化的标准，如果不这么做，他们就会谴责自己。

## 2. 女生更看重关怀道德

由于科尔伯格最初的研究是以男性为被试进行的，因此吉利根认为科尔伯格的道德系统过分重视公平和公正等男性价值观，而忽视了责任和关怀等女性价值观（Gilligan，1982；1987）。吉利根认为，女性核心的道德两难是自己的需要与他人的需要之间的冲突，在道德问题上她们有不同的声音——关怀道德。

吉利根认为女性不像男性那样关心抽象的公正和公平，她们更关心对他人的责任。不过，对大量相关研究的元分析指出，尽管女性更倾向于关怀，男性更倾向于公正，但是这些差异显得微不足道，对大学生而言尤其如此。男孩、女孩以及男人、女人对道德问题的推理都是相似的，他们都会从关怀和人际关系的角度进行思考（Turiel，2006）。

## (六)青少年的亲子关系亲疏微妙

青少年的成长是一个交互社会化的过程，青少年会给父母带来社会化的影响，就像父母使他们社会化一样。

就青少年而言，他们希望父母能够表现出以下三个方面的品质（Rice & Dolgin，2002）。

一是亲近感，即父母和孩子之间有温情的、稳定的、充满爱意的、关注的联系。这种亲近感反映在以下方面：第一是父母的关怀和帮助；第二是倾听和共情理解；第三是爱和积极情感；第四是接受和赞许；第五是信任。

二是心理自主，即提出自己的意见的自由、隐私自由、为自己做决定的自由。它通常有两个方面的表现：其一，行为自主包括获得足够的独立和自由，在不过于依赖其他人指导的情况下自行其是；其二，情绪自主指的是抛弃儿童期那种在情绪情感上对父母的依赖。青少年希望并且也需要在学会把握自主的同时，父母慢慢地、一点点地给予他们相应的行为自主，而不是一股脑儿地抛给他们。如果给予的自由太多、太快，则可能被解释为拒绝。

亲近感和心理自主乍一看似乎相互排斥，实际上是互补的(Montemayor & Flannery，1991)。随着孩子的成长，高度的家庭凝聚力应该渐渐地过渡到一种更为平衡的亲密感，这在青少年寻求个体化的过程中会促进其自我认同的建立。

三是监控，成功的父母会监控和督导孩子的行为，制定约束行为的规矩。监控能够让孩子学会自我控制，帮助他们避开反社会行为。在权威型的家庭中，和青少年交谈是常用的管教方法，也是这一年龄段最好的方法之一。父母应该鼓励孩子承担个人责任、自己做决定及自主。在听取父母的意见、和父母讨论他们做出的解释时，青少年也会自己做出决定。父母应该对孩子的行为进行监督。成功的父母知道自己的孩子在做什么、去了什么地方、和谁在一起(Jacobson & Crockett，2000)。

### (七)青少年的同伴关系举足轻重

### 1. 青少年的友谊亲密、忠诚

在青少年期，友谊随着青少年彼此之间交往的加深而产生，它起到了六种基本的作用(Gottman & Parker，1987)。一是陪伴。友谊会给青少年提供熟悉的伙伴，他们愿意待在一起，并参加一些相互合作的活动。二是刺激。友谊会给青少年带来有趣的信息、兴奋、快乐。三是物理支持。友谊会给青少年提供时间、资源及帮助。四是人格自我支持。友谊会给青少年提供对支持、鼓励和反馈的期望，这有助于青少年维持他们对自己的能力、魅力及个人价值的肯定。五是社会比较。友谊会提供信息让青少年知道自己和他人的立场，以及他们的所作所为的对错。六是亲密。友谊会给青少年提供一种温情的、密切的、信任的相互关系，这种关系包含自我表白。

亲密是青少年友谊中的一个重要特征（Sesma，2000），即个人秘密思想的表白或分享。青少年把忠诚或信任看成友谊中更重要的东西（Hartup & Abecassis，2004）。女孩比男孩更加强调亲密的交谈和信任感（Markovits et al.，2001）。友谊的另一个重要特征是，从儿童期到青少年期，朋友一般都是相似的——包括年龄、性别、种族和很多其他因素（Luo，Fang，& Aro，1995）。

## 2. 青少年的恋爱昙花一现

很多青少年男女之间更为认真的交往是通过约会发生的。青少年的约会实际上经常发生在团体中，而不是二人世界。青少年约会时经常做的事是看电影、吃饭、逛商场、逛校园、开派对、串门（Feiring，1996；Peterson，1997）。

在刚刚开始的恋爱关系中，很多青少年并不是为了满足依恋或者是为了满足性需要。初期的恋爱关系作为一种背景，使青少年去探索自己究竟有多大的吸引力、自己应该怎样谈恋爱，以及所有这些在同伴眼中又是如何的（Brown，1999）。只有在青少年获得了某些基本的与恋爱对象交往的能力之后，对依恋和性需要的满足才会成为这种关系中的核心功能（Furman，2002）。

实际上，大多数青少年并没有在谈恋爱，一些人只是有过短期的恋爱经历（Carver et al.，2003）；并且，随着年龄的增长，结束关系的情况也相应增多（Connolly & McIsaac，2008）。

### 3. 对同伴的服从适可而止

在青少年期，服从同伴的压力变得非常大，在价值观、行为、爱好（如音乐、服装等）及反社会行为方面服从同伴团体的情况，变得越来越明显。从同伴团体那里获取建议、听取意见、得到社会支持的这种日益突出的倾向，可能有助于青少年减少对父母的依赖。同伴也可能成为家庭冲突之后的避难所，成为青少年寻求更多独立的来源。

服从同伴的压力也可能有消极面。青少年会表现出各种消极的服从行为——讲脏话、偷东西、搞破坏、取笑父母和老师。被同伴拒绝的痛苦是刻骨铭心的，而为服从同伴做出的努力则可能会妨碍青少年的独立自主。服从同伴的压力可能会阻碍青少年早期的发展，特别是当同伴团体本身的价值观和目标有问题时。

虽然同伴关系可以减少孤独，但实际上，中等程度的孤独最有利于心理适应。在与家人的关系中，孤独在青少年寻求更多的自主方面也会起到作用（雷雳，张雷，2003）。

### (八)青少年的问题行为需看本质
### 1. 青少年的问题行为形形色色

青少年的问题行为可以分为两大类：外化问题和内化问题。外化问题主要是那些对他人有伤害和破坏性的行为，内化问题主要是自责型的情绪所带来的困扰。

关于青少年的问题行为，至少有三个方面是值得注意的。

首先，从持续时间上来看，青少年的问题行为分为偶尔的尝试性行为与持久性的危险行为或者惹麻烦行为。偶尔的尝试性行为通常是无害的，其发生率也远远超过了持久性的危险行为的发生率（Johnston et al.，1997）。

其次，从起源上来看，青少年的问题行为可以分为在青少年期才萌芽的问题与在之前就已经生根的问题。大多数现在涉及法律问题的青少年在其早年就已经在家里和学校出现问题了（Moffitt et al.，2002）。

最后，从问题本质上来看，青少年所遇到的很多问题都是暂时性的，进入成人期之后这些问题就会消失，很少有长期的影响。

## 2. 青少年的问题行为各有隐情

实际上，要想真正全面地理解青少年的问题行为，我们必须考虑到行为的积极面——该行为起到什么作用或者该行为能够满足青少年的什么需要。

被成人标定为"异常"或"不当"的那些行为，可能恰恰是有助于青少年适应环境的行为（Siegel & Scovill，2000）。例如，青少年在学校惹麻烦、打架斗殴、威胁恐吓、偷窃、离家出走，实际上是希望别人能够倾听他们的心声，希望得到理解，引起别人对自己所受不公平对待的注意，他们追求的是自我认同、能力、勤奋。针对这类问题行为的应对方法，包括提供能够倾听青少年心声的成人角色榜样、教给青少年分辨和表达各种情绪的方法、教给他们谈判技能、让他们参与决策过程。

# 第二章　青少年的互联网服务使用偏好

**开脑思考**

1. 互联网为人们提供的服务纷繁复杂、层出不穷，概括起来可以分为几种类型，如社交服务、娱乐服务、信息服务等。哪种服务对青少年的成长更有利呢？

2. 有时候我们会听到青少年说喜欢在网上聊天，那么吸引他们网上聊天的是什么呢？

3. 一些青少年在上网的时候可能会不断地点击一个个链接，最后忘记了自己最初上网是为了什么，这种网络冲浪对青少年有何意义呢？

**关键术语**

互联网服务使用偏好，社交服务，娱乐服务，信息服务，人格，社会支持

## 第一节　问题缘起与背景

### 一、虚拟世界中社交娱乐信息服务任人挑选

为什么要探讨青少年的互联网服务使用偏好呢？这一问题的背景又是怎样的呢？

随着互联网的飞速发展，人们不时地会看到一些媒体报道，某学生因为沉迷于网络聊天而荒废学业、离家出走或在网络聊天中轻信他

人而上当受骗，这些现象是值得关注和研究的，并且迫切地需要引起家长和教育者的重视。

实际上，互联网社交自兴起至今日，已经缔造出了许多神话，被视为互联网的第二次浪潮。随着微信等社交网站的兴起，互联网社交蓬勃发展，新的"互联网热"再次升温，有分析人士甚至说，互联网社交将是人际交往的新模式。

青少年面临着重要的发展任务，如发展归属感和认同感、发展新的有意义的人际关系。有研究者认为青少年过多地使用互联网就是为了完成这些任务（Kandell，1998）。互联网使用者以计算机为媒介彼此进行交流，可以形成网上的社会支持；经常访问某个聊天室、新闻组等，能够建立亲密感和归属感（Young，1997）。而互联网使用是健康的，是病理性成瘾的，还是介于两者之间的，则是由互联网可以满足的需要以及互联网如何满足需要决定的（Suler，1999）。

同时，互联网的出现为电脑游戏行业的发展注入了新的活力，利用互联网进行娱乐已经成了一种全新的时尚。互联网娱乐凭借信息双向交流、速度快、不受空间限制等优势，让真人参与游戏，提高了游戏的互动性、仿真性和竞技性，使玩家在虚拟世界里可以发挥现实世界无法展现的潜能，也更容易使玩家上瘾。容易使人上瘾的娱乐项目，往往容易产生不良的社会影响，特别是网络游戏的主要参与者还是青少年。各种媒体也会报道青少年因沉迷于网络游戏学业成绩下降、行为出轨的案例。那些正沉迷于网络游戏、人格尚未定型的青少年，他们又会受到什么样的影响？

青少年在现实的学习生活中压力过大，或受到挫折，在网络游戏中可以宣泄压力，在注重技术的游戏中体验虚拟的成就感，获得其他网游者的认可，在角色扮演游戏中，创建、体验新的人际关系，所以在虚拟世界中获得、体验、使用社会支持对青少年来说有着特殊的意义。

对青少年来说，互联网几乎提供了心理与行为发展所需要的一切信息（Steinberg，1999），他们可以利用互联网来完成学校的功课，查找与自己的兴趣爱好相关的信息（Subrahmanyam et al.，2001）。但是，信息过载容易造成认知负载，从而使青少年的认知压力加重，兴趣过于泛化和注意力不稳定（张智君，2001）。

在此令人感兴趣的是，青少年的互联网服务使用偏好与其人格及社会支持之间的关系是怎样的。

## 二、外向性神经质人格与网上社交关系密切

在互联网提供的种种服务中，人与人之间的交流可能是最重要的，并且推动着互联网的使用（Kraut et al.，1998）。与现实生活中面对面的交流相比，网上交流主要有四个特点：匿名性、隐形性、地理位置的非限制性及时间的非同步性（McKenna et al.，2000）。

研究者认为，青少年在互联网上与他人交往主要有两种动机，即个人动机和社会动机。在日常的社会交往中，这两种动机的需要没有得到满足的个体就会选择通过互联网去实现它们（McKenna & Bargh，2000）。

内向且神经质的人在社会交往上有困难，所以他们倾向于在互联网上定位"真实自我"，而外向且非神经质的人则主要通过传统的面对面的社会交往定位"真实自我"（Amichai-Hamburger，Wainapel，& Fox，2002）。

有研究者认为外向的个体比内向的个体更可能使用互联网来保持与家人和朋友的关系，或者频繁地使用网上聊天室结识新朋友（Kraut et al.，2001）。人们总是认为神经质的人是羞怯的、焦虑的，他们在真实的社会情境中很难建立社会关系，只有坐在电脑屏幕前才能进行社会交往。有研究者做了网上交流工具 ICQ 与孤独感之间关系的研究。结果表明，尽管在 ICQ 上可以隐瞒真实身份，与不同的人进行交流，但是孤独的个体不会求助于 ICQ 来减少自己的孤独感（Leung，

2002)。从人格理论来看，低焦虑、善于交际的个体更有可能使用新的交际工具来满足他们的社会需要，如互联网(Peris et al.，2002)。

有研究发现，对女性来说，社交性网站的使用与外向性呈负相关，与神经质呈正相关，这是因为女性有较强的自我意识，更可能通过使用社交性网站寻求支持(Hamburger & Ben-Artzi，2000)。后续研究也支持了这种结果，认为神经质的个体更容易孤独，并且更倾向于使用互联网上的社交服务(Amichai-Hamburger & Ben-Artzi，2003)。

在人格特征中，除了外向性和神经质这两种倾向与使用互联网社交服务有关系之外，有研究认为宜人性也是一个影响因素，高宜人性的个体总是友善的、易于相处的，这种人格特质能够使他们在有时不太友好的互联网环境中吸引他人，从而较容易和网上的其他人建立友谊(Joinson，1998)。

人们在网上寻求与保持社会关系的理由是不同的，无论何种人格倾向，都有可能利用网络来寻求会话对象，试验新的交流媒介，或和其他人建立关系。大多数人是为了寻求友谊、社会化、聊天，或为了娱乐、与他人会面；孤独的人则是为了寻求同伴；害羞的人或社会关系有问题的人是为了寻求爱或一种友谊；粗鲁的人是为了骚扰其他人；人格反复无常的人是为了寻求性关系；研究人员是为了寻找信息；无聊的人是为了寻找乐趣(Peris et al.，2002)。

## 三、网上娱乐及信息服务使用也显人格变奏

互联网娱乐服务主要指即时信息和网络游戏，有的研究者认为这类活动是通过在线与他人打游戏或交流来放松身心、享受快乐的(Swickert et al.，2002)。

研究表明，对男性来说，外向性与互联网娱乐服务的使用呈正相关，外向的男性(使用性网站)会过多使用互联网娱乐服务，因为他们

对刺激和唤醒有更大需求（Hamburger et al.，2000）。还有研究表明，高开放性的个体有着好奇的特征，他们倾向于把网上活动作为探索寻求新异性的机会，因此经验的开放性与互联网娱乐服务的使用有着显著的正相关；高责任心的个体在网上进行娱乐活动的可能性较小；除此之外，研究还表明低认知需求的个体与互联网娱乐服务的使用也是有关系的（Tuten et al.，2001）。神经质和互联网娱乐服务的使用之间存在边缘显著的负相关关系。也就是说，高神经质的个体使用互联网娱乐服务的可能性很小（Swickert et al.，2002）。

信息服务是互联网的又一个重要功能（Hamburger & Ben-Arti，2000）。互联网以一种前所未有的方式提供了海量的信息，这对使用者来说既有积极影响又有消极影响，人们不必担心信息的枯竭，而应留神不要被信息淹没，也就是信息过载的问题。

研究发现，对男性来说，神经质人格与互联网信息服务的使用呈负相关（Hamburger et al.，2000）。研究也表明，高神经质的个体在搜索信息时，会试图比自信的个体收集更多的信息，这种倾向可能是因为高神经质的个体在这个领域有较高的焦虑感和较低的自我效能感（Tuten & Bosnjak，2001）。除此之外，研究还发现有高认知需求的个体更可能使用含有认知成分的网站，如新闻、教育信息等。

之后的研究支持了这一结果，发现神经质人格和信息交换之间存在边缘显著的负相关关系。也就是说，高神经质的个体不太可能使用互联网信息服务（Swickert et al.，2002）。

人格特征对互联网使用的影响不仅体现在互联网提供的不同服务内容上，而且体现在对互联网内容的呈现方式上。例如，高封闭性需要的个体倾向于避免不确定性，他们认为大量的超级链接会使人心烦意乱，是多余的；而低封闭性需要的个体在充满链接的网络环境中会感觉不错。

墨守成规者更喜欢带有一些固定因素的网站，如果网站频繁地改变，他们会感觉到压力；而创新者更喜欢经常变化的网站，一成不变会使他们感觉没有乐趣、很无聊。控制点会影响人们在网上对时间的控制，内控制点的人更容易控制自己在网上的时间（Amichai-Hamburger，2002）。

## 四、网上社会支持虽看似无形却有特殊益处

互联网所具有的各种特性使其与使用者的社会支持状况产生密切关系。研究表明，那些对自己现实中的社交生活很满意的人，更喜欢使用互联网来达到工具性目的（信息搜索）；而那些对生活不太满意，在面对面的交往中感受不到重视的人，则把互联网作为社会交往的替代（Papacharissi & Rubin，2000）。

互联网上存在许多提供在线支持的群体，与传统的面对面的人际交流的方式相比，参与者把在线咨询这种方式看作可以接受的、有效的（Dolezal-Wood，1998）。例如，将要经历某种痛苦过程的患者更愿意与那些正在经历或已经经历过同样事情的人在一起（Schachter，1959；Davison，Pennebaker，& Dikersan，2000），加入支持群体反映了处于苦恼中的人渴望与他人交流的愿望（Davison et al.，2000），这表明人们特别愿意加入由和自己有相似问题的人组成的支持群体。

研究表明在线支持群体包含了在面对面群体中观察到的治疗要素（Finn，1995；Weinburg et al.，1995）。美国癌症协会的研究表明，情感支持和表达对治疗的成功起到了关键作用（Classen & Spiegel，1999）。还有一些研究发现，通过文字进行情感表达也是有治疗效果的。例如，用文字表达情感经历可以促进身体健康（Pennebaker，Mayne，& Francis，1997），而互联网交流主要就是基于文本信息进行的。可见，支持群体对正在体验苦恼和人际关系问题的人来说是一个能够得到帮助的主要来源（Taylor et al.，1986），网上的支持群体更是带着自身的优势成为人们寻求支持的一个选择。

# 第二节 上网特点与对策

## 一、网上社交女生更爱，且随年级而增加

我们考察了青少年的互联网使用偏好在性别、年级上是否存在差异（雷雳，柳铭心，2005）。结果表明，性别和年级在互联网社交服务使用偏好上的交互作用并不显著，但是性别和年级的主效应都达到了非常显著的水平，女生比男生更喜欢使用互联网社交服务，也就是说，女生更喜欢使用网络聊天这样的服务。

女生比男生更早进入青春期。在适应青春期变化带来的压力、追求独立、建立自我认同、满足情感等方面的需要上，女生通常比男生更为迫切，而当现实生活中的人际沟通不足以满足这些需要时，互联网就成了一种选择。此外，经过与中学生的访谈我们也进一步证实了，男生和女生在建立社会关系时所使用的方式是不同的，女生之间常常通过言语表达亲密关系，男生之间通过游戏等非言语方式建立友谊，而网络聊天这种全新的、更加自由开放的方式正是现实中言语交流的一种延伸。所以女生使用互联网社交服务更为频繁。

进一步检验互联网社交服务使用偏好在不同年级水平上的变化趋势，结果表明青少年对互联网社交服务的喜爱随着年级的升高而升高，其线性趋势显著。八年级、高一和高二年级的学生对互联网社交服务的喜爱都显著地高于七年级的学生（见图2-1）。也就是说，青少年对互联网社交服务的喜爱在八年级时发生了质的变化，之后这种喜爱仍然呈增长的趋势。

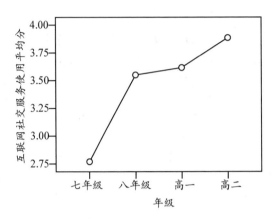

**图 2-1 不同年级学生的互联网社交服务使用水平的变化趋势**

随着年级的升高，学生的学习压力相对增大，伴随而来的还有心理上的困惑和不安，而当前的社会环境和家庭环境又不能恰当而及时地排除青少年心中的困惑，他们就会不断寻求新的方式去交流，去缓解压力或解决问题。网上聊天这种交流方式给青少年提供了一个超越现实的平台，使有相似问题的人能够共同交流，在无形中增加了一种社会支持。本研究为此提供了充分的证据，青少年在互联网社交服务使用上存在显著的年级差异，并且线性变化趋势很明显，从图 2-1 中可以看到中学生对互联网社交服务的喜爱在八年级时发生了质的变化，而且之后也呈上升趋势，这也是青少年情感交流需要不断增多的体现。因此，年级是影响青少年使用互联网社交服务的一个重要变量。

## 二、外向性与神经质青少年钟情于网上社交

为了进一步检验人格特征与互联网社交服务使用偏好的关系，我们建构了外向性、神经质、社会支持和社交焦虑与互联网社交服务使用偏好的关系模型(见图 2-2)。

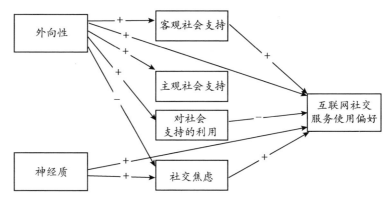

**图 2-2　人格特征与互联网社交服务使用偏好的关系模型①**

从图 2-2 中可以看出以下几点。①外向性、神经质、客观社会支持对互联网社交服务使用偏好均有直接的正向预测作用；对社会支持的利用对互联网社交服务使用偏好有着直接的、显著的反向预测作用。也就是说，越外向、神经质越高、客观社会支持越多、对社会支持的利用水平越低的青少年，越有可能使用互联网社交服务。②外向性也可以通过客观社会支持和对社会支持的利用间接地预测互联网社交服务使用偏好；越外向的青少年获得的客观社会支持越多、感知到的社会支持越多，越能较好地利用社会支持；外向者如果较多地利用社会支持，社会支持会对其使用互联网社交服务起到一定的干预作用，在一定程度上削弱其互联网社交服务使用偏好。

青少年的人格正在不断地定型并且趋于完善。外向的青少年比内向的青少年更加坦率、活跃、合群、热情，并且具有更多的积极情绪，拥有更多的社会支持。本研究发现，越外向、主观社会支持和客观社会支持越多的青少年，越有可能使用互联网社交服务。这与富者更富模型是一致的，即外向的与拥有更多现存社会支持的个体能够从互联网使用中得到更多的益处。外向的、善于交际的个体可以通过互联网结识他人，

---

① 在关系图中，实线表示有显著的预测关系，"＋"表示正向预测，"－"表示反向预测；而虚线表示没有显著的预测关系。此处略去了具体的统计系数。后同。

并且特别愿意通过互联网进行人际交流。已经拥有大量社会支持的个体可以运用互联网来加强他们与其网络支持中的他人的联系。这一结果也与之前的研究结果一致（Kraut et al.，2002）。

此外，在与较外向的受访中学生的谈话中，他们都提到有高兴的事情时，除了愿意与身边的同学和家长分享之外，还愿意上网与网友分享，网上好友团体的祝贺、支持与鼓励可以使他们体验到更多的积极情感。从访谈中可以发现，他们在心情好的时候更愿意上网聊天，这可能是因为他们在现实中能够得到和感受到很多支持，并且在有困难时能够充分地利用这些支持。

可见，外向性既可以直接影响青少年使用互联网社交服务，又可以通过现实中青少年的社会支持情况对他们使用互联网社交服务产生间接的影响。网络交往具有的匿名性、隐形性等特点，使社交焦虑的个体有可能通过网络社交来弥补现实社会交往的不足，而内向的个体较外向的个体更容易产生社交焦虑，所以青少年的外向性通过社交焦虑也会间接预测青少年的互联网社交服务使用偏好。

高神经质的青少年具有易情绪化、易冲动、依赖性强、易焦虑和自我感觉差的特点。在现实生活中，面对面的交往使他们容易产生社交焦虑、孤独，对社会支持的感知性较低。在虚拟的互联网世界中，他们可以从容地按照自己的节奏与兴趣建立自己的人际关系，从网络关系中获得社会支持，也可以更好地了解自己的社交特性，由此更好地了解自己，正确地认识自己，愉快地接纳自己，正确地对待他人的评价。在自己建立的网络社交关系中，他们能够体验到更多的社会支持、归属感和亲密感，从而增强自信和自我效能感，在面对面的现实人际交往情境中，可能对自己的社交能力更加自信。

## 三、社会支持善利用，网上娱乐退避三舍

我们检验了青少年的互联网娱乐服务使用偏好在性别、年级上是

否存在差异(柳铭心,雷雳,2005)。结果表明,性别和年级并不能较好地预测互联网娱乐服务使用偏好,即青少年的互联网娱乐服务使用偏好并不受性别和年级的影响。

为了进一步检验人格特征与互联网娱乐服务使用偏好的关系,我们建构了宜人性、外向性和社会支持与互联网娱乐服务使用偏好的关系模型(见图 2-3)。

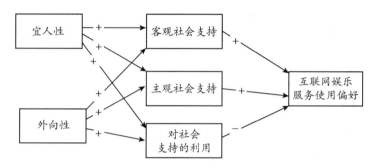

**图 2-3 人格特征与互联网娱乐服务使用偏好的关系模型**

从图 2-3 中我们可以看到以下几点。①客观社会支持、主观社会支持对互联网娱乐服务使用偏好有着直接的正向预测作用。也就是说,所获得的客观社会支持较多、感知到的社会支持较多的青少年,更有可能使用互联网娱乐服务;对社会支持的利用对互联网娱乐服务使用偏好有着直接的、显著的反向预测作用,即对社会支持的利用水平较低的青少年更有可能使用互联网娱乐服务。

②宜人性、外向性均可以通过客观社会支持、主观社会支持和对社会支持的利用间接地影响互联网娱乐服务使用偏好;外向性和宜人性对社会支持的三个方面均有正向预测作用,即越外向、宜人性越高的青少年,其获得的客观社会支持越多,感知到的支持越多,对社会支持的利用水平也越高。

高宜人性的青少年具有宽容、坦诚大方、利他并且谦逊的特点,他们善于为别人考虑,乐于助人,对人真诚,不弄虚作假,所以较易获得更多的社会支持。而外向的青少年比内向的青少年更加坦率、活跃、合群、热情，并且具有更多的积极情绪，他们喜欢参加各种活动，喜欢与别人交往，因此拥有较多的社会支持。从研究结果中可以看出，这两种人格特点通过社会支持对互联网娱乐服务使用偏好产生影响。

互联网娱乐的形式很丰富，大致可以分为非交互性（如多媒体娱乐）和交互性（如网络游戏）两类。前者主要是对网络资源的利用，外向性和高开放性的青少年更喜欢寻求、使用、接受新的娱乐方式，因此，他们更有可能积极主动地使用互联网来获取更多的资源，使生活更加丰富。后者在某种程度上与互联网社交服务有类似之处，它作为娱乐项目的同时，也给使用者提供了一个交际的平台。

无论在哪类游戏中，所有玩家都像是生活在一个全新的社会里，这个世界同样有需要遵守的准则与崇尚的标准，在现实世界中受到欢迎的那些特点在这个虚拟世界中也会受欢迎。所以，高宜人性、外向的青少年在网络游戏中更有可能营造一种积极的氛围，体验到更多的积极情绪和社会支持。这也与富者更富模型是一致的，即拥有更多现实社会支持的个体能够从互联网使用中得到更多的益处。可见，青少年的互联网娱乐服务使用偏好会受到人格特征和社会支持的共同影响。

## 四、互联网信息服务使用偏好随年级的升高而增强

我们检验了青少年的互联网信息服务使用偏好在性别、年级上是否存在差异（柳铭心，雷雳，2005）。结果表明，性别并不能较好地预测互联网信息服务使用偏好，青少年对互联网信息服务使用偏好并不受性别的影响。

进一步检验互联网信息服务使用状况在不同年级水平上的变化趋势，发现青少年的互联网信息服务使用偏好从八年级开始随着年级的升高而升高，其线性趋势显著（见图2-4），互联网信息服务使用偏好在八年级时发生了质的变化，之后这种偏好呈持续增长的趋势。

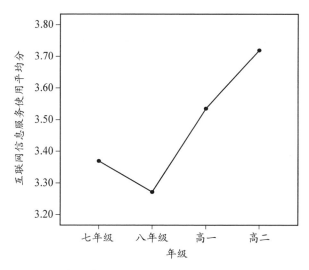

**图 2-4　不同年级学生的互联网信息服务使用水平的变化趋势**

随着年级的升高，青少年的求知欲不断增强，他们急于拓展自己的知识面，而且探索外部世界、追求体验新事物的心理倾向也会增强。因此，年级是影响青少年使用互联网信息服务的一个预测变量。

## 五、开放性人格的青少年更爱信息服务

为了进一步检验人格特征与互联网信息服务使用偏好的关系，我们建构了宜人性、外向性、开放性和社会支持与互联网信息服务使用偏好的关系模型（见图 2-5）。

从图 2-5 中我们可以看到以下几点。①在宜人性、外向性和开放性这三个与互联网信息服务有关的人格因素中，宜人性和外向性并不能直接预测互联网信息服务使用偏好，而开放性可以作为互联网信息服务使用偏好的预测指标，开放性对互联网信息服务使用偏好有着显著的直接预测作用，高开放性的青少年更有可能使用互联网信息服务。

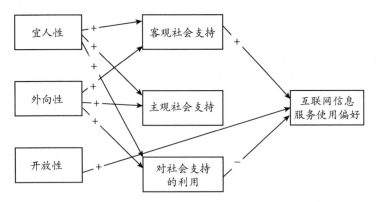

**图 2-5　人格特征与互联网信息服务使用偏好的关系模型**

②在社会支持的三个方面中，客观社会支持和对社会支持的利用对互联网信息服务使用偏好有着显著的预测作用，感知到的社会支持对互联网信息服务使用偏好的影响很小。青少年所获得的客观社会支持越多，就越有可能使用互联网信息服务，但是如果青少年能够较好地利用社会支持就可以在一定程度上削弱互联网信息服务使用偏好。也就是说，对社会支持的利用可以作为一个干预互联网信息服务使用的因素。

③宜人性和外向性通过客观社会支持和对社会支持的利用可以间接地预测互联网信息服务使用偏好，而开放性对社会支持的三个方面的影响均非常微弱。也就是说，开放性直接影响互联网信息服务使用偏好，并不通过社会支持对互联网信息服务使用偏好产生间接影响。

高宜人性的青少年具有宽容、坦诚大方、利他并且谦逊的特点，较易获得更多的社会支持。外向的青少年比内向的青少年更加坦率、活跃、合群、热情，并且具有更多的积极情绪，因此拥有较多的社会支持。这两种人格特征更多是在社交活动上对个体产生影响，在本研究中也可以看到它们对互联网信息服务使用偏好的直接影响是非常微弱的，但是个体的社会支持状况可以作为一个调节因素，对宜人性、外向性与互联网信息服务使用偏好之间的关系产生影响。

　　高开放性的青少年具有很强的洞察力、聪明、想象力丰富，他们具有创新性，敢于打破常规，善于接受和应用新知识、新事物。互联网信息服务对具有高开放性的青少年来说是非常具有吸引力的。

　　具体而言，首先，在互联网提供的信息内容上，互联网是个信息极其丰富的百科全书式的世界，包罗万象，青少年能够开阔眼界，并且根据自己的需要自由地搜索相应的资料。

　　其次，在互联网提供的信息数量上，来自不同信息源的信息数量按几何级数不断增长，而且信息更新的速度很快，而这一点正好满足了具有创新性的青少年的需求。有研究表明创新者喜欢经常变化的网站，一成不变会使他们感觉没有乐趣、很无聊（Amichai-Hamburger，2002）。

　　最后，在互联网提供的信息的呈现方式上，互联网上的信息并不是单纯的文本信息，它已经成为集声音、图像、视频于一身的多媒体载体，大量的信息直观而感性，这样既可以吸引青少年的注意，满足他们的新鲜感，又可以使他们的想象力不受现实条件的限制，得以充分地发挥。正因为互联网上所提供信息的这些特点与高开放性青少年的认知需求相符，所以开放性可以作为互联网信息服务使用偏好的一个预测指标。

## 拓展阅读

### 社交网站可以促进还是阻碍友谊？

　　一项研究表明，人们在脸书上的交流方式能够改善或者损害友谊。来自西伊利诺伊大学（Western Illinois University）的麦克伊万博士在报告中指出，脸书虽然是巩固和促进人与人之间关系的重要媒介，但也会因为其总体发帖情况而降低人们的友谊满意度。

　　那么，人们在脸书上的朋友维持行为是如何影响朋友对双方友谊的感受的呢？为了得到答案，麦克伊万等人从"配对朋友"

（一对一）群体中收集了大量数据并使用"主—客体互依模型"的统计技术予以分析。其中，行动者—对象互依性模型（actor-partner interdependence model，APIM）分析技术能够让研究者确定个体与他的朋友对于双方关系结果的特殊作用。

研究结果显示，个体在社交网站上对朋友的关心（尤其是指向特定对象的专属行为）与积极的关系结果高度关联，会使朋友间的亲密程度和友谊满意度增加。举例来说，当人们在朋友的脸书主页上留言或者分享了值得祝贺或慰问的事情时，他们都会感觉到与对方的距离被拉近了，对友谊也更为满意了。然而，人们有时候还会像广播一样不断更新自己的状态，并且以此作为维持与朋友之间特殊关系的一种方式。对于这种消息类型，麦克伊万认为它与朋友间消极的关系结果存在关联，而且当个体越少更新自己的状态时，他就变得越不喜欢那些频繁更新状态的朋友。

根据麦克伊万等人的研究，我们可以发现脸书的使用并不意味着一定会促进关系的发展或者危害友谊的持续。实际上，人们通过媒介与朋友交流的方式才是影响彼此关系的关键因素。

麦克伊万强调称："传播研究者一直都对人们如何使用传播技术的问题很感兴趣，如社交媒体是如何促进社会网络连接的。在这些问题中，我们研究团队特别关注传播技术与消息进程（message processes）的交互影响。"

作者：瑞克·瑙特（Rick Nauert）

译者：周浩、雷雳

# 六、总结

## （一）研究结论

综上所述，通过对青少年的互联网服务使用偏好及其与相关因素之间关系的研究，我们可以得出以下结论。

①青少年在互联网社交服务使用偏好上存在性别差异，女生使用更多，以及存在随年级的升高而增加的年级差异。外向性、神经质人格对互联网社交服务使用偏好有直接的正向预测作用，并且可以通过社会支持以及社交焦虑间接地预测互联网社交服务使用偏好。

②青少年在互联网娱乐服务使用偏好上不存在性别和年级差异。客观社会支持、主观社会支持对互联网娱乐服务使用偏好有直接的正向预测作用，对社会支持的利用对互联网娱乐服务使用偏好有直接的反向预测作用。宜人性和外向性可以通过社会支持间接地预测互联网娱乐服务使用偏好。

③青少年在互联网信息服务使用偏好上不存在性别差异，但是年级差异显著；开放性、客观社会支持和对社会支持的利用对互联网信息服务使用偏好有直接而显著的预测作用。宜人性和外向性可以通过社会支持间接地预测互联网信息服务使用偏好。

## (二)对策建议

在研究结果中值得注意的一点是，在对社会支持的利用与互联网服务使用偏好之间的反向关系中，对社会支持的利用主要是作为调节因素起作用的，它具有一定的干预作用，能够在一定程度上削弱对互联网的依赖。对社会支持的利用考察了个体如何使用所拥有的社会支持以及这种使用的充分程度。当青少年不能充分地利用现实生活中所获得的社会支持或者所感知到的社会支持时，他们更有可能使用互联网服务，所以我们在给予青少年各种支持时，还要使他们意识到这些支持，并清楚该如何使用这些支持。

因此，依据本研究的发现，我们认为，作为家长和其他教育者，简单粗暴地禁止青少年上网并不理智。对青少年使用互联网社交服务要进行正确引导，使他们明白网络社交只是对现实社交的补充。

在强调学业成绩的同时，关注青少年的人格发展及其人际关系的发展至关重要。面对身心变化以及与日俱增的学业压力，除了富足的物质条件之外，青少年还需要精神上的交流和解决问题、释放自己的方法。要让青少年学会应对挫折的方式，懂得焦虑、烦躁等消极情绪对解决任何问题都无济于事。可以组织他们进行现实社交的训练，让他们得到更多的社会支持，学会在现实的人际交往中体会到更多的快乐，而不是最终逃避到网络社交中去。"人合百群"是新世纪社会交往的要求。健康积极的人格、良好的社会支持、宽容的生活环境是青少年合理、健康地进行网络社交的前提。

我们认为，只有了解了互联网娱乐服务在哪些方面能够满足青少年的需要，才能更好地控制、指导他们对互联网娱乐服务的使用。

# 第三章 青少年上网的某些影响因素

**开脑思考**

1. 对于一些青少年沉迷于网络，到底应该"怪"谁呢？是网络本身的原因、社会原因、家庭原因，还是青少年自己的原因呢？

2. 青少年在日常生活中、学习过程中都可能会遇到挫折和困难，需要想办法去应对。网络对于青少年应对这些问题会有什么帮助？

3. 责任感应该说是一种值得推崇的品质，如果一个负责任的青少年成了某个群的群主，这会不会导致其沉迷于网络呢？

**关键术语**

时间透视，应对方式，人格，心理弹性，网络成瘾

## 第一节 问题缘起与背景

### 一、纷繁复杂的因素均可影响上网行为

为什么要关心影响青少年上网的种种因素呢？除了前面章节提到的影响因素之外，还有哪些因素会起作用呢？这一问题的背景又是怎样的呢？

青少年期是儿童期向成人期过渡的时期，也是个体开始探索并

检验自我的时期。此时，个体在认知、情感上都发生着很大变化，生理和心理方面的变化（如身体发育、自身健康问题等）都会令他们感到矛盾、迷茫，甚至压力，青少年生活和成长的环境也会给他们带来巨大压力。家庭是青少年成长的重要环境，而亲子冲突在青少年期似乎普遍存在，不良的家庭环境（如父母离婚、父母经常争吵等）必然会给青少年带来很大压力。同伴关系对青少年来说似乎有着更大的影响，同伴对诸如吸毒、酗酒、抽烟、犯罪等问题行为的态度会对青少年产生影响（Urberg et al.，1997）。不良的师生关系（如老师不喜欢自己、与老师的关系紧张等）也会对青少年产生影响，给青少年带来压力。

青少年如何从这些消极的生活事件中获得发展和成长引起了研究者的注意。这种应对压力、挫折或创伤等消极生活事件的能力，便是"心理弹性"（resilience）。面对生活中的种种压力、挫折，人们会表现出不同的反应。有的人能够积极地调整自己以减小压力带来的负面影响，甚至在压力中吸取经验使自己得以成长；有的人在面对挫折、压力时却表现得异常脆弱、逃避、退缩，特别是经历严重的创伤性事件（如失去亲人）后甚至会表现出一些明显的生理症状（如腹痛）；有的人则会出现焦虑、抑郁等问题。因此，心理弹性在青少年应对压力的过程中是一个重要的因素。

互联网的迅猛发展给当今世界带来了前所未有的变化，同时也给我们生活、学习、工作的方方面面带来了深刻影响。我们使用互联网浏览新闻，下载喜欢的音乐、电影、动漫，玩网络游戏，利用 QQ、微信等和家人、朋友或者陌生人交流、沟通，这些都给我们的生活带来了极大的乐趣。同时我们还利用互联网搜索与学习、工作有关的信息、资料，互联网在许多方面极大地帮助了我们。互联网的积极影响不可否认，但同时也带来了一些负面影响，其中与青少年有关的主要问题便是网络成瘾，这已经引起了国内外许多研究者的注意，同时也是一个比较严重的社会问题。

青少年在使用互联网的过程中，是否会因互联网的种种有利条件而使自我得以发展和成长；当他们在学习、生活中遇到障碍时，在上网的过程中其心理行为有何表现等，都受到自身、环境及网络等因素的影响。实际上，前面的章节所探讨的内容都涉及了影响青少年上网的因素。在此，我们再来看看其他的影响因素。

## 二、积极应对者很难网络成瘾

现有的关于媒介的心理学研究所得到的一个具有普遍意义的结论是，对某些儿童来说，在某些条件下，一些电视节目可能是有害的。但是对于相同条件下的其他儿童或不同条件下的相同儿童，这些电视节目可能是有益的。对于大多数儿童，在大多数条件下，大多数电视节目可能既不是非常有害的也不是非常有益的(Schramm，Lyle，& Parker，1961)。青少年的网络成瘾是通过某些特定功能形成的一种互联网使用模式。互联网实际上是一种媒介，上述结论可能也适用于互联网使用，不同用户使用互联网的不同功能或服务项目会受到不同影响。除了互联网的某些功能或服务项目可能导致网络成瘾之外，个体差异可能也会导致网络成瘾。

时间透视是个体对过去、现在与未来时间的意识和相对注意(黄希庭，余华，2000)。在通常情况下，大多数个体倾向于使用时间透视的特定维度，而较少使用或不使用其他维度，即个体的时间透视可能定向于过去、现在或未来中的一两个维度，这能使个体对时间透视形成偏见(Wills et al.，2001；Zimbardo et al.，1999)。有研究者认为，时间知觉(包括时间透视)产生了一种可以过滤和解释个人经历的认知反应偏见，因为经验与意识源源不断地在现在、过去与未来的时间结构中被赋予意义，所以这种认知反应偏见对个体的思维、情感与行为有重要意义。因此我们推测，时间透视对个体的思维、情感与行为具有组织与结构化的作用。

时间透视可被视为个体的一种基本心理维度（Wills et al.，2001）。有研究者认为时间透视是测量个体差异的有效变量。他们的研究发现，时间透视中的现在定向维度可以预测较多对个体有负面影响的心理与行为问题，如成瘾行为、感觉寻求、特质焦虑、抑郁、猎奇等；时间透视中的未来定向维度可以预测较好的学业表现、低水平的冒险行为。

未来定向占优的个体更有可能计划与监控自己的行为以便获得未来预期的结果，现在定向占优的个体可能较敏感于当前的情境因素（如同伴认同）。未来定向常见于通过较多努力获得奖赏的个体，但这种奖赏具有重要的长期影响；现在定向常见于较敏感于即刻满足感（如物质使用）的个体，这种即刻满足感在较长时间内有较小的奖赏价值（Wills & Sandy，1997）。

应对方式是个体在面临压力时为减小其负面影响而做出的认知与行为的努力过程（黄希庭，余华，郑涌，等，2000）。有研究者发现时间透视对物质使用、无家可归、心理创伤等心理与行为问题的预测作用以应对方式为中介。国内很多研究者认为应对方式是影响很多心理与行为问题的中介变量（陈树林，郑全全，潘建男，等，2000；梁军林，李东石，刘珍妮，等，1999；冯永辉，周爱保，2002）。应对方式主要有两种：用来解决问题的"注重问题的应对"（如问题解决、求助）和用来减轻情绪痛苦的"注重情绪的应对"（如发泄、幻想、逃避、否认）（陈树林，郑全全，潘建男，等，2000）。生活压力与有限的应对资源可能会使个体出于调节情绪的目的而进行物质使用（如烟草、酒精）（Wills & Shiffman，1985）。

研究者认为，青少年可能会像物质使用那样使用互联网来应对现实生活中的问题（Tsai & Lin，2001；Goldberg，2000；Hall & Parsons，2001）。特别需要指出的是，网络成瘾者或网络依赖者可能更多地使用指向情绪的非适应性应对方式（Hall & Parsons，2001）。

未来定向占优的个体可能因为在现实生活中更多使用问题解决、求助等指向问题的应对方式，所以在互联网使用过程中，可能更多把互联网当成现实生活中解决问题的工具，较少地使用易于网络成瘾的某些功能。现在定向占优的个体可能在现实生活中使用发泄、幻想、逃避、否认等指向情绪的应对方式，所以在互联网使用过程中，这些个体为获得现实生活中不能得到的社会支持或为获得较多的积极情绪体验，可能更多地使用互联网中的聊天室、BBS、网络游戏等。

## 三、生活压力可使青少年逃入网络空间

在互联网使用的相关研究中，很多研究者从用户自身的特点和互联网的功能、特性等方面探讨网络成瘾的原因。个体经历的生活事件所带来的压力也会影响其对互联网的使用，有研究表明生活事件所带来的主观压力能够显著地预测个体的网络成瘾（马利艳，郝传慧，雷雳，2007）。

对初中生生活事件和电子游戏成瘾的研究表明，生活事件和电子游戏成瘾显著相关，并且高生活事件组和低生活事件组在电子游戏成瘾问卷的得分上存在显著差异，经历更多生活事件的初中生所承受的压力更大，在电子游戏成瘾问卷上的得分更高（杨珍，2005），他们更偏好这种网上的娱乐服务。

对网络成瘾青少年和非网络成瘾青少年的对比研究表明，两组被试在生活事件总分和生活事件各个分维度上的得分都存在显著差异，网络成瘾青少年所经历的生活事件更多，承受的压力更大（赵鑫，2006）。对大学生的研究也表明，生活事件和网络成瘾显著相关，但网络成瘾组和非网络成瘾组在生活事件上未发现差异，也就是说，两组被试在生活事件所带来的压力上没有显著差异（林雪美，2007）。相关的研究大多数是关于互联网上的社交服务（如 QQ、MSN 等）和娱乐服务（如网络游戏等）

的，对于互联网信息服务和交易服务的研究还比较少。

从扬等人的 ACE 模型中我们可以看到，互联网的匿名性使得互联网用户可以隐藏自己的真实身份，在互联网上做自己想做的事情，向陌生人倾诉或发泄自己的压力。互联网的便利性使我们可以很方便地调节我们的消极情绪、缓解生活事件带来的压力。我们可以通过和朋友、同学或者陌生人在线聊天来缓解压力，也可以通过玩网络游戏来缓解压力。在互联网快速发展的今天，这些对青少年来说都是很方便的。互联网的逃避现实性使得青少年可以暂时离开现实世界进入虚拟世界来寻找安慰、逃避现实生活的压力。当个体承受高水平的压力时倾向于采取消极的应对方式(李文道，钮丽丽，邹泓，2000)，通过更多地沉浸于虚拟世界中来逃避失败和挫折，借助互联网来获得归属感和满足感，互联网成了其思维与行为活动的中心。

戴维斯的认知-行为模型提到，非适应性的认知是该模型的中心因素，位于网络成瘾病因链的近端，是网络成瘾发生的充分条件。生活事件带来的压力使个体产生自卑感，其自我价值感水平较低，这种对自我的非适应性的认知使个体倾向于过度地和不恰当地使用互联网，表现出更多的网络成瘾的认知、情感和行为症状。

## 四、心理弹性高对网络成瘾可能有免疫

在关于心理弹性的许多研究中，研究者都根据个体所体验的压力的大小和体验压力后所表现的各方面能力的高低，将被试分为弹性组(stress-resilient，SR)和受压力影响组(stress-affected，SA)，之后通过进一步比较 SR 组和 SA 组来进行研究。例如，研究者比较了 SR 组和 SA 组在自尊、自我价值、内部控制源、社会支持、应对方式等方面的不同，并且发现两组被试在自尊、自我价值、内部控制源和应对方式上存在显著差异(Cowen et al.，1992)。SR 组比 SA 组认为自己更有能力，有更高的自尊水平，认为自己适应得更好，能够使用有效的应对方式，

并且表现出更高的内控水平。个体的上述特征都是心理弹性的重要影响因素。除此之外，家庭方面的支持，如父母的支持、良好的亲子关系，以及家庭外的各种资源等，如邻里、学校氛围、良好的同伴关系等也都会影响个体的心理弹性。

许多研究发现网络成瘾者比非网络成瘾者的自尊更低（Young，1998）。对青少年互联网使用的研究发现，网络成瘾高分组和网络成瘾低分组在应对方式上存在显著差异，网络成瘾高分组较少采用问题解决这一应对方式，而更多采用幻想与发泄这两种应对方式（李宏利，雷雳，2005）。

心理弹性高的个体拥有更多的保护性资源，如高自尊、内控性、积极的应对方式、更多的社会支持等，而这些保护性资源又很可能缓解个体的网络成瘾。高自尊的个体可能更不容易卷入网络成瘾（Young，1998），内控性高的个体更能够控制自己的生活（Cowen et al.，1992），遇到问题时能够使用更有效的应对方式解决问题，不会到互联网上去逃避压力，更能够利用现实中的社会支持。因此，相比之下，他们不容易卷入网络成瘾。

# 第二节　上网特点与对策

## 一、注重当前及幻想发泄者难逃网络成瘾

我们考察了青少年的时间透视、应对方式和网络成瘾之间的关系（雷雳，李宏利，2004；李宏利，雷雳，2005）。结果表明，网络成瘾与问题解决、幻想和发泄等应对方式存在显著相关；但网络成瘾与求助、逃避和忍耐不存在显著相关。这表明问题解决、幻想和发泄比求助、逃避和忍耐更可能预测网络成瘾。问题解决与网络成瘾呈显著负相关，这似乎表明问题解决对网络成瘾具有抑制作用；而幻想和发泄

与网络成瘾呈显著正相关，这说明幻想和发泄更可能会引起网络成瘾。

在此相关分析的基础上，我们进一步建构了关系模型（见图3-1）。

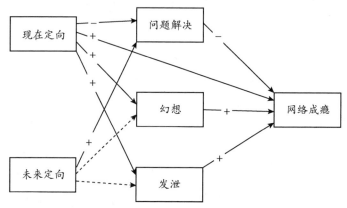

**图 3-1  时间透视、应对方式与网络成瘾的关系模型**

从图 3-1 中可以看出，现在定向、未来定向通过问题解决、幻想和发泄能较好地预测网络成瘾，现在定向也能直接正向预测网络成瘾，这表明现在定向占优的个体更容易卷入网络成瘾。而且，现在定向占优的个体比未来定向占优的个体更容易通过幻想和发泄这两种应对方式来预测网络成瘾，而未来定向占优的个体比现在定向占优的个体更容易通过问题解决来预测网络成瘾。

现在定向占优的个体在现实生活中可能较多地卷入网络成瘾，其中的主要原因可能是现在定向占优的个体更多使用类似于发泄的指向情绪的应对方式，或缺少必要的社会资源或社会支持。现在定向占优的个体因为较敏感于情境中的即刻刺激（如同伴压力），自我控制能力较低（Carstensen & Isaacowitz，1999），所以在现实生活中可能会经常使用类似于发泄（把不愉快的情绪宣泄出来，以减少压抑）的指向情绪的应对方式。青少年使用互联网发泄心中的不满，有利于缓解现实生活中的压力。

青少年可以在互联网空间中幻想和发泄。幻想和发泄是指向情绪的非适应性应对方式，青少年的幻想和发泄可以在互联网空间中完成，这说明青少年情绪、情感发展的部分任务可能在互联网空间中完成。

因为现在定向占优的个体缺乏互联网使用中必要的自我调节能力，可能会难以控制互联网使用产生的消极影响，进而卷入网络成瘾。而且，现在定向占优的个体可以通过问题解决反向预测网络成瘾，这进一步说明，问题解决对青少年的网络成瘾具有抑制性保护作用，能让青少年更少受到互联网的消极影响，较少卷入网络成瘾。换句话说，现在定向占优的个体因为较低的问题解决能力会更容易卷入网络成瘾。

未来定向占优的个体比较关注行为活动的未来结果，能够较好地计划与监控行为，这些个体能够将短时间内较小的行为序列组织成具有复杂结构，并具有连续的目标定向活动（Wills，Sandy，& Yaeger，2000）。因此，未来定向占优的个体可能会在现实生活中经常使用具有计划性与指向问题的应对方式，这对他们的心理幸福感具有重要意义（Zimbardo & Boyd，1999；Wills，Sandy，& Yaeger，2001）。网络成瘾是互联网使用带给青少年心理与行为发展的消极影响，而未来定向占优的个体可能会因此较少受到互联网使用的消极影响。

未来定向占优的个体在现实生活中可能经常使用指向问题的应对方式（如问题解决），因为未来定向占优的个体的行为活动目标可能会经常指向知识性活动，所以他可能会使用互联网进行获取知识的活动。较好的问题解决能力能够保证他们较好地控制互联网使用带来的消极影响，较少卷入网络成瘾。也就是说，未来定向占优的个体积极的认知与行为的努力，能够使现实生活中的问题得到解决或压力源得以消除，进而没有必要像现在定向占优的个体那样通过使用互联网发泄不满。

未来定向占优的个体因其较好的自我控制能力、问题解决能力、知识目标的指引，可能比现在定向占优的个体更容易受益于互联网使用。但应该看到，未来定向占优的个体也可能通过幻想和发泄卷入网络成瘾，这可能是网络成瘾不同于物质使用之处，这说明网络成瘾具有自己的特点。

## 二、高责任心的青少年会因网络社交而成瘾

我们考察了责任心人格与互联网社交服务使用偏好的交互作用对网络成瘾的影响（雷雳，杨洋，柳铭心，2006；杨洋，雷雳，柳铭心，2006；杨洋，雷雳，2006）。结果表明，责任心人格与互联网社交服务使用偏好存在显著的交互作用。为了更清楚地显示责任心人格与互联网社交服务使用偏好的交互作用对网络成瘾的影响，我们进行了曲线图分析（见图 3-2）。

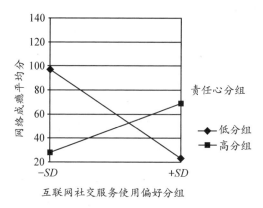

**图 3-2　责任心人格与互联网社交服务使用偏好的交互作用**

注：高分组和低分组分别代表得分高于和低于平均分一个标准差，后同。

从平均水平上看，互联网社交服务使用偏好与网络成瘾是一种正向关系，但是，如果同时考虑到责任心人格，就会发现在责任心高分组中，互联网社交服务使用偏好与网络成瘾卷入程度是一种正向关系，而在责任心低分组中，互联网社交服务使用偏好与网络成瘾卷入程度呈现反向关系。这说明责任心人格能够调节互联网社交服务

使用偏好与网络成瘾的关系，高责任心人格对互联网社交服务使用偏好与网络成瘾的正向关系有加强的作用，而低责任心人格对这种正向关系有抑制作用。

进一步的斜率检验发现：在责任心低分组中，互联网社交服务使用偏好对网络成瘾的回归斜率不显著；在责任心高分组中，互联网社交服务使用偏好对网络成瘾的回归斜率显著。这意味着对高责任心人格的青少年而言，互联网社交服务使用偏好对网络成瘾有显著的正向影响，即容易导致其成瘾；对于低责任心人格的青少年来说，互联网社交服务使用偏好对网络成瘾并没有显著的影响，即不易导致其成瘾。

出现这种结果，很可能是责任心人格和互联网社交服务两者的特点共同造成的。高责任心人格的青少年责任感、自律性强，这些特质使得青少年更能控制自己的行为，区分现实世界和虚拟世界。高责任心的青少年一旦在网上建立起自己的社交网，很可能会把这一社交网作为一种现实来对待，负责任、守承诺的特征会促使他们投入更多的时间和情感，因此会更容易卷入网络成瘾。

## 三、高神经质青少年网络社交娱乐均致瘾

我们考察了神经质人格与互联网社交服务使用偏好的交互作用对网络成瘾的影响。结果表明，神经质人格与互联网社交、娱乐和信息服务偏好的交互作用都达到了显著性水平。为了更清楚地显示神经质人格与互联网社交、娱乐和信息服务使用偏好的交互作用对网络成瘾的影响，我们进行了曲线图分析（见图 3-3、图 3-4 和图 3-5）。

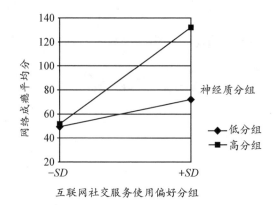

**图 3-3　神经质人格与互联网社交服务使用偏好的交互作用**

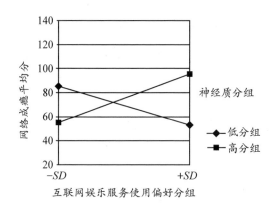

**图 3-4　神经质人格与互联网娱乐服务使用偏好的交互作用**

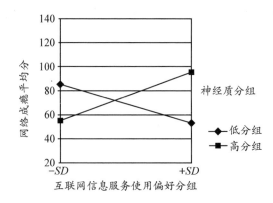

**图 3-5　神经质人格与互联网信息服务使用偏好的交互作用**

研究结果显示，在神经质高分组中，互联网社交、娱乐和信息服务使用偏好与网络成瘾的正向关系都是最强的；在神经质低分组中，互联网社交服务使用偏好与网络成瘾虽然是一种正向关系，但这种正向关系是最弱的，而互联网娱乐和信息服务使用偏好与网络成瘾在神经质低分组中甚至呈现出微弱的反向关系。这说明神经质人格能够调节互联网服务使用偏好与网络成瘾的关系，高神经质人格对互联网社交、娱乐和信息服务使用偏好与网络成瘾的正向关系有加强的作用，而低神经质人格则可以抑制互联网服务使用偏好与网络成瘾的正向关系。

对神经质高、低分组中互联网服务使用偏好与网络成瘾关系的斜率的检验也揭示了几点有意义的信息：在神经质高分组中，互联网信息服务使用偏好对网络成瘾的回归斜率不显著，这说明高神经质人格的青少年即便偏好互联网信息服务，也不容易卷入网络成瘾；在神经质低分组中，互联网社交和娱乐服务使用偏好对网络成瘾的回归斜率均不显著，这说明低神经质人格的青少年即便偏好互联网社交和娱乐服务，也不容易卷入网络成瘾。

## 四、高宜人性青少年会因网络社交而成瘾

我们考察了宜人性人格与互联网服务使用偏好的交互作用对网络成瘾的影响。结果表明，宜人性人格与互联网社交服务使用偏好存在显著的交互作用。为了更清楚地显示宜人性人格与互联网社交服务使用偏好的交互作用对网络成瘾的影响，我们进行了曲线图分析(见图 3-6)。

从平均水平上看，宜人性人格与网络成瘾是一种反向关系，但是，如果同时考虑到互联网社交使用服务偏好就会发现，互联网社交服务使用偏好与网络成瘾的正向关系在宜人性高分组中反而要强于宜人性低分组。这说明宜人性人格能够调节互联网社交服务使用偏好与

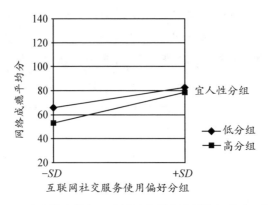

**图 3-6 宜人性人格与互联网社交服务使用偏好的交互作用**

网络成瘾的关系，高宜人性人格对互联网社交服务使用偏好与网络成瘾的正向关系有加强的作用，而低宜人性人格则可能对互联网社交服务使用偏好与网络成瘾的正向关系有抑制作用。

进一步的斜率检验发现：在宜人性低分组中，互联网社交服务使用偏好对网络成瘾的回归斜率不显著；在宜人性高分组中，互联网社交服务使用偏好对网络成瘾的回归斜率显著。这意味着对于高宜人性人格的青少年来说，互联网社交服务使用偏好对网络成瘾有显著的正向影响，即容易导致其成瘾；对于低宜人性人格的青少年来说，互联网社交服务使用偏好对网络成瘾并没有显著影响，即不易导致其成瘾。

出现这种结果，很可能是宜人性人格和互联网社交服务两者的特点共同造成的。高宜人性人格的青少年有礼貌、灵活、谦让等，这些特点使得青少年在现实交往中往往更受欢迎，一般也具有更多的社会支持，这使其不易卷入网络成瘾。

高宜人性人格的青少年在网上交往中可能更受欢迎，更容易建立起社交圈子。由于互联网社交服务的终端是现实人，这会模糊现实世界与虚拟世界的区别（这可能也是宜人性人格没有与互联网娱乐、交易和信息服务使用偏好产生交互作用的原因）。而高宜人性人格的青少年有礼貌、灵活、谦让等特点会促使他们投入更多的时间和情感，因此会更容易卷入网络成瘾。

此外，虽然高宜人性的青少年产生人际冲突的可能性小，但他们心肠软、脾气好，为了维持和谐的关系，很可能会压抑自己的情感（张兴贵，郑雪，2005）。而网上社交匿名性的特点，给了他们一个可以不用顾忌后果而任意宣泄的途径，从而带给他们足够的满足感和愉悦感，促使他们更多地使用互联网社交服务，进而沉迷于此。

## 五、压力催化网络社交与成瘾，心理弹性有缓冲

为了考察青少年的生活事件、心理弹性和互联网社交服务使用偏好的关系（郝传慧，雷雳，2008），我们建构了主观压力、心理弹性、互联网社交服务使用偏好和网络成瘾的关系模型（见图 3-7）。

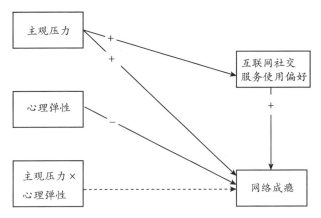

**图 3-7　主观压力、心理弹性、互联网社交服务使用偏好和网络成瘾的关系模型**

从图 3-7 中我们可以看到：①主观压力可以正向预测互联网社交服务使用偏好；②主观压力对网络成瘾有直接的、正向的显著预测作用，并且可以通过互联网社交服务使用偏好对网络成瘾起到间接的预测作用；③互联网社交服务使用偏好对网络成瘾有显著的正向预测作

用；④心理弹性可以反向预测网络成瘾，心理弹性高的个体更不容易卷入网络成瘾；⑤主观压力和心理弹性的交互作用不显著。

主观压力可以正向预测青少年的互联网社交服务使用偏好，意味着压力越大的个体越有可能偏好互联网社交服务。互联网社交服务主要包括网络聊天、论坛、网上校友录、即时通信等。互联网给青少年提供了一个不同于现实生活的社交平台，和现实生活中的社交相比，网上社交缺少了许多现实线索，这种非面对面的交流由于视觉和听觉线索的缺失变得更加容易，人们不必担心自己的外表或一些生理缺陷会影响和别人的交流（Christopherson，2006）。

有研究者认为青少年和成人在互联网上经常变换角色，尝试不同性别的虚拟身份，一些人在互联网上会学着更自信，一些人会扮演与自己不同的人，这种匿名性可以给青少年带来心理上的安全感和放松感，他们可以通过网上社交发泄自己的情绪（Turkle，1995）。并且，利用互联网和自己的亲朋好友建立联系也是十分便捷的，在遇到压力和挫折时，青少年可以在网上向好朋友倾诉、交流，在网上人们更容易表达自己的情绪。在经历消极生活事件后，青少年可以到论坛、校友录上寻求帮助，这种网上支持会让青少年产生一种归属感，有效地缓解生活事件带来的压力。网上社交的种种益处可能会使青少年在遇到压力时不断地到网上寻求情绪的宣泄，当他们过度沉迷于网上社交时就可能网络成瘾。

心理弹性高的青少年自身具备许多优秀品质，如高自控性，他们可以有效地控制自己的行为（Luthar，1991；Werner & Smith，1992），在遇到消极生活事件后，他们可能不会放纵自己到互联网上去逃避、去发泄，而更可能采取积极有效的应对方式来解决遇到的问题（Campbell-Sills，Cohan，& Stein，2005）。高自律使他们对自己的行为有更强的约束力，他们知道自己该做什么，不该做什么，他们可能更能够区分现实和虚拟的网络世界。他们有更高的幸福感水平，有更多现实中的社会支持，在遇到压力、挫折时更可能会求助于父母、朋友。因此，心理弹性能够反向预测网络成瘾，能够有效纠正青少年对互联网的不恰当使用。

## 六、压力催化网络娱乐与成瘾，心理弹性有缓冲

为了考察青少年生活事件、心理弹性和互联网娱乐服务偏好的关系，我们建构了主观压力、心理弹性、互联网娱乐服务使用偏好和网络成瘾的关系模型（见图 3-8）。

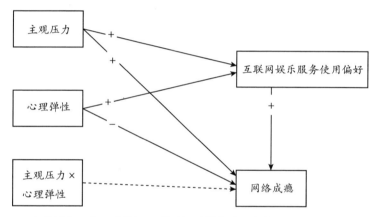

**图 3-8 主观压力、心理弹性、互联网娱乐服务使用偏好和网络成瘾的关系模型**

从图 3-8 中我们可以看到：①主观压力可以显著正向预测互联网娱乐服务使用偏好；②主观压力对网络成瘾有直接的、正向的显著预测作用，并且可以通过互联网娱乐服务使用偏好对网络成瘾产生间接的预测作用；③互联网娱乐服务使用偏好可以显著正向预测网络成瘾；④心理弹性可以显著反向预测网络成瘾；⑤主观压力和心理弹性的交互作用不显著，心理弹性不能调节主观压力和网络成瘾之间的关系。

主观压力可以显著正向预测青少年的互联网娱乐服务使用偏好，意味着主观压力大的青少年更喜欢到互联网虚拟的空间中释放压力，更有可能偏好互联网娱乐服务。娱乐活动给青少年提供了一个丰富多

彩的娱乐世界，模拟现实的网络游戏让青少年可以体验到在现实生活中无法体验到的成就感和自豪感，还可以结识许多网友，而网友之间的相似性又可以使他们体验到网上社交带来的快乐。网上丰富的免费音乐、影视也是深受青少年喜爱的，他们可以通过听音乐、看电影来缓解自己的压力。网上博客、个人主页让青少年可以方便地记录自己的生活和学习，也可以借此把压力释放出来，网上的点击率可能会给青少年带来成就感。

通过和网络成瘾青少年的接触我们发现，许多青少年在遇到压力、挫折时无处倾诉，只能到互联网上寻求暂时的发泄。因此，主观压力大的青少年更可能偏好互联网娱乐服务，而娱乐活动的过度投入可能会导致他们成为网络成瘾者。

通过对网络成瘾青少年的访谈发现，网络成瘾者大部分十分喜欢玩网络游戏，他们在网络游戏中能够体验到现实生活中无法体验到的成就感，能够结交许多好朋友。在现实生活中，孩子与父母的交流和沟通很有限，他们很少有机会和父母交流，于是，在遇到压力、挫折或心情低落时就到网上寻求发泄。网络游戏等能够满足他们的心理需求，因此，他们不断地到网上寻找缺失的社会支持。网络游戏等服务使他们沉迷于虚拟的互联网中而不能自拔。

本研究发现心理弹性能够显著正向预测青少年的互联网娱乐服务使用偏好。之前的研究发现，外向性、开放性的人格特征能够通过青少年的社会支持进一步对互联网娱乐服务使用偏好产生间接影响（柳铭心，雷雳，2005）。外向的青少年比内向的青少年更加坦率、活跃、合群、热情，并且有更多的积极情绪，他们喜欢参加各种活动，喜欢与别人交往，因此拥有较多的社会支持。外向性对心理弹性有显著的预测作用（Campbell-Sills，Cohan，& Stein，2005）。心理弹性高的个体更可能拥有更多的社会支持，他们乐于寻找各种新资源，能够利用互联网上的资源满足自己对新资源的需求，能够利用互联网上的娱乐活动丰富自己的现实生活。他们的高自控性又能够使他们适度利用互联网上的娱乐活动而不至于沉迷于虚拟空间中，并从互联网上获益。

## 七、压力催化网络信息与成瘾，心理弹性有缓冲

为了考察青少年的生活事件、心理弹性和互联网信息服务使用偏好的关系，我们建构了主观压力、心理弹性、互联网信息服务使用偏好和网络成瘾的关系模型（见图 3-9）。

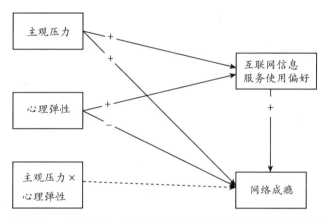

**图 3-9　主观压力、心理弹性、互联网信息服务使用偏好和网络成瘾的关系模型**

从图 3-9 中我们可以看到：①主观压力可以显著正向预测互联网信息服务使用偏好；②主观压力对网络成瘾有直接的、正向的显著预测作用，并且还可以通过互联网信息服务使用偏好间接地预测网络成瘾；③心理弹性可以显著正向预测互联网信息服务使用偏好，并且可以显著反向预测网络成瘾；④互联网信息服务使用偏好可以正向预测网络成瘾；⑤主观压力和心理弹性的交互作用不显著，心理弹性不能调节主观压力和网络成瘾之间的关系。

主观压力可以显著正向预测青少年的互联网信息服务使用偏好，也就是说，主观压力越大的个体越喜欢互联网信息服务。压力大的个

体有时候更需要在互联网上通过搜索引擎来搜索一些对自己有用的信息，如搜索和学习有关的资料来减小学习带来的压力；可以通过搜索引擎查找一些相关的信息来应对消极生活事件，如家人生病；还可以通过电子邮箱向可以帮助自己的人求助来减小各方面的压力。

青春期的一系列生理和心理方面的变化会给青少年带来巨大的压力。在现实生活中，青少年可能不知道该向谁获取青春期相关的信息，也不好意思向父母或老师询问这方面的信息，而互联网可以为他们提供想要的信息，对相关信息的掌握可以适度减小他们的压力。生活事件带来的压力会使人们产生无望感，而这种无望感又会引起人们的紧张和焦虑情绪。在这种情绪状态下，人们会盲目地希望自己拥有尽可能多的信息，所以，压力大的个体更可能通过互联网获得更多的信息来缓解压力带来的紧张感。青少年对互联网信息服务的过度偏好也可能会导致网络成瘾。

互联网能够给人们提供海量的信息，在网上我们可以轻而易举地搜索到需要的信息，可以浏览到最及时的新闻。研究者总结了一系列弹性品质：计划性、高自尊、高自我效能、高成就动机、高社会能力等（Benson，1997）。心理弹性高的个体更可能利用互联网这个便捷的工具来不断获取需要的信息，不断丰富自己所掌握的知识，因此，心理弹性高的青少年可能更偏好互联网信息服务，更注重这种能带来实际收益的服务类型，信息服务的这一特点正好能满足他们的需求。

现有研究表明，心理弹性高的个体更可能使用问题解决的应对方式来处理生活压力事件（Campbell-Sills，Cohan，& Stein，2005）。他们在遇到生活压力事件后，可能会积极寻求有效的解决问题的方法，而不是选择到互联网上去逃避压力、发泄情绪这种消极的应对方式。心理弹性高的青少年自控性高，能够合理利用自己的时间；更自律，在使用互联网时更能控制自己的上网时间和自己在网上的行为而不至于成为网络成瘾者。

## 拓展阅读

### 愤怒是在线互动中最有影响力的情绪

一项关于微博的研究推断：愤怒是在线互动中最有影响力的情绪。这一信息揭示了社交媒体的什么特性？为什么个体在面对屏幕时比面对真人时会更容易发怒？

**怎么回事？**

北京航空航天大学的研究者在 6 个月的时间里研究了 7 千万条微博消息，将它们分类为愤怒、愉悦、悲伤和厌恶四种情绪。研究发现：令人愉悦的信息会更多地在阅读和转发它们的群体中引发愉悦的情感；令人悲伤和厌恶的信息并不会使人产生与之对应的情绪；愤怒是最有可能在社交媒体中传播并导致连锁反应的情绪，一个表达愤怒的帖子可能会引发负面情绪的升级。

**为什么重要？**

一个人的情绪可以影响他人的感受已经不是什么新闻了。心理学家经过一段时间的研究发现，情绪会在人与人之间传播，这种相关性在社交媒体中非常高，因此一些研究将网络情绪比作"传染性疾病"。

这种现象的影响是令人吃惊的：一个人斥责另一个人时会破坏周围人的心境，而在社交媒体中，这种愤怒会在网络世界中传播。人物越著名，他在社交媒体中的影响力就越显著。

作为一个令人担忧的问题，因特网对消极情绪的放大能力早就被研究者关注。学者发现经常发表博文的人在悲痛、焦虑和压力测量中的得分高于正常人；此外，人们在网络中会比在真实生活中表现出更加频繁以及强烈的情绪。

对于为什么人对着电脑屏幕会比对着真人会更加自然地发泄愤怒，研究者有如下解释：网络相对匿名；发言无须具有权威性，对后果承担的责任小；自我投射，即人们在潜意识里认为对电脑说话就如同对自己说话，因此发泄愤怒更加容易。同时，研究者也发现了关于社交媒体的一个棘手的问题：人们很难将单词同连接器另一端的真实的、会呼吸的人联系起来。网络连接了数以千计的关系，因此很多人会被看似无辜的击键行为影响，这也是微博引起愤怒的一个原因。

**结束语**

令人欣慰的是，人们倾向于分享愉悦与开心，而不是传播他人的悲伤和厌恶。然而，研究发现人们对在网上发泄愤怒比在现实生活中感觉更舒服，愤怒比其他情感更有可能在用户间传播。中国的研究很好地证明了这点，并足以引起我们的重视：现在比以往有更多的理由去重新审视我们的上网习惯，我们应该向更好的方向改变。

作者：尼克·英格利希（Nick English）

译者：邢亚萍、雷雳

# 八、总结

## (一)研究结论

综上所述，通过对青少年上网的某些影响因素的研究，我们可以得出以下结论。

①现在定向占优的个体更容易卷入网络成瘾。而且，现在定向占优的个体比未来定向占优的个体更容易通过幻想和发泄的应对方式预测网络成瘾，而未来定向占优的个体比现在定向占优的个体更容易通过问题解决的应对方式预测网络成瘾。

②青少年的责任心人格与互联网社交服务使用偏好在对网络成瘾的影响上存在显著的交互作用，对于高责任心人格的青少年，互联网社交服务使用偏好容易导致其成瘾，而对于低责任心人格的青少年，

互联网社交服务使用偏好不易导致其成瘾。

③青少年的神经质人格与互联网社交、娱乐和信息服务使用偏好在对网络成瘾的影响上存在显著的交互作用，高神经质人格的青少年即使偏好信息服务，也不易成瘾，而低神经质人格的青少年即便偏好互联网社交和娱乐服务，也不易成瘾。

④青少年的宜人性人格与互联网社交服务使用偏好在对网络成瘾的影响上存在显著的交互作用，对于高宜人性人格的青少年来说，互联网社交服务使用偏好容易导致其成瘾，而对于低宜人性人格的青少年来说，互联网社交服务使用偏好不易导致其成瘾。

⑤生活事件带来的主观压力能够显著正向预测青少年对互联网信息服务、社交服务和娱乐服务使用偏好以及网络成瘾。

⑥心理弹性能够显著正向预测青少年的互联网信息和娱乐服务使用偏好，并且能够显著反向预测网络成瘾。

### (二)对策建议

由于关注即刻满足的(现在定向)青少年更容易卷入网络成瘾，而且，现在定向占优的个体比未来定向占优的个体更容易通过幻想和发泄的应对方式预测网络成瘾，而未来定向占优的个体比现在定向占优的个体更容易通过问题解决预测网络成瘾。因此，可以帮助这些青少年练习延迟满足，把注意力放在未来，同时，要让这些青少年在面对问题时放弃通过幻想和发泄的应对方式来解决问题，训练他们直面问题、解决问题的应对方式。

从人格与互联网服务存在交互作用的角度来看：其一，在一般情况下，责任心高的青少年不易沉迷于网络，但是必须特别关注这类青少年对互联网社交服务的偏好情况，因为对高责任心人格的青少年而言，一旦喜欢上互联网社交服务则更容易卷入网络成瘾；其二，在一般情况下，高神经质人格的青少年容易卷入网络成瘾，但对此类青少年的互联网信息类服务偏好可以不必紧张，因为即便是高神经质人格的青少年，对信息服务的偏好也不容易使其卷入网络成瘾；其三，在一般情况下，高宜人性人格的青少年不易沉迷于网络，但是必须特别关注这类青少年对互联网社交服务的偏好情况，因为对高宜人性人格的青少年而言，一旦喜欢上互联网社交服务则更容易卷入网络成瘾。

对于应对方式、心理弹性与网络成瘾的研究表明，积极的应对方式和心理弹性能够反向预测网络成瘾。由于青少年自身发展的特点，他们会体验到很多的消极情绪和压力，家长和学校应该重视并加强青少年应对压力和挫折的教育，教会他们积极地应对生活和学习中的负面事件，增强其心理弹性，减少他们通过沉迷于网络来逃避现实压力的机会，引导青少年正确使用互联网。

# 第四章　青少年上网行为的污名化

**开脑思考**

1. 一些青少年由上网导致学业荒废、师生如仇、亲子反目，结果人们一听说某个孩子喜欢上网，就觉得麻烦要来了。事情真的如此吗？

2. 一些学生因为喜欢上网，可能会觉得自己"变坏了"。是什么使他们产生了这样的想法呢？

3. 面对日益普及的互联网，青少年是应该早早接触它，以免输在起跑线上，还是应该远离它？

**关键术语**

污名，内化污名，网络成瘾，应对方式

## 第一节　问题缘起与背景

### 一、身体行为和部族均可引致污名

#### （一）污名的缘起

何为污名？污名研究又源于何时呢？"污名"（stigma）一词源于古希腊，是指希腊人用画在身体上的标志来标明道德上异常的或者坏的东西，如奴隶、罪犯或叛徒等，是一种身体标记。带有这种标记的人是要受到谴责的，人们需要回避和远离他们。

污名常使人们与"声名狼藉"联系在一起，后来该词被扩展到包含所有知觉或推断偏离规范情况的标记或符号（张宝山，俞国良，2007）。从这个角度讲，污名可能是一种偏差行为、身体特征、群体社会身份或道德过失（李强，高文珺，许丹，2008）；可能是可见的（如面部畸形），也可能是可隐藏的（如心理障碍）；可能是天生的（如肤色），也可能是后天获得的（如监狱制服）。

有研究者通过整合将污名分为三类："身体的厌恶"，指受贬抑的社会身份的身体特征，如残疾、面部毁容、肥胖等；"个人特征的污点"，指与人格或行为有关的被贬抑的社会身份，如心理障碍、监禁、吸毒、酗酒、失业等；"部族污名"，包括种族、民族、宗教，这些污名是代代相传的，会涉及家族中的所有成员（Goffman，1986）。

有研究者从实际操作的角度对污名的过程进行了界定，认为污名是标签、刻板印象、孤立、身份丧失和歧视等因子共存的一种权利状态，是各种污名因子的叠加（Link & Phelan，2001）。从这一界定中可以看出，污名实际上包括施加污名者、污名化、承受污名者三个方面。其过程如图 4-1 所示。

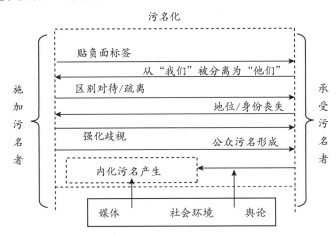

**图 4-1　污名过程（管健，2007；Link & Phelan，2001）**

## （二）污名知觉过程

图 4-1 描述了污名知觉和污名化的过程。第一步，污名起始于对

该群体贴标签，人与人之间的差异被贴上了标签。通过这一过程，被贴标签者就与他人产生了显著差异。

第二步，当把这些被贴上标签的人分在了负面的一类，并在文化和心理上形成了一种社会成见与思维定势后，污名便随之产生。

第三步，与污名相联系的人继而被认为是"不一样的"，成为"他人"而不是"我们"中的一员。一旦这种区分被强势文化接受和传播，就会造成社会的隔阂。

第四步，作为这些过程的结果，带有污名的个人就会丧失许多就业、住房、教育、婚姻等方面的机会，在许多方面就会遭受歧视和区别对待。

第五步，被污名化的程度完全由社会、经济和政治权力的相对性决定。也就是说，除非一个群体具有足够的资源和影响来左右公众对另一个群体的态度，否则污名就很难被消除。

第六步，承受污名的一方往往在公共污名的形成过程中，不断强化自我意识和自我评价，常常会有更多的自我贬损，自尊水平下降，情绪低落，安于社会的控制和命运的安排。

### (三)污名内化的过程

污名内化的过程包括三个方面，即刻板印象、偏见及歧视。这三个方面是递进的关系，并且由刻板印象到歧视是一个比较重要的过程，即污名内化的过程。如图 4-2 所示，我们仅以刻板印象为例，分析其内化过程。

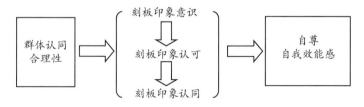

**图 4-2 刻板印象的内化过程（Watson & Corrigan，2006）**

从图 4-2 中可以看出，污名内化过程的实质是被污名者逐步认同关于自己所在群体的负面信息、降低自我身份的过程。这一过程可以分为三个阶段。首先是刻板印象意识，即个体在知觉水平上所保持的一种对污名的警觉状态。它是刻板印象的基础，但并不是绝对的，有些个体可以直接进入刻板印象认可。其次是刻板印象认可，被污名化的个体认同关于自己所在群体的公众的刻板印象。最后是刻板印象认同，内化污名者将公众的刻板印象内化为自己的信念。

此外，在内化污名由刻板印象向偏见内化的过程中，存在一些中介因素。在群体认同与自尊、自我效能感的关系中，刻板印象认同是显著性的中介因素；在群体认同与自尊的关系中，刻板印象认可是唯一具有显著性的因素；在群体认同与刻板印象认同的关系中，刻板印象认可是一个显著性的调节因素；在群体认同与刻板印象认可的关系中，刻板印象意识并没有起到中介作用。这也就说明了刻板印象意识是刻板印象形成的充分非必要条件，即刻板印象的形成可以没有刻板印象意识的参与，而刻板印象认可则是一个必需的条件；并表明了内化污名与群体认同及自尊、自我效能感的关系非常密切（Watson & Corrigan，2006），预示着我们可以从青少年的群体认同、自我效能感等角度进行污名应对的干预。

## 二、内化污名与公众污名似是而非

研究者将污名分为自我污名与公众污名（Corrigan et al.，2004；2005）。自我污名是当人们内化公众污名时产生的自尊和自我效能感的丧失，指的是受污名群体成员将污名化态度指向自己而产生的反应，又被称为内化污名，这是当前被研究者普遍接受的观点。公众污名和内化污名是两个彼此联系又相互区别的过程。

表 4-1 内化污名与公众污名的区别

| 内化污名 | 公众污名 |
|---|---|
| 刻板印象：关于自己的消极信念，如低能力、性格软弱。 | 刻板印象：关于某个群体的消极信念，如低能力、性格软弱。 |
| 偏见：对信念的赞同和消极的情绪反应，如低自尊、低自我效能感。 | 偏见：对信念的赞同和消极的情绪反应，如愤怒、恐惧。 |
| 歧视：对自身偏见的行为反应，如不去寻找工作和住房机会，不去寻找帮助。 | 歧视：对偏见的行为反应，如不提供工作和住房机会，回避提供帮助。 |

（改编自：Corrigan，Kerr，& Knudsen，2005；李强等，2008）

从表 4-1 中可以看出，内化污名和公众污名均由刻板印象、偏见和歧视三个要素组成。研究者曾以心理疾病为例来对这个模型进行解释和说明：有关心理疾病的刻板印象通常包括威胁、无能、性格软弱。了解刻板印象的人不一定会赞同它们，但持有偏见观念的人会赞同这些刻板印象（"是的，心理障碍的人很冲动！"），并由此产生消极的情绪反应（"他们都让人感到可怕。"）。而且偏见会引发歧视的行为表现（李强等，2008）。

内化污名同样经历刻板印象、偏见和歧视三个过程。首先，内化了污名的人会将偏见转向自己，赞同自身的刻板印象："是的，我无能，不能照顾自己。"其次，偏见会导致消极的情绪反应，特别是低自尊、低自我效能感。最后，偏见还会导致自我歧视行为，让心理疾病患者主动放弃寻求工作和独立生活的机会。

不管是施加污名者还是承受污名者都能够感觉到被污名人群的相关污名。例如，对于患有精神障碍的人，人们很容易联想到与之相联系的负面的刻板印象：危险、没有能力、没有道德等（Herek，2002）。但是，这些污名的存在并不意味着内化污名和公众污名的发生。

对于公众污名来说，了解与某群体相关污名的人并不一定赞同该污名的观念。有研究用实验的方法检验了影响人们偏见的因素，参加实验的大多数被试都有着关于某群体一系列的负面刻板印象，但是他们同时也表示并不赞同这些负面特征（Miller，2006）。因此，研究者相信只有一般公众对污名群体持有偏见时，公众污名才会发生。对于内化污名来说，意识到自身污名的存在与内化相应的污名观念也不存在必然联系（Crocker & Major，1998）。只有关于某种污名的消极形象被内化（Corrigan，2004），并且只有当个体认为自身的确符合这些负面特征时，如求助于心理咨询服务的人认为自己具有社会上关于求助心理咨询个体人格软弱等污名化的形象，污名的内化才会发生（Namir et al.，1987）。被污名者能够知觉到公众污名只是内化污名发生的前提条件，并表明内化污名已经发生。例如，大量研究表明，许多精神障碍者都能够意识到社会公众对精神障碍的负面刻板印象，但他们却并不认为自己具有这些负面特征（Bowden et al.，2003）。

## 三、青少年可因上网行为而获污名

青少年上网与污名是如何联系在一起的？这一问题的背后是怎么样的？在这一部分，我们主要从污名和青少年上网行为以及上网的负面影响几个方面进行分析。

戈夫曼将污名引入心理学的研究领域，后来的研究者对其进行了补充和完善，认为污名是个体所具有的一种不受欢迎的特质，与特殊的外貌、行为或者群体的身份相关联，并且存在于特殊的场合和情境中（Goffman，1963）。克罗克认为污名化个体拥有或被相信拥有某种属性或特质，这个群体的社会身份在社会情境中是不受欢迎的（Crocker，2004）。我国学者管健（2007）总结称，污名是社会对某些个体或群体的贬低性、侮辱性的标签，它使个体或群体拥有或被相信拥有某些被贬低的属性和特质，这些属性或特质使被污名者产生自我贬损的心理，同时也会导致外群体对其自身的歧视。

与此同时，在互联网迅猛发展的信息时代，互联网最主要的参与者青少年尚处于"心理断乳期",他们的独立意识较强,求新求异的意识促使他们去探索网络未知的虚拟世界,他们极易误入歧途,令家长和学校极其担忧。互联网对青少年的负面影响不断增大,如网络的过度使用会造成青少年的价值观迷失、道德意识弱化、情感冷漠、道德失范、人际交往障碍、角色认知失调等,严重者网络成瘾,甚至会引发人格障碍(唐佩,2009)。

网络成瘾青少年与非成瘾青少年相比,其社交信心、社交支配性、社交能力显著偏低,表现为明显的社会退缩等。这使教师、家长和社会逐渐形成对上网行为消极的刻板印象,认为上网是不好的、消极的。有些学校甚至针对上网学生采取措施,家长也采取各种措施限制孩子上网,社会上出现了歧视上网青少年的现象,青少年之间也因网络行为的不同而逐渐分离出几个群体。这一现象已经引起了相关学者的重视,呼吁"上网青少年≠问题青少年",提出不要对青少年的上网行为形成偏见。

## 四、面对污名时应对策略可分三类

在面对应激情境时,个体会为减少压力或伤害而做出一定的认知或行为努力,也就是所谓"应对",它是个体从应激到适应的中介心理机制。适宜的应对能够缓解和调节应激情境对个体的压力,对维护身心健康起着不可忽视的作用(朱翠英,2007)。我们在前面也提到,污名的涉及面很广,既有可见性污名(如身体畸形等),又有隐藏性污名(如艾滋病等)。鉴于污名有可能带来的严重后果,研究者开始尝试各种方法来减少污名的负面影响,污名应对的概念也应运而生。

污名应对主要从污名者的角度出发探讨污名的动态过程、影响因素及应对策略等。从污名程度出发,从轻度污名特质(如肥胖)、中度污名特质(如精神病)到重度污名特质(如艾滋病)均涉及如何应对以减少压力和应激,维护心理健康的问题。

对于污名应对研究，较为成熟的理论是米勒等人提出的压力—应对模型（Miller et al.，2001）。该理论认为遭受污名是具有潜在压力的生活事件，污名应对框架包括含三种主要成分的层级结构，即认知评价、应对以及与认知评价和应对相关的偏见识别。偏见识别包括三个方面：①自我识别，被污名者依据情境推论自己为偏见的对象；②他人识别，被污名者通过与他人的言语或行为沟通评定自己为偏见的对象；③被他人识别，他人推断被污名者为偏见的对象。偏见识别对认知评价和应对都有重要作用。对于认知评价而言，被污名者只有察觉到偏见的存在，才会把某一偏见群体评价为有威胁的，从而确认是与污名相关的压力源。

对于污名的应对策略，可以从三个层面进行考量：个体水平的应对策略、群体水平的应对策略以及人际水平的应对策略（杨心德，彭丽辉，黄莺，2009）。在污名的持久压力下，人们容易将污名内化，内化的结果是开始自我责备，从心理上被污名影响，并趋向于把自己孤立起来。因而，目前的污名应对研究主要基于个体层面的应对策略。个体心理和行为的改变是个体层面干预的焦点，干预的目标在于改变个体的特征。例如，改变认识、态度、行为和自我概念，提高自尊，掌握模仿技能，促进自我实现和有实用价值的支持等。

对于青少年上网群体的污名如何应对呢？上网污名应对在污名问题中扮演什么角色？

# 第二节　上网特点与对策

## 一、上网污名程度女生超男生

我们采用自编的青少年上网污名化问卷，考察了青少年上网行为污名化的结构与特点（雷雳，冯丹，檀杏，2012）。结果发现，青少年上网行为在污名知觉均分(1.69)和内化污名均分(1.69)上均显著低于理论值均值(2.5),表明目前社会对上网青少年的污名程度较低,上网青少年的社会文化环境相对较为宽松。

此外,我们发现,污名知觉程度依次是:歧视体验(1.79)>身份受损(1.71)>标签(1.70)>社交孤立(1.67)>刻板印象(1.65)>内化污名(1.51)。在青少年上网污名化各维度中歧视体验的平均得分最高,这是由污名的核心内涵决定的,同时也提示我们,歧视体验是最直接、最容易体会到的污名。

就整体而言,污名知觉状况较为良好,可以说当下社会对上网青少年的公众污名程度较低,针对青少年这一特殊群体的生理和心理发展的定型期,家长、学校、社会对其持有较为宽容的态度,青少年的发展有矫正的空间。从有利于其成长的角度讲,期待其向好的方面转化。从心理资源的角度讲,青少年当前的学业压力普遍较大,青少年群体对污名的关注度不高,将主要精力投入学业中,其人际关系相对简单,很大程度上基于人际交往的污名知觉的感知程度也相应较低。

对污名知觉和内化污名进行的性别差异分析显示,男生和女生在污名知觉和内化污名程度上的差异达到了显著性水平,与男生相比,女生在社交孤立、刻板印象、身体受损、污名知觉四个方面以及歧视体验程度上有更多的觉知(见图4-3)。

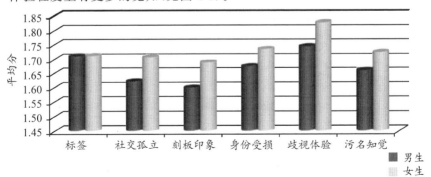

**图 4-3　青少年上网污名的性别差异**

国内外对于污名的研究都发现，性别会影响污名程度。一般来说，女生的污名体验程度高于男生。在本研究中，对青少年上网污名的性别特征分析表明，女生的社交孤立、刻板印象、歧视体验和污名知觉四个方面均显著高于男生。在现实生活中，女生比男生对周围的环境更为敏感，更容易受负面信息和评价的影响，男生则相对"神经大条"，这与之前的一些研究结果是一致的（Berger，Ferrans，& Lashley，2001）。

## 二、上网污名受年级、网龄双重影响

作为在校的青少年群体，不同年级学生的个体发展程度、认知能力、所面临的社会评价和社会压力各不相同，为此我们重点分析了青少年上网污名化中的年级和网龄这两个因素的影响。

### （一）污名化知觉随年级的升高而增强

从图4-4中不难发现：①污名化知觉及其五个分维度的得分随着年级的升高而增强，七年级学生各个维度的得分最低，高二的得分最高；②在维度之间的比较中，歧视体验的感知程度得分最高；③对于最低的污名知觉维度，不同的年级各不相同，如七年级为身份受损，九年级为社交孤立，高二为标签。这同时说明，在污名知觉的各个分维度上，年级效应中除了年龄因素的影响之外，可能还有其他因素，如学业压力、比较对象等因素的影响存在。

综合以上分析可以看到，污名知觉的得分及其各维度的得分随着年级的升高而升高，随着网龄的增长而降低。这一特点受到青少年的认知能力、所学知识、自我意识等因素的重要影响。青少年自我意识的明显增强可能会使他们有意地区分群体内外的差异，管健等人（2007）构建的污名概念中就包括认知分离和群体区分。

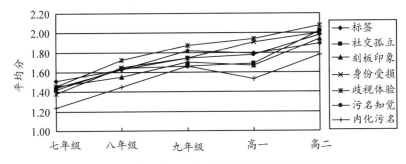

**图 4-4　青少年上网污名化的年级变化趋势①**

## (二)常年上网可致青少年上网污名知觉锐减

在青少年上网行为中,时间因素是网络成瘾和大众进行污名评价的一个重要指标。为了了解污名知觉在网龄和上网频率上的差异,我们收集了相关的信息,将网龄分为"半年以下""半年至一年""一年至三年""三年以上"四组,上网频率分为"偶尔""定期""经常"三组进行相关分析。

结果表明,网龄的长短对标签、社交孤立、刻板印象、身份受损、歧视体验、污名知觉的影响均达到显著差异,预示着网龄的长短是青少年上网污名知觉程度的重要影响因素。随着网龄的增长,污名知觉总体上呈现一种下降的趋势,其中标签、身份受损、社交孤立等维度的趋势基本相同,在"一年至三年"这一网龄时期出现拐点;刻板印象是先降后升再降,呈现波动趋势。这说明网龄的增长会降低污名

---

① 方差分析结果显示,污名知觉以及各维度上的年级差异均达到了显著性水平,可以肯定年级因素对青少年上网污名知觉有重要作用。进一步的趋势分析结果表明,青少年上网污名知觉及其五个分维度得分随着年级的升高逐渐升高的趋势效应显著,各年级之间的增量明显。青少年上网内化污名平均分随着年级的升高而升高,但在高一时出现小幅度下降。从整体上看,青少年上网内化污名程度具有明显上升趋势。趋势分析结果也表明,内化污名得分随年级的升高逐渐升高的趋势效应显著,各年级之间的增量明显。

　　各维度的含义如下:"标签"指的是上网青少年知觉到的他人对自己的标记,即在多大程度上知觉到他人认为自己上网行为的消极方面;"社交孤立"指的是上网青少年因为自己的上网行为而感受到的人际交往不畅,自己被区别对待;"刻板印象"指的是上网青少年知觉到的刻板化程度;"身份受损"指的是上网青少年感受到的上网行为给自己带来的身份的降低,自己价值的贬值;"歧视体验"指的是上网青少年知觉到的上网行为所带来的歧视。

知觉程度，各维度的降低幅度略有不同，但总体上呈现一种下降的趋势，具体情况如图4-5所示。进一步的趋势分析结果表明，污名知觉及标签、社交孤立、刻板印象、身份受损四个维度得分随着网龄的增长逐渐降低的趋势效应显著，不同网龄之间的减量明显。

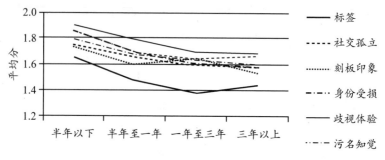

**图4-5　青少年上网污名化的网龄差异**

通过对青少年上网频数的分析，见图4-6，可以看出对于上网青少年来说，经常上网的青少年的污名知觉程度最高，定期上网的青少年的污名知觉程度最低，大致呈V形变化趋势，标签维度上增加的趋势效应显著，其他维度变化不显著。

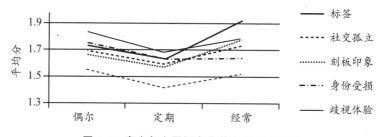

**图4-6　青少年上网污名化的上网频率差异**

从图4-5和图4-6中可以看出，内化污名程度随网龄的变化趋势与污名知觉的变化趋势一致。值得关注的是，内化污名程度显著低于污名知觉及其五个分维度，这表明青少年对待外界的污名保持着较为清醒的觉知，能够较为理智地对待，也显示出污名知觉和内化污名可能是两个相对独立的过程。

经常上网的青少年的污名知觉程度最高，随着网龄的增长，污名知觉的得分逐渐下降，从社会比较理论和社会事实两个角度能够给予很好的解释，有关网龄、上网频次的差异性分析也能被较好地分析。首先，从社会比较理论来看，随着网龄的增长，上网青少年接触网友及在网络上交往的次数不断增加，此时他们进行社会比较的对象会发生变化，以往将自己的上网时间、上网行为与同班级同学进行比较，而现在将与这些网友进行比较，上行比较的结果可能是感到自己的上网时间相对较少，自然也就降低了污名知觉程度。其次，从社会事实来看，青少年的上网行为在没有给自我带来伤害前，他们觉得这样做是正确的，就应该如此，这样做并没有什么负面影响，此时自我接受了这样的一种行为习惯，所以就不会产生较高程度的污名知觉。

## 三、网络成瘾可预知青少年上网污名

为了考察青少年的网络成瘾与上网污名之间的关系，我们首先进行了网络成瘾、污名知觉与内化污名之间的相关分析。结果表明，网络成瘾与污名知觉和内化污名之间存在显著正相关，预示着网络成瘾可能对污名知觉和内化污名具有一定的预测作用。根据相关分析的结果，进一步通过回归分析考察网络成瘾对青少年上网污名的预测作用。结果显示，污名知觉、内化污名及标签、社交孤立、身份受损、歧视体验四个维度均进入回归方程。

在相关分析中，污名知觉与内化污名之间呈显著相关，针对这一结果我们构建了理论模型，如图 4-7 所示。采用分层回归的方法分析污名知觉在青少年上网行为与青少年上网内化污名关系中的调节作用，并将各变量带入模型中进行分析发现，网络成瘾与污名知觉对内化污名的直接预测作用显著，污名知觉在网络成瘾与青少年上网内化污名关系中的调节作用不显著。

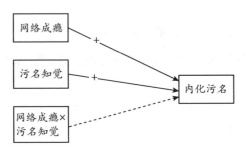

**图 4-7　网络成瘾与污名知觉的交互作用模型**

从图 4-7 中可以看到，网络成瘾、污名知觉对内化污名的直接预测水平均显著，说明网络成瘾可以预测知觉到的公众污名程度，两者直接正向地预测内化污名。网络成瘾是一个较好的上网污名的预测指标。

## 四、应对方式可以调节上网污名内化

我们考察了青少年在上网污名情境下的应对状况。结果显示，总体上，青少年在面对上网压力时，首先的选择倾向于消极应对，包括自责、转移注意、发泄、药物滥用等；其次的选择倾向于寻求社会支持，包括情感性支持和工具性支持；最后的选择倾向于积极应对，这种状况从青少年发展的视角来看，需要进行引导。

另外，随着年级的升高，青少年会越来越多地选择寻求社会支持和积极应对；随着网龄的增长，上网青少年在寻求社会支持和积极应对上有所增多，而消极应对采用的方式则相对保持不变。综合来看，年龄和经历因素是应对方式个体层面的主要影响因子。

为了考察污名知觉、污名应对方式和内化污名之间的关系，我们首先进行了三者之间的相关分析。结果显示，污名知觉及内化污名与积极应对和寻求社会支持存在显著正相关，而消极应对与污名知觉和内化污名之间没有显著相关。这意味着上网青少年的污名知觉程度越高、内化污名程度越深，则越可能较多地使用积极应对和寻求社会支持的方式应对污名。

　　为进一步更好地阐述应对方式在污名知觉和内化污名之间的关系，基于相关研究的结果，我们采用结构方程构建了如下的调节效应模型进行分析（见图 4-8）。分析结果显示，青少年在污名应对方式中的寻求社会支持这一因子在污名知觉和内化污名之间起到部分中介作用。寻求社会支持的应对方式是人际交往的产物，随着交往范围的扩大和交往对象的增多，青少年有更多的可选择的对象，此时青少年就会倾向于采用寻求社会支持的应对方式，这与青少年的社会化发展阶段的特点相一致。

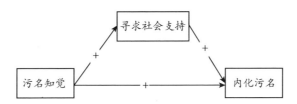

**图 4-8　应对方式在青少年上网污名中的中介作用模型**

　　根据习得性无助原理，个体在压力的长期作用下，没有了行动的斗志，但为了摆脱压力对自己情绪的影响，个体就会转向人际缓解，倾向于寻求情绪性的支持或者其他工具性的社会支持来疏解压力。应对研究的特质论认为，应对是自我结构在应激情境中的映射，个体在应激反应过程中所表现出的应对方式具有一贯性和稳定性的特征。影响个体应对方式的因素是人格特质，或者说个体的人格特质决定其应对方式。应对研究的过程论认为，应对是当个体意识到紧张的情境对自己具有挑战性时，所做出的认知与行为上的努力。这两种理论各自具有其片面性，目前正走向融合。

　　我们的研究表明应对方式在污名知觉与内化污名的关系中起中介作用，一方面表明应对的复杂性，另一方面在某种程度上验证了应对的交互作用理论模式，即个体应对方式的选择是人格特质和应激情境相互作用的结果。应对是相对稳定的一种人格特质，会在外界环境的影响下发生变化。

此外，最值得关注的一点是，上网青少年在面对压力时，首先选择消极应对，其次选择寻求社会支持，最后选择积极应对，这种状况不容乐观。一方面是青少年越来越多地通过网络感受信息压力，另一方面是消极应对会给青少年的身心健康造成重大影响。因此，在日常生活中要有意识地培养青少年正确的应对方式。

## 拓展阅读

### 移动互联网可以挽救企图自杀者

心理学家正在研发数字应用来帮助患者和同行。

一款名为 PTSD Coach 的 App 向公众发布四小时后，美国退伍军人事务部危机专线就接到了一位老兵的电话。这位老兵说是他的手机让他打的电话。这通电话为老兵进行了一次预约，第二天他将要在当地的退伍军人事务部接受一次心理治疗。

茱莉亚·霍夫曼（Julia Hoffman）博士表示，这款 App 有着能够真正改变某人某天日程安排的能力。霍夫曼博士是一位临床心理学家，在退伍军人事务部创伤后应激障碍国家中心指导移动应用程序的研发。这项研发与国防部的国家远程医疗技术中心合作。

霍夫曼是许多致力于 App 研发的心理学家中的一员。他们将 App 看成心理健康保健的有力途径，通过将心理学知识直接送入人们的手掌心来避免心理治疗中的障碍。

霍夫曼说，PTSD Coach 就是一个例子，它的目标受众是很重要的一群人，耻辱感和后勤问题经常使得患有创伤后应激障碍的老兵、服务人员等群体不能接受心理治疗。它同时提供关于 PTSD 的教育资源，可以用来评估症状，可以利用以事实为基础的认知以及行为指导，如深呼吸训练和积极的自我对话的相关指导来帮助使用者改善他们的症状。

霍夫曼说："我们并没有把 App 看作取代治疗的方式，但是对于那些不愿意接受治疗的使用者来说，这款 App 可以提供一种治疗方式，有总比没有好。"

当有人在急救室内产生了自杀的念头时，结果往往都是好的——他放弃了自杀的念头并且接受治疗。但是一旦出院，这位患者又将陷入危险。这款 App 就是为了完善后续治疗并且使患者与救助紧密相联而研发的。

研发者表示："我的想法是每次带有自杀症状的人前往医院或者治疗师处时，他们都可以被鼓励使用这款 App。"

这款 App 具有以下特点：是情绪跟踪器；能够私人订制安全计划；提出策略以及有一个与使用者的朋友、医院和其他资源相连接的应急按钮。举个例子，如果一位使用者报告他的情绪跌入了一个危险的区域，一个弹出的对话框会提供建议，如拨打心理保健者的电话、深呼吸或者跟随指示去最近的地点接受帮助。

作者：安娜·米勒（Anna Miller）

译者：王永祺、王伟、雷雳

# 五、总结

## （一）研究结论

综上所述，通过对青少年上网行为的污名化研究，我们可以得出以下结论。

①青少年上网行为的污名程度偏低，不至于让公众过度忧虑和恐慌。

②女生对上网污名程度的感知高于男生。

③年级的升高可以提高上网污名知觉程度和内化程度，而常年上

网则可以降低青少年上网污名知觉程度。

④网络成瘾和污名知觉可正向直接预测内化污名程度。网络成瘾在两者间的调节作用不显著。

⑤寻求社会支持在污名知觉和内化污名之间起到调节作用，即面对上网污名，青少年主动寻求社会支持对缓解污名的压力有重要作用。

## (二)对策建议

结合青少年上网污名的特点和研究中的发现，我们对青少年上网行为污名化问题以及污名应对提出了以下建议。

首先，从研究中我们了解到，青少年上网行为污名程度偏低，人们不必过分担心社会公众对上网青少年的污名化问题。"谈网色变"并未对青少年造成严重影响。随着信息化时代的发展和网络的应用普及，青少年消耗在网络上的时间必然相应增加，我们应该从历史、文化、社会的角度看待事物，宣传普及网络的使用，改变人们对上网青少年与问题青少年相联系的错误认知，有策略地加强对学生的网络行为的监控和引导。与此同时，加强网络道德教育，引导青少年正确使用互联网，在一定程度上减少或消除"贴标签"的现象、偏见和歧视，扭转社会对网络弊大于利的刻板印象，从群体水平对青少年上网污名化进行干预。

其次，鉴于青少年上网污名程度随着年级的升高而升高，学校和家庭应该教育青少年准确识别并正确对待外界的偏见，根据青少年自我意识和自我监控能力发展的特点，引导其采用积极的方式进行应对，以提高个体水平的污名应对能力。

最后，寻求社会支持的应对方式对青少年上网污名程度的中介作用提示我们，增强人际交往和社会支持对减少污名化具有指导意义。

# 第五章　青少年的身体映像与上网

**开脑思考**

1. 在日常生活中，我们经常会听到一些青少年女孩说要减肥，这当然很难一蹴而就。在网上她们却有机会"塑造"自己的形象，这对她们有什么影响？

2. 互联网的哪些特点为青少年的网上形象的塑造提供了便利？

3. 什么样的人更希望在网上塑造自己的"完美形象"呢？

**关键术语**

身体映像，自我认同，化身，网络身体自我呈现

## 第一节　问题缘起与背景

### 一、网络成青少年自我呈现新平台

"今天你瘦了吗？"这条公交车上热播的某减肥茶广告，生动地诠释出了"瘦身"的流行。这种对身体的自我知觉和态度便是"身体映像"，它是指个体在自身、社会、文化、环境等多种因素的作用下，对自己身体的感觉、认知、情感以及相应产生的行为，包括关注和评价。鉴于身体映像对个体生活与发展的重要意义，近 20 年来，有关身体映像的研究层出不穷，发展迅速，成果斐然。《身体映像》(*Body Image*)杂志的创办，更是表明身体映像已成为心理学很重要的一个

研究领域。

在当今社会，人们对身体有一种空前的重视，女性苛求纤瘦苗条，男性希望孔武健壮，而现实与理想的差距让他们产生对身体的不满，进而导致一系列不适当的行为出现，如使用类固醇、节食和过度锻炼（Cafri et al.，2005）。青少年由于处在身体成长的迅猛时期，身体映像的改变容易对其情绪情感、自我效能感、人际交往能力等的发展产生深刻影响。研究发现，身体对青少年而言，尤其是女孩，有非常重要的意义。对于青春期身体发生的一系列变化，如果不能积极而从容地看待，而是过于追求"苗条"，就会产生一系列不良的结果，譬如抑郁、低自尊等（雷雳，张雷，2003）。

互联网的发展达到了空前的程度，逐渐深入人们的生活之中，影响越来越大。根据中国互联网络信息中心发布的《第 52 次中国互联网络发展状况统计报告》，截至 2023 年 6 月，我国网民数量已达到 10.79 亿。其中，青少年网民（10～19 岁）占比 13.9%，这表明青少年已成为上网群体中的重要部分。

在互联网使用服务中，网络社交服务无疑是最为重要的服务之一，社交性网站的风靡也正说明了这一点。《2021 年全国未成年人互联网使用情况研究报告》显示，截至 2021 年我国未成年网民规模达到 1.91 亿人，其中 53.4% 的未成年人经常上网聊天，34.5% 的未成年人经常使用社交网站，这表明网络社交是青少年上网偏好中很重要的一部分。

在社交网站（如校内网、同学录）和社交软件（如 QQ、MSN）的使用过程中，很多需要上传头像、照片或者进行装扮（如 QQ 秀），也就是说，用户需要在网络上呈现一个真实、半真实（如处理过的照片）或不真实（QQ 秀、某些游戏中角色的选择）的面孔或身体，选择怎样的化身以及如何评价它，需要一个新的概念，即网络身体自我呈现。

根据埃里克森的理论，青少年期的主要矛盾是自我认同对角色混乱。他们试图回答诸如"我是谁"之类的问题，通过不断探索，进而形成个人的自我认同（雷雳，2009）。身体映像是身体自我的重要方面，身体自我又是自我认同的组成部分，因此，青少年的身体映像将会影响自我认同的形成。网络的出现为青少年的身体自我呈现提供了新的可能，在这个具有创造性的新平台上，青少年可以根据自己的意愿，创造自己的网络形象。网名、年龄、外貌、身体、性别……只要个体愿意，这些都可以按照自己想要的方式呈现。这种身体自我呈现的新模式，或是对被压抑自我的一种投射，或是对现实自我的一种补充，可能影响青少年个体的身体映像以及自我认同的形成，也可能对身体映像与自我认同的关系进行调节，这正是令人感兴趣的现实问题。

总而言之，互联网的匿名性、便利性和逃避现实性（Young，1997）正好给青少年提供了一个重新塑造身体自我的新平台。在这个虚拟世界中，他们不仅可以弥补现实身体映像带来的负面影响，而且可以促进自我认同的形成。

## 二、生态系统造就青少年身体映像

青少年身体映像的影响因素有哪些？与网络虚拟世界又有着怎样的联系呢？

青少年正处于身心发展的迅猛阶段，身体映像容易受到各种因素的影响。根据布朗芬布伦纳的生态模型，这些因素可以划分为微系统、外系统、宏系统以及处于生态系统中的个体因素四类（杜岩英，雷雳，马晓辉，2009）。本部分主要介绍前三类。

### （一）微系统直接影响青少年身体映像的形成

父母作为个体成长过程中的引导者，可以通过示范、反馈和教导来影响青少年身体映像的形成。从父母那里知觉到的压力是与个体，尤其是青少年的身体满意度和饮食关注关系密切的因素之一（Ata et al.，2007），而这些压力的一个重要形式就是父母有关孩子体形、体重和饮食的评论。有研究发现，对于女性，父母的积极、消极评论都与她们的身体满意度和饮食关注直接相关，而对于男性，只有消极评论与其身体不满意度直接相关（Rodgers et al.，2009）。

除了言语的评论之外，父母的态度和行为也会影响个体的身体映像。有研究者考察了母亲对身体和肥胖的看法如何影响孩子的体重与饮食。结果发现，那些较害怕自身超重的母亲更担心孩子的体重，这说明母亲对自身体重的成熟态度能够影响她对孩子体重的看法（Jaffe & Worobey，2006）。

同伴对个体的影响同样巨大，尤其是对于青少年而言，同伴对个体身体映像的影响程度甚至超过了父母（Ricciardelli et al.，2000）。其中，最为明显和直接的方式是同伴对其外表给予的反馈。一项纵向研究发现，被同伴嘲笑的经历对一般心理机能、身体映像和饮食障碍都有直接影响（Halvarsson et al.，2002）。

除了同伴的反馈之外，同伴的行为也对个体的身体映像和饮食行为产生影响。其中一种是欺侮行为。研究发现，那些受到更多欺负的女孩，其苛求身材纤瘦的愿望更强烈，罹患饮食障碍的风险更大（Engström & Norring，2002）。

还有一种对身体映像产生影响的是同伴的示范行为。研究发现，与男孩相比，女孩更容易受到同伴减肥的示范行为的影响（Cash & Pruzinsky，2002）。对同伴影响的研究发现，处于青春期的女孩及其同伴拥有类似的身体映像担忧和节食行为（Paxton et al.，1999）。

总之，父母与同伴共同形成的微系统环境将会对青少年的身体映像产生直接影响。

**(二)外系统诱导青少年身体映像的形成**

作为外系统，报纸、杂志、电视、互联网等各种媒体介质在生活中随处可见，对青少年的个体发展有着不容忽视的作用。在身体映像的研究中，媒体对身体映像的影响是极为重要也是研究最多的方向之一。仅理论解释就有社会比较理论、自我图式理论、自我差异理论、培育理论和社会认知理论等多种（Sarah，2008；羊晓莹，陈红，2006）。

有研究发现女性在观看了媒体中纤瘦的形象之后，与观看平均、超重身体或非人的形象相比，对身体更为不满意。女性容易受到媒体的影响，男性亦是如此(Grabe et al.，2008)。但媒体形象对个体的身体映像并非只有消极影响，研究发现，一些女性在观看了纤瘦的形象之后，反而表现出积极、自我加强的效应，原因在于她们将自己想象成了模特的样子(Tiggemann et al.，2009)。许多研究考察了这一过程，其中研究最多的是社会比较(Tiggenmann & McGill，2004)和对媒体宣扬的纤瘦理想的内化水平(Yamamiya et al.，2005)。因比较动机的不同，社会比较所反映出的差距会对身体映像有积极或消极的作用(羊晓莹，陈红，2006)。有研究还发现，不同的比较目标对身体映像的影响不同(Leahey，2008)。至于内化，如果个体将媒体宣扬的错误的身体标准内化，那么就会对自己的身体过于苛求，身体满意度下降，形成消极的身体映像(Yamamiya，2005)。

总之，青少年作为网络等媒体介质的最大受众群体之一，每天都不可避免地面对媒体上充斥着的各种与身体有关的信息。随着身体变化的加剧和性意识的不断萌发，他们对自身的外形、身材等身体特征日益关注，而网络等媒体介质的出现也为这一特殊群体提供了方便的"完美身体"信息渠道，调节着青少年的身体映像。

### (三)宏系统深层引导青少年身体映像的形成

社会文化对身体映像的影响古来有之。西方文化强调"瘦"，以瘦为美，越瘦的人越具有吸引力(Myers & Crowther，2007)。这使得对身材不满意在西方社会极为流行，进而引起了许多社会、心理和生理问题，包括饮食障碍、使用违禁药品、美容手术、节食、低心理幸福感、肥胖和过度锻炼等(Smolak & Levine，2001)。

在非西方文化中，一些国家比较推崇稍大的体形，因为其代表了高地位、权力和财富(Pollock，1995)。在一些非洲文化中，年轻女性被送去"增肥屋"，从而为将来的婚姻做准备。在这些文化中，身体不满和进食障碍的发生率都远比西方低(付丹丹，2009)。

随着文化的传播，尤其是社会经济的发展，一些之前"以胖为美"的文化中也出现了对"纤瘦"的追求以及对身体的不满意(Becker et al.，2005)。对不同国家、不同文化中的个体身体映像的研究是当前的研究热点，文化共同性和差异性也需要今后进一步探讨。青少年处于知识学习和身体发育的关键时期，这种宏观的社会文化背景势必会调节他们对身体变化的关注及相应的身体映像的形成。

除了上述各种因素之外，体重指数、人格等个体本身的生理、心理因素也会对青少年的身体映像产生影响。

## 三、网络身体自我呈现可随心所欲

网络身体自我呈现有哪些具体的表现形式？陈月华、毛璐璐(2006)把网络中的身体界面分为三类。

一是直接的身体与身体临场性。直接的身体是指通过视频装置未加编辑直接"映射"到网络中的身体界面，实现了一对一的身体交流。

二是再现的身体与身体不确定性。再现的身体是指把现实中的身体影像通过数码加工的方式上传到网络中的身体界面，既可以完全依照现实(如真实的照片)，也可以源于现实而又高于现实(如利用网络技术对身体进行修饰和美化)。

三是虚拟的身体与身体替代性。虚拟的身体是指计算机直接制作生成的、只存在于网络中的、数字化的虚拟身体界面。例如，QQ秀，既可能基于现实而在网络上反映自己的身体状态，又可能在某种程度上弥补用户在现实生活中对自身身体的不满意部分。网络提供了扮演多重角色的机会，网民则通过虚拟的身体获得对自我身体的认同。

如前所述，身体是自我的一种重要成分。在互联网中，身体处于一种"不在场"或"缺失"的状态。然而随着技术的发展，身体也参与到了网络活动中，为以计算机为媒介的交流提供了一个自我认同建构的创造性平台（Vasalou & Joinson，2009）。许多社交网站或网络游戏都会要求用户上传头像或构建网络化身。人们可以不吝于展示自己的身体，随心所欲地按照自己的喜好构建网络形象，尽管这种展示未必完全真实。因此，考虑到个体在网络上不仅有各种方式的身体呈现行为，而且对其化身也有一定的看法和评价，我们提出了"网络身体自我呈现"的概念，即个体在上网过程中，有意识地呈现出与身体有关的信息，包括网络身体修饰行为和网络化身修饰知觉两个方面。

总之，青少年作为重要的网络用户群体之一，活跃在各种社交网站或网络游戏平台上，他们在网络上展现自己的身体，无论是以直接、间接的还是虚拟的方式都有其理由，而这样的作为无疑又会对其发展产生一定的影响。

## 四、网络或可满足青少年的自我认同

青少年的网络身体修饰行为和网络化身修饰知觉对自我认同的形成有什么影响呢？

自我认同是埃里克森自我发展理论体系中的一个重要概念。青少年的主要矛盾是自我认同对角色混乱。在这一阶段，青少年试图回答"我是谁""我在社会中的位置是什么"之类的问题。他们通过探索价值观和职业目标，进而形成个人的自我认同。消极的结果就是他们对未来的成人角色的认识含糊不清（雷雳，2017）。

自我认同的形成受到诸多因素的影响，如认知发展、教养方式、学校教育、社会文化等。随着时代的发展，网络成为影响自我认同形成的因素之一。

一方面，网络的匿名性大大减弱了日常交往的约束性，使得青少年可以在网络上更为自由和自主地表达自己，而且网络身份构建的自由性使得个体能够随意建立起多重网络身份，极大地丰富了个体的自我概念；另一方面，网络的匿名性会导致去抑制性，降低个体的自我意识水平，容易出现非理性、反社会的行为，不利于积极的自我认同的形成。

研究发现，青少年能够通过网络虚拟交往和互联网来发展自我认同及相关的自我概念（Maczewski，2002）；青少年可以通过创建个人网站来对自我认同进行探索（Lenhart，Rainnie，& Lewis，2001）。陈猛（2005）研究了青少年互联网使用、自我认同与心理健康的关系。结果发现，自我认同能够调节互联网使用与心理健康之间的关系。雷雳和马利艳（2008）也发现了自我认同对即时通信和互联网使用的调节作用。

互联网使用与青少年自我认同的形成和发展存在密切关系（雷雳，陈猛，2005），而身体自我是自我的重要组成部分。互联网使用，尤其是网络身体自我呈现是促进还是阻碍青少年自我认同的形成、在何种条件下促进或阻碍青少年自我认同的形成等问题尚待进一步探讨。

# 第二节　上网特点与对策

## 一、青少年的网络身体自我呈现的特点

我们考察了青少年的网络身体自我呈现的特点，结果发现青少年在网络身体自我呈现总体和网络身体修饰行为上的平均分均为2～3（6点计分），即接近"略微不符合"。这表明青少年网络身体自我呈现的修饰程度比较低，修饰行为比较少。而在网络化身修饰知觉上的平均分为3～4，表明青少年的网络化身修饰知觉的水平稍高一点。

青少年对网络社交服务、网络聊天及网络游戏的偏爱，使得他们必然在上网过程中选择化身或头像。从本研究的结果来看，青少年在

网络身体自我呈现过程中，修饰行为和修饰知觉还处在一个相对较低的水平。出现这一结果的原因不排除是社会赞许性的影响，青少年被试不愿意承认自己在网络上有"修饰"的想法，但同时也存在这种可能，即青少年出于自我保护的目的，不愿意在网络上呈现有关身体的信息，也就无从谈起修饰与否。

青少年的网络身体自我呈现总体和网络化身修饰知觉这一维度在年级上有显著的线性变化趋势：随着年级的升高，青少年的网络身体自我呈现总体水平和网络化身修饰知觉水平降低（见图 5-1）。结果表明，在网络身体自我呈现总体水平和网络化身修饰知觉水平上，高三显著低于七年级、八年级和高一，即在高三的时候青少年的网络化身修饰知觉水平有了明显的下降。

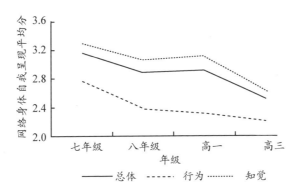

**图 5-1　网络身体自我呈现及各维度的年级变化趋势**

由于面临高考这一人生的重大转折点，高三学生学习紧，任务重，上网时间相对不够充裕，即使上网可能更多也是涉及与学习有关的，这使得他们花费在网络社交、网络游戏上的时间比较少，自然也少有网络身体自我呈现的时间和精力。高三学生在心智上都趋向成熟，对网络化身、头像等可能不如低年级那么看重，因而不会在网络上对自己的身体做更多的呈现和修饰。

简言之，对网络身体自我呈现的测量表明，目前青少年的网络身体自我呈现水平及修饰程度并没有想象中那么高。年级差异的结果说明高三青少年群体与其他年级在网络身体自我呈现上存在显著差异，出现这种差异既有外因（如学习、高考的压力），又有内因（如自身的逐渐成熟），两者共同起作用。

## 二、身体映像与网络身体自我呈现

我们考察了青少年的总体身体映像与网络身体自我呈现的关系，结果发现青少年的总体身体映像与网络身体自我呈现有着显著负相关。这说明对自己的现实身体越满意的个体，其网络身体自我呈现的程度越低。

为了更好地说明青少年的总体身体映像与网络身体自我呈现的关系，我们进一步考察了各维度之间的关系，结果显示如下。①青少年的总体身体映像与网络化身修饰知觉呈显著负相关。这说明身体满意程度高的个体，其网络化身的身体修饰特征越不明显。②青少年的网络身体自我呈现总体水平与体形、性特征呈显著负相关。这说明对自己的体形、性特征越不满意的个体，其网络身体呈现的修饰水平越高。③体形与网络化身修饰知觉呈显著负相关。这说明对自己的体形越满意的个体，其网络身体自我呈现的修饰水平越低，网络化身与自己的真实水平差距越小。④网络化身修饰知觉与除了负面特征之外的其他身体映像维度都呈显著负相关。这说明网络化身与现实身体的差异越大，其真实身体映像的水平越低。⑤网络身体修饰行为与负面特征呈显著正相关。这说明越少出现疤痕、残疾等负面特征的人，越愿意进行网络修饰行为。

根据相关结果，总体身体映像、体形与网络身体自我呈现、网络化身修饰知觉呈负相关。这表明在现实生活中对自己的身体，尤其是对体形越不满意的青少年，其网络化身的修饰程度越高，这十分符合当今社会的现实情况。在生活中，肥胖和瘦弱的女性都难免会遭人嘲笑，这也是为什么越来越多的年轻女性愿意花费大量财力和物力去减肥或隆胸，而通过网络的化身修饰创造出美丽动人的化身或头像，则可以掩盖真实生活中的身体缺陷，减少因身体问题而造成的交流障碍，从而在网络上赢得关注和尊重。

对自己的现实身体越满意、体形越好的青少年，越愿意在网络进行身体呈现，但是在网络化身的选择上，则认为其如实反映了自身的真实情况，所以修饰程度比较低。由于身体映像与身体自我密切相关，身体自我又是自我的重要组成部分，因此身体映像水平比较高的人往往具有较强的自我意识，对自己的认可度也比较高，并不需要更多的网络身体修饰和美化。

## 三、网络身体自我呈现的调节潜能

我们考察了青少年的网络身体自我呈现对总体身体映像与自我认同之间的关系的影响。偏相关分析结果显示，青少年的网络身体自我呈现的影响并不显著。之后，我们将网络身体自我呈现细化，分别考察了青少年的网络身体修饰行为和网络化身修饰知觉对总体身体映像与自我认同之间的关系的影响。结果表明，在控制了网络身体修饰行为之后，总体身体映像与自我认同之间的相关系数减小，表明网络身体自我呈现对总体身体映像与自我认同之间的关系有细微影响。同理可知，网络化身修饰知觉对总体身体映像与自我认同之间的关系也有轻微影响，在控制了网络化身修饰知觉之后，总体身体映像与自我认同之间的相关系数减小。

此外，在控制了网络身体自我呈现之后，青少年的体形与自我认同之间的相关系数没有变化，说明网络身体自我呈现不影响体形与自我认同之间的关系。然后分别控制网络身体修饰行为和网络化身修饰知觉，观察体形与自我认同之间的相关系数的变化，结果发现体形与自我认同之间的相关系数减小，说明网络身体修饰行为和网络化身修饰知觉对体形与自我认同之间的关系有轻微影响。

根据偏相关分析的结果，我们初步了解到网络身体修饰行为和网络化身修饰知觉能够在一定程度上影响青少年的总体身体映像与自我认同之间的关系。为了更好地说明青少年的网络身体自我呈现的作用，我们分别对网络身体修饰行为、网络化身修饰知觉的调节作用进行了检验，并建构了相应的关系模型（见图 5-2、图 5-3、图 5-4 和图 5-5）。

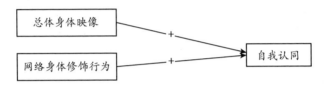

**图 5-2  青少年的总体身体映像、网络身体修饰行为与自我认同的关系模型**①

从图 5-2 中可以看到，当只考虑总体身体映像和网络身体修饰行为时，两者对自我认同有明显的预测作用，解释力为 17.2%。在考虑了两者的乘积之后，其解释力仍为 17.2%，并没有任何变化。这表明纳入总体身体映像和网络身体修饰行为的交互作用后，该模型的解释力并没有增强，说明网络身体修饰行为在总体身体映像与自我认同之间不起调节作用。总体身体映像与网络身体修饰行为对自我认同有很好的预测效力，均达到了显著性水平。

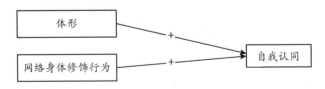

**图 5-3  青少年的体形、网络身体修饰行为与自我认同的关系模型**

从图 5-3 中可以看到，当只考虑体形和网络身体修饰行为时，两

---

① 网络身体自我呈现的各维度含义如下："网络身体修饰行为"涉及直接、再现与虚拟的网络身体呈现行为；"网络化身修饰知觉"涉及吸引力、可爱、性感等网络化身特征。

者对自我认同有明显的预测作用，解释力为 12.2％。在考虑了两者的乘积之后，其解释力也没有变化。这表明纳入体形和网络身体修饰行为的交互作用后，该模型的解释力并没有增强，说明网络身体修饰行为在体形与自我认同之间不起调节作用。体形与网络身体修饰行为对自我认同有很好的预测效力，均达到了显著性水平。

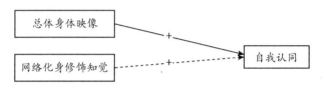

**图 5-4　青少年的总体身体映像、网络化身修饰知觉与自我认同的关系模型**

从图 5-4 中可以看到，当只考虑总体身体映像和网络化身修饰知觉时，两者对自我认同有明显的预测作用，解释力为 16.1％。在考虑了两者的乘积之后，其解释力为 16.4％，变化极小且不显著。这说明网络化身修饰知觉在总体身体映像与自我认同之间不起调节作用；且其对自我认同的回归系数不显著，说明预测效果不及总体身体映像。

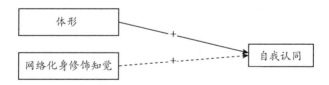

**图 5-5　青少年的体型、网络化身修饰知觉与自我认同的关系模型**

从图 5-5 中可以看到，当只考虑体形和网络化身修饰知觉时，两者对自我认同有明显的预测作用，解释力为 10.5％。在考虑了两者的乘积之后，其解释力为 11.5％，变化极小且不显著。这说明网络化身修饰知觉在体形与自我认同之间不起调节作用；且其对自我认同的回归系数不显著，说明预测效果不及体形。

身体映像与身体自我之间有密切关系，而自我认同又强调身体自我，因此身体映像与自我认同之间也有密切的关系，并且已经得到了以往研究的支持。然而对于那些身体映像比较差的个体，如果在网络上对其身体进行修饰，弥补现实的缺陷，令网络上的身体更贴近自己的理想标准，并将这种在网络上虚拟美化后的身体纳入自己的身体映像范畴，获得满足感，那么就会在一定程度上提升自我认同的水平。有学者对自我差异与自我认同进行研究发现，自我认同扩散型的个体的现实自我与理想自我的差异较大（Makros & McCabe，2001）。在网络身体修饰行为和网络化身修饰知觉方面，个体对网络身体进行美化，进而在网络上得到欣赏和认可，能够缓解现实身体的负面影响，相当于美化了身体自我，进而改善了现实自我，从而缩小了现实自我与理想自我的差异，也就促进了自我认同的完成。

一方面，偏相关的结果证明了网络身体修饰行为、网络化身修饰知觉能够影响总体身体映像与自我认同之间的关系，但这种影响到底是中介作用还是调节作用呢？从实际考虑，网络出现得比较晚，而身体映像早在其出现之前就已经存在。如果说身体映像是通过网络身体自我呈现而与自我认同产生关联的，显然是说不通的，因此排除了中介作用。为了探讨网络身体修饰行为、网络化身修饰知觉到底是否具有调节作用，对其进行分层回归分析。结果表明，两者既不能调节总体身体映像与自我认同之间的关系，也不能调节体形与自我认同之间的关系，网络身体修饰行为能够与总体身体映像一起进入对自我认同的回归方程，解释力为17.2%，能够与体形一起进入对自我认同的回归方程，解释力为12.2%。由于影响自我认同的变量有很多，因此这一解释力还是可以被接受的。

另一方面，由于青少年的上网时间并不长，这使得他们的网络身体自我呈现总体及各维度的得分都普遍较低，说明青少年的网络身体呈现在其生活中所占据的位置并不重要，其网络化身并没有被充分地纳入现实身体自我之中，也就使得网络身体修饰行为难以调节现实身体映像和自我认同之间的关系。

　　尽管青少年的网络身体修饰行为只能微弱地影响总体身体映像与自我认同之间的关系，而不能起到调节作用，但这样的结果同样具有现实意义，至少能说明，对自我认同造成影响的变量除了认知发展、教养方式、学校教育、社会文化之外，又有了新的变量——网络身体修饰行为。相对于通过加速认知发展、改善教养方式、提高教育水平、变革社会文化来促进自我认同的实现，网络身体修饰行为更容易做到，也更少费工夫。

　　这一结果在某种程度上为青少年上社交网站做了辩护。无论是修饰行为还是创造更完美的化身，都在一定程度上为补偿现实身体的缺陷、构建更完美的自我提供了途径，进而让青少年得到快乐和满足，从而有利于其自我认同的完成。所以，上网并不可怕，关键在于引导，要帮助青少年找到对自己身心发展有利的、健康的上网方式和上网行为。

**拓展阅读**

### 虚拟化身可以改变人们的行为吗？

　　一篇发表于《心理科学》（*Psychological Science*）上的研究报告显示，人们在电子游戏等虚拟环境中呈现自己的方式会影响他们在现实生活中的各种行为。

　　作为该研究的首席研究员，来自伊利诺伊大学香槟分校的一位博士介绍说："我们的研究结果表明，当人们在虚拟世界中扮演着英雄或恶棍的角色时，哪怕只有短暂的五分钟时间，这种游戏经历都会较为容易地促使个体奖励或惩罚匿名的陌生人。"

　　正如研究者所发现的，虚拟环境给人们提供了一个拥有全新身份、体验新奇情境的绝佳机会，每个人都可以在该平台上观察、模仿和塑造现实生活中无法扮演的角色。那么，这种虚拟化身（如英雄或恶棍）所具备的行为方式是否会进一步被迁移到人们的日常生活中去呢？为了深入探究这一问题，研究者共招募了

319名大学本科生参与了两个独立的实验。

在实验一中，194名大学生被随机划分为三组，分别扮演"超人"（英雄化身）、"伏地魔"（恶棍化身）以及"圆圈"（中性化身）的角色。在随后的游戏任务中，所有被试都需要与虚拟世界里的敌人全力战斗五分钟。接着，研究者将会要求所有被试都进行看似与游戏毫不相干的"盲品测试"。在该测试中，每一名大学生都会品尝到巧克力和辣椒酱，然后被告知需要选择其中一种食物倒入盘中以供下一位被试食用。

最后的实验结果揭示，那些扮演"超人"的大学生更倾向于选择巧克力提供给其他被试，而且倒入盘中的食物数量约为辣椒酱的两倍，显著多于其他被试。相比之下，扮演"伏地魔"的大学生正好相反，他们倒入盘中的辣椒酱约为巧克力的两倍，显著多于其他被试。

在实验二中，研究者将另外的125名大学生分为"体验组"和"观看组"进行考察，不仅重复验证了实验一的研究结果，而且还进一步发现，相比于单纯地观看，亲自扮演虚拟化身会对随后的行为产生更为强烈的影响。有趣的是，被试对自己虚拟化身的识别程度似乎对结果起不到任何作用。

针对以上研究所呈现的结果，研究者认为，尽管人们能够识别英雄化身和恶棍化身，但是他们却无法意识到自己在虚拟世界中的表现将会对随后的行为产生影响。事实上，个体参与游戏等虚拟活动的唤醒程度才是驱动这一系列行为反应的关键因素。

毫无疑问，关于虚拟化身的研究虽然仍处于起步阶段，但其对社会行为的影响已经不言而喻。诚然，现代人可以在虚拟环境中任意地挑选各种化身，自由地选择加入或退出某一组织、团队或者情境。然而，作为虚拟化身的实践者，每个人在沉浸于虚拟世界的同时都应该铭记：从你戴上虚拟面具的那一刻开始，强大的行为模仿效应正悄然地在你的现实生活中滋生。

作者：瑞克·瑠特

译者：周浩、雷雳

## 四、总结

### (一)研究结论

综上所述，通过对青少年的总体身体映像与上网之间关系的研究，我们可以得出以下结论。

①青少年的网络身体自我呈现存在年级差异，随年级的升高呈下降趋势。

②青少年的总体身体映像和体形都与网络化身修饰知觉呈负相关：身体满意程度高的个体，其网络化身的身体修饰特征越不明显；对自己的体形、性特征越不满意的个体，其网络身体呈现的修饰水平越高。

③青少年的网络身体修饰行为能够影响总体身体映像及体形与自我认同之间的关系，且分别与总体身体映像、体形共同进入回归方程，正向预测自我认同。

### (二)对策建议

青少年处于身心发展的关键时期，而互联网的高速发展使得他们的成长空间正在从现实世界逐渐蔓延至网络虚拟世界。因此，青少年的现实身体状况可能会对其互联网使用行为产生各种影响。其中，身体自我在网络上能为对身体不能自我认同的青少年提供保护，这样的青少年在网上就有了新的自我体验，继而产生对自己的新认识，有助于自我意识的全面性、整体性发展。而对于那些身体自我认同感水平高的青少年而言，在排除了对身体带来的聚焦之后，他们能够获得别人对自身其他方面的正确和客观的评价，也有助于更全面地认识自己。本研究结果同样提示我们，青少年的身体映像与网络身体自我呈现以及自我认同的形成密切相关。

一方面，在青少年成长的过程中，为了能够促进其积极身体映像的形成，父母可以通过示范、反馈和教导来影响孩子。例如，教导孩子自己定义身体映像而不是依靠他人，同时给青少年传授青春期身体变化的知识等。本研究显示身体映像与网络身体自我呈现有着密切的关系，因此，父母也应该主动学习互联网方面的知识，了解网络化身、网络身体自我呈现等概念，支持孩子合理使用网络平台来创造虚拟身体自我，以弥补现实生活中存在的某种身体缺憾。

另一方面，青少年的网络身体自我呈现随年级的升高呈下降趋势，而适量的网络身体自我呈现能够促进自我认同的形成。因此，学校系统有必要对青少年进行相关的身体和青春期教育，让他们学会正确看待和评价自己的身体，同时借助网络平台对身体自我进行积极管理，能够在一定程度上补偿现实中的缺憾，从而提升青少年对自我的认同度。

此外，虽然青少年的网络身体自我呈现只能微弱地调节总体身体映像与自我认同之间的关系，但是这一研究结果提示，在家庭、学校、社会等的共同引导下，网络身体自我的形成可以作为青少年实现自我认同的一种便捷、有效、省时、省力的方式加以应用。

值得注意的是，这种虚拟身体自我容易造成青少年的自我麻痹，他们很有可能沉迷于网络世界中，无法正视现实身体自我，导致生活适应不良。所以，家庭、学校、社会的合理引导是关键，只有这样才能帮助青少年找到对自己的身心发展有利的、健康的上网方式和上网行为，有效地形成虚拟身体自我，并进一步提升自我认同水平。

# 第六章　青少年的自我中心与上网

**开脑思考**

1. 有时候我们会看到一些青少年似乎天不怕、地不怕，这种特点与他们上网时的所作所为有没有关系？

2. 人们有时候会说一些青少年很叛逆，但是他们又必须依靠父母，独立不了。那么网络是否为青少年提供了两全其美的办法？

3. 一些青少年在网络空间中自行其是，"搞独立"，这对他们融入社会是一种促进还是一种阻碍？

**关键术语**

自我中心思维，假想观众，个人神话，分离—个体化，网络成瘾

# 第一节　问题缘起与背景

## 一、自我中心可影响上网行为

为什么要探讨青少年的自我中心与其上网行为的关系？这一问题的背景又是怎样的？

伴随身体、心理和社会性的发展，青少年会逐渐从心理上与父母保持一定的距离，他们的自我意识增强，希望独立自主，并努力发展家庭关系之外的社会关系，同时在这些关系中确认自己，这就是他们

要经历的分离—个体化（separation-individuation）过程。在此过程中，青少年和父母的关系会发生变化，他们与父母的心理联结水平下降，这时的亲子关系变得更加平等了，父母不再有过去那样的权威性（Meeus et al.，2005）。与此同时，他们的独立性增强，对一些人际关系，如同伴关系和师生关系的看法也会有所改变。

分离—个体化被认为是青少年期的一个正常的发展任务（Lapsley & Edgerton，2002）。分离—个体化历程非常重要，与个人日后的心理适应和可能有的心理问题有密切关系（Quintana & Kerr，1993），对青少年的心理和行为有着比较大的影响。同时，青少年的分离—个体化会导致一个重要观念——"假想观众"的产生，这也是其自我中心思维的重要表现。假想观众是指青少年认为他们自己时时被别人关注，这可以弥补他们与父母和家人缺少亲密关系时产生的分离焦虑。这个观念在分离—个体化过程中有着广泛的适应和应对功能（Lapsley，1988；1993），它与青少年的一些心理行为问题密切相关。

信息化是21世纪的重要特征之一，高速、便捷、负载量巨大的互联网已成为这一过程的重要媒介。互联网在中国的普及突飞猛进，已经成为很多家庭的必备，为人们交流、互动、收集信息、娱乐等带来了新的途径和方式。它深刻影响着人们的生活，青少年接受新鲜事物非常快，受互联网的影响很大。

青少年的互联网使用日益受到重视，主要原因之一是青少年互联网用户数量的持续快速增长。青少年成为受人关注的互联网群体与其自身特点和互联网使用现状密切相关。一方面，青少年期是一个特殊的成长和发展时期，在这一时期，青少年所经历的事件、从事的活动、体验的感受将对他们的身心发展产生深远的影响；另一方面，他们特殊的心理特点和所面临的发展任务使得他们对互联网投入了更大的热情，使他们的互联网使用具有一定的特点。

首先，他们的思维能力尚未发展到最高水平，因此对新信息、对那些不需要任何严密的思维加工的信息充满渴望。

其次，随着青少年与父母关系的转变，他们要经历一个与父母心理上的分离过程，因此需要发展新的归属感、认同感，而互联网能够使他们方便地与同伴进行交往，与他人保持联系。

最后，青少年要求更多的自主和自立，他们要逐步形成个体化的自我，追求大的成就，迫切希望展示他们的成功和领导能力。很多青少年将互联网当成体验成功和展现自我的平台(Iakushina，2002)。

青少年喜欢浏览学校的网页，这也折射出青少年上网的另外一个动机：同伴的生活比起成人所做的事情更让他们感兴趣。而互联网本身的一些特点，如丰富的色彩、多媒体的融合，以及信息获取的快捷性恰好满足了青少年的这些需要。

在此令人感兴趣的是，青少年的自我中心与其上网的心理行为特点有何关系。

## 二、自我中心的表现独树一帜

### (一)自我中心体现为假想观众和个人神话

关于青少年的自我中心，"假想观众"和"个人神话"这两个截然不同但又有联系的概念对此进行了描述（Elkind，1967；Goossens et al.，2002）。

"假想观众"指的是青少年认为每个人都像他们那样对自己的行为特别关注。这一信念导致了过高的自我意识、对他人想法的过分关注，以及在真实的和假想的情境中去预期他人反应的倾向。"个人神话"指的是青少年相信他们自己是独一无二的、无懈可击的、无所不能的。

关于自我中心的新视点理论对此有较新的看法。青少年对自我认同的探索被认为解释了其看似自我中心的思维过程，特别是解释了假想观众的建构过程。当青少年开始质问自己是谁、要怎样适应社会以及应该为自己的生活做点什么的时候，青少年的自我意识就增强了，他们也开始关心别人对他们的看法了。

新视点理论（Lapsley，1991；1993）并没有把假想观众和个人神话与逻辑思维或一般的认知发展相联系，与之相联系的两个观念是：①社会认知的发展；②分离—个体化的过程。

青少年开始发展自我认同时，初期可能会以对他人的观察为个体化和自我认同发展的参照。对自我认同发展过程的自我关注和社会要求，可能会导致青少年混淆自己所关注的东西与他人所关注的东西。与那些不关心自我认同的人相比，纠缠于各种自我认同问题的青少年可能会有比较强的假想观众的敏感性，自我认同危机的经验往往伴随着更强的假想观众观念的建构（Vartanian & Saarnio，1995）。

新视点理论指出，假想观众和个人神话有助于青少年从心理上脱离父母。假想观众和个人神话的观念建构都不完全是自我中心本身；事实上，假想观众的观念建构仅仅是关于人际交往和人际情境中的自我的白日梦倾向。

分离—个体化作为青少年期的发展任务，也是个体获得成熟的自我认同感必须迈出的一步。其目的在于建立家庭关系之外的自我的同时，保持一种与家庭成员的亲近感。在分离—个体化过程发生时，假想观众和个人神话的观念建构有助于分离—个体化过程的推进。当这一过程向前迈进时，青少年会越来越关注与非家庭成员的关系，并且开始思考或者想象自己在各种社会性情境或者人际情境中的样子。在这些情境中，他们是注意的焦点。当他们重新评估和建构与父母的关系时，这种人际倾向的白日梦让他们能够维持一种与他人的亲近感。对独一无二、无懈可击、无所不能的强调（进行个人神话的观念建构），有助于青少年构思独立的自我，即脱离家庭纽带的自我。

## （二）自我中心与行为问题如影随形

假想观众和个人神话常常被用来解释成人所关注的青少年的大量典型行为，其反映的思维模式似乎抓住并解释了与青少年早期相联系的典型感受和行为。

首先，自我中心与冒险行为有关。差不多每种类型的冒险行为，青少年都有参与（Arnett，1992）。虽然大多数青少年都能准确认识到风险所在，但是，他们在决策的时候经常对此不屑一顾，而自我中心可能就是原因之一。青少年可能会相信自己对那些发生在别人身上的冒险行为的后果具有免疫力（Arnett，1990）。

个人神话中的独一无二对青少年冒险行为的态度具有很强的预测作用，并且假想观众能够很好地预测主观标准。个人神话与青少年对回避冒险行为的态度之间呈反向关系（Greene et al.，1996）。假想观众和个人神话能够有效地预测青少年是否会采取能够减少自己冒险行为的方式（Greene et al.，1996）。个人神话，尤其是其中的无懈可击，与青少年感知到的易感性、避免冒险行为的意图以及主观标准等的相关是反向的。

假想观众对行为也有影响，高假想观众的表现与更明显的服从他人的倾向相联系，这可能会对行为有正面的影响。如果较高的个人神话表现与较高的感觉寻求的表现融合，则能够解释大多数的青少年冒险行为（Greene et al.，2000）。

其次，自我中心与内化问题有关。在青少年的成长过程中，他们会经历分离—个体化过程；就此来看，假想观众与亲近感相联系，而个人神话与分离相联系（Lapsley，1993）。假想观众反映的是与丧失联系有关的焦虑，而个人神话的观念建构则对分离焦虑有一种缓冲作用。换言之，建构了假想观众的青少年体验着正常的分离焦虑，但是，恰恰又是这些观念建构补偿了这种联系的丧失。相比之下，个人神话观念则是对这种焦虑以及相关的消极情绪状态的防御性否认。从这种意义上来讲，个人神话观念是一种根本的防御机制，可以使青少年避免消极的情绪体验。

青少年的假想观众和对自己独一无二的信念，与心理压力有着直接的联系，而他们对无懈可击和无所不能的感受与其心理压力水平呈负相关（Docherty & Lapsley，1995）。无懈可击和无所不能的高分数与青少年低水平的抑郁和孤独感相联系（Goossens et al.，2002）。

## 三、分离—个体化促青少年独立

### （一）分离—个体化可促进青少年自我独立

分离—个体化到底指的是什么呢？其基本特点又有何表现呢？

分离—个体化过程包含分离与个体化两个方面。"分离"是指个体一开始与母亲有共生关系之后的分离过程；"个体化"是个体形成自我特质的过程。这两个过程是互补的，但又是非常明显的不同的发展过程。

分离—个体化是一种与父母分离而形成的自我感（Quintana & Kerr，1993；Allen & Stoltenberg，1995）。最初有研究者（Mahler & Pine）认为它是一种自我的发展过程，儿童会逐渐形成自己与他人的界限（分离）以及内部心理表征，这促进了他们在生命头 36 个月的独立和个体化。幼儿期的分离—个体化障碍可能会对终身的心理社会机能具有消极影响，导致特质性的和关系性的机能障碍。但是，分离—个体化不是一个在婴儿期结束时就完成了的过程，青少年会出现第二次分离—个体化过程，它反映了青少年期社会关系的重大变化，是青少年期的重要发展任务。

有研究者提出青少年需要进行心理重构，这会导致他们形成成人的自我感。年轻成年人的任务是从父母提供的身份确认中区分出自我形象，并在一个彼此确认的关系背景下以一种独立的地位建立这种自我形象。第二次分离—个体化过程主要是处理青少年与其家庭的关系，特别是处理与父母（或重要照顾者）的关系。个体通过分离—个体化经验获得的成长和进步程度，会决定其成年人格和社会关系的健康水平。具体来说就是，个体学习掌握控制人际关系中的亲密感和距离的能力可能与很多心理社会性结果有关，包括自尊、家庭关系的质量、同伴关系、抑郁和焦虑的水平等（Holmbeck & Leake，1999）。

有研究者认为，分离和自我认同发展是两个过程，这两个过程是同时进行的，与父母的分离并不是青少年个体化过程的前提条件（Meeus et al.，2005）。

## （二）分离—个体化可引发青少年的发展问题

首先，分离—个体化与青少年的情绪情感问题有关。在分离—个体化过程中，青少年从父母那里得到的支持减少，同时面临更多的问题和压力，他们的情绪随之受到影响。有研究表明，那些在分离—个体化过程中有更多不良体验（如分离焦虑、拒绝依赖等）的青少年更加焦虑、抑郁、敏感和易怒，而那些对分离—个体化具有适应性体验（如健康分离、健康卷入等）的青少年会更加友好、冷静和乐于交往，他们的焦虑和抑郁水平相对较低（Holmbeck & Leake，1999）。研究者发现大学生的情绪调节能力和病理性的分离—个体化存在显著相关（Lapsley & Edgerton，2002）。

其次，分离—个体化与青少年的问题行为也有关。很多临床心理学家认为，从分离—个体化过程入手，有助于理解诸如饮食障碍、酗酒这样的青少年问题行为。有研究者总结认为，饮食障碍者的认知和行为表现可能与女性和父母的分离存在困难有关（Strober & Humphrey，1987）。厌食女性的家庭往往不太注重家庭成员之间的界限，鼓励相互依赖，孩子对于父母往往过度依赖，当面对个体化的任务时他们可能会把注意力集中在饮食和体重上，以此来获得一种控制感和自我力量（Meyer & Russell，1998）。

青少年的酗酒行为引发了很多人的关注，一些研究发现青少年酗酒和他们在青春期面临的与父母心理上的分离和个体化形成有一定的关系。在个体化期间，他们与家庭的冲突是其酗酒的原因之一。随着年龄的增长，他们有与父母分离的需要，从父母那里得到的支持减少，同时个体化带来的外界压力增大，酗酒成为他们面对压力时的一种回避性的应对方式（Getz & Bray，2005）。

## 四、自我中心可助分离—个体化

分离—个体化与青少年的自我中心之间的关系是怎样的？

分离—个体化是青少年面临的一大问题，在这个过程中，青少年的自我意识水平和公众个体化水平提高，同时可能会经历更多的社会焦虑。这期间青少年一方面希望脱离父母的保护和监督而变得独立，另一方面又希望同父母保持情感上的联系。假想观众和个人神话这两种观念正反映了青少年与父母亲密和分离的过程，对分离—个体化过程起着调节作用。

当青少年假想出一些观众时，他们相信其他人对自己是关注的，这有助于他们脱离父母建立一些家庭之外的关系，同时又不会感到过度的分离焦虑。而个人神话观念使得他们更有勇气去进行自我表达，提高个体化水平（Goossens et al.，2002；Lapsley，1993；Lapsley & Rice，1988；Vartanian，1997）。一些研究表明假想观众和亲密感呈正相关（Rycek et al.，1998），而个人神话观念的无懈可击和无所不能成分与亲密感呈负相关（Peterson & Roscoe，1991），同时无所不能成分与健康的个体化存在一定的正相关（Goossens et al.，2002）。

总之，在青少年的分离—个体化过程中，假想观众可以缓解青少年的分离焦虑，让它趋向一种正常、适度的状态。个人神话作为一种防御性的观念，使青少年在分离过程中避免或尽量少地体验到相关的负性情绪（Goossens et al.，2002；Lapsley，1993；Lapsley & Rice，1988；Vartanian，1997；Rycek et al.，1998；Peterson & Roscoe，1991）。这两个概念在早期的自我中心理论中被认为是扭曲的、错误的，但在分离—个体化过程中被赋予了积极的意义，因此分离—个体化成为解释假想观众观念和个人神话观念产生的新视点理论。它们被看作青少年分离—个体化过程所衍生的特殊心理特点，具有防御和补偿的心理机能，对分离—个体化过程中的青少年有着重要的影响。

# 第二节　上网特点与对策

## 一、假想观众更易促发网络成瘾

我们考察了青少年的假想观众观念、个人神话观念、互联网社交服务使用偏好与网络成瘾的关系（郭菲，雷雳，2007），结果表明：青少年的互联网社交服务使用偏好与网络成瘾存在显著相关；假想观众观念和个人神话观念与其互联网社交服务使用偏好存在显著相关；假想观众观念与网络成瘾存在显著相关。这说明假想观众观念和个人神话观念对于青少年的互联网社交服务使用偏好与网络成瘾可能有一定的预测作用。

在相关分析的基础上，进一步探索假想观众观念和个人神话观念与互联网社交服务使用偏好及网络成瘾之间的关系，研究假设青少年的假想观众观念和互联网社交服务使用偏好对网络成瘾有直接的预测作用，而个人神话观念通过互联网社交服务使用偏好间接预测网络成瘾。经检验发现建构的模型（见图 6-1）与数据非常吻合。

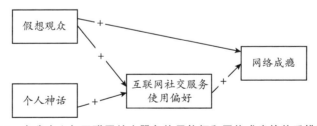

**图 6-1　自我中心与互联网社交服务使用偏好和网络成瘾的关系模型一**

根据模型一的结果，同时考虑到个人神话是一种多成分的观念，且每种成分与青少年心理和行为发展的关系不尽相同，我们将其分解为三种成分建构模型，也许会使研究结果更加深入，如图 6-2 所示。

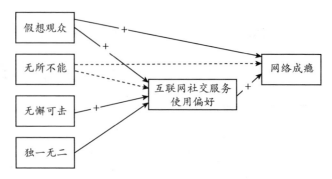

**图 6-2 自我中心与互联网社交服务使用偏好和网络成瘾的关系模型二**

从图 6-1 和图 6-2 中可以看出：①青少年的假想观众观念对网络成瘾有显著的直接正向作用。个人神话观念及其无懈可击、独一无二两种成分对网络成瘾没有影响，无所不能成分的直接影响比较微弱，没有达到显著性水平。也就是说，个人神话观念及其各成分不能直接预测网络成瘾，而假想观众观念可以作为青少年网络成瘾的预测指标，假想观众观念越强的青少年更有可能沉迷于网络、有更高的网络成瘾水平。

②互联网社交服务使用偏好对网络成瘾有直接的正向作用，青少年越是喜欢或更多地进行网上社交活动，就越可能导致高水平的网络成瘾。

③假想观众观念通过互联网社交服务使用偏好间接地影响网络成瘾水平，即假想观众观念越强的青少年越倾向于进行网上的社交活动；同样，个人神话观念中的无懈可击成分也可以通过互联网社交服务使用偏好对网络成瘾水平起间接的作用，即无懈可击观念强的青少年更可能喜欢网上社交活动。

如前所述，假想观众和个人神话是青少年在成长过程中出现的独特观念，它们可能与很多青少年的偏差行为（如吸烟、酗酒、冒险行为等）有关。本研究发现这两种观念特别是假想观众观念对青少年的互联网社交服务使用偏好和网络成瘾有显著的预测作用。假想观众观念是自我意识提升的标志。在社会化过程中，假想观众为青少年提供行为的参照，帮助他们树立自我形象。同时，它可能会给青少年带来某种负面信息，他们会因为时时感到被评价而对自己的言行举止过分关注，因此在现实的交往中倍感压力，他们对同学的取笑和嘲讽可能更为敏感。而网上社交的匿名性和隐形性可能使他们感觉更加安全，因此这样的倾诉和沟通途径更容易得到他们的青睐，也使他们更加喜欢互联网上的社交活动，逐渐产生依赖，从而导致网络成瘾。

个人神话观念使青少年感觉自己是独一无二而又无所不能、无懈可击的，因此可能使他们认为周围的人无法理解他们，而互联网这种没有年龄、地位界限的空间也许会更加吸引他们。在对个人神话观念的研究中，由于与冒险行为等的密切关系，无懈可击成为一种被特别关注的成分。在模型中，无懈可击通过互联网社交服务使用偏好间接地影响网络成瘾。无懈可击观念强的青少年往往会高估自己的能力，并且认为自己对不好的事有天生的防御能力。因此，他们更乐于冒险，更加无视在网上与陌生人交往的风险，更乐于在互联网的社交活动中寻求快乐。在个人神话观念下，互联网提供的这种充满挑战和变化的社交方式容易让青少年得到满足，从而对互联网产生一定的依赖。

值得注意的是，假想观众和个人神话观念是处于分离—个体化阶段的青少年应对分离焦虑、发展新的自我的防御机制，假想观众观念使青少年能够更好地适应新的社会角色，而个人神话观念有助于青少年在家庭关系之外发展个性，建立新的自我。如果这些观念太强，它们也可能成为青少年一些不当行为的驱动力。

就青少年的网络成瘾而言，假想观众和个人神话观念之所以与青少年的网络成瘾有关，与他们现实人际关系的不尽如人意有一定的关系。过强的假想观众和个人神话观念往往与缺乏父母的情感支持和交流以及高的分离焦虑有关，良好的父母支持和家庭环境有助于减弱这样的观念。

发展家庭以外的关系是青少年期的重要社会化任务，与同学、同伴的良好关系也可以帮助青少年克服随着年龄的增长与家庭成员关系疏远而产生的无助感，减弱分离焦虑，使他们不至于沉迷于网络世界的人际交往去寻求情感的依托，也可以使他们意识到自己和同学间的共通性，减弱无懈可击观念带来的孤独和压抑感。总之，良好的家庭关系和同伴关系可以使他们感受到更多来自现实的支持，平衡他们的假想观众和个人神话观念，从而降低其网络成瘾的风险。

有研究者曾指出，互联网使用是成瘾的还是非成瘾的，关键取决于用户的个人因素和对互联网使用的态度（Lanthier & Windham，2004）。我们的研究支持了这种观点，假想观众观念和个人神话观念作为青少年特有的个人特征，可以和青少年的互联网社交服务使用偏好共同预测其网络成瘾水平。

## 二、分离—个体化可助推网络成瘾

我们考察了青少年的假想观众观念与互联网娱乐服务使用偏好、网络成瘾、分离—个体化的关系。结果表明，互联网娱乐服务使用偏好与网络成瘾存在显著相关；分离—个体化的 9 种成分中有 5 种与互联网娱乐服务使用偏好显著相关，6 种与网络成瘾显著相关；假想观众观念和网络成瘾显著相关。这说明分离—个体化和假想观众观念对青少年的互联网娱乐服务使用偏好和网络成瘾可能有一定的预测作用。

为了进一步探索分离—个体化过程中对网络成瘾预测力较高的 4 种成分和假想观众观念与互联网娱乐服务使用偏好同网络成瘾之间的关系，本研究使用结构方程模型对数据与假设模型的拟合程度进行了检验，得到了与数据吻合得更好的模型（见图 6-3）。

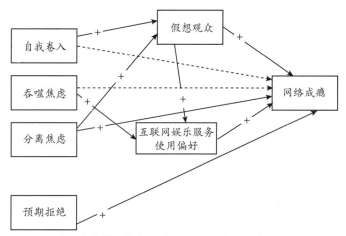

**图 6-3　分离—个体化、假想观众观念与互联网娱乐服务使用偏好和网络成瘾的关系①**

从图 6-3 中可以看出：①青少年分离—个体化过程中的分离焦虑和预期拒绝，以及假想观众观念、互联网娱乐服务使用偏好对其网络成瘾有显著的直接正向预测作用。而分离—个体化过程中的自我卷入和吞噬焦虑对网络成瘾的正向预测未达到显著性水平。也就是说，在青少年的分离—个体化过程中，如果他们体验到高水平的与重要他人特别是父母的分离，那么他们更容易沉迷于网络。同样，如果他们倾向于预期被其他人拒绝和否定，也更容易形成高水平的网络成瘾。在此过程中，青少年如果具有高水平的假想观众观念和互联网娱乐服务使用偏好，也更容易形成高水平的网络成瘾。

②分离—个体化过程中的自我卷入和分离焦虑可以通过假想观众

---

① 分离—个体化各维度的含义如下。①"分离焦虑"，描述个体对与重要他人的情感和肉体联系丧失的强烈恐惧。②"自我卷入"，是一种个体对自己的过高估计和关注。③"吞噬焦虑"，认为亲密感是一种封闭性的卷入，父母的过度关注对独立感是一种威胁。④"老师纠结"，反映对自我和他人界限的混乱，对老师强烈的依恋。⑤"同伴纠结"，反映对自我和他人界限的混乱，对同伴强烈的依恋。⑥第六个因素又包含四个维度："拒绝依赖"，反映个体对人际联系的拒绝或逃避；"预期拒绝"，是对重要他人有一种无情和敌意的预期感觉；"健康分离"，是个体在亲密关系的背景下达成的依赖和自主的平衡；"老师理想化"，是青少年对教师的一种理想化。

观念间接地预测网络成瘾；自我卷入和分离焦虑对假想观众观念有着显著的正向作用，即那些对自己非常关注并评价很高，同时体验到高水平分离的青少年，其假想观众观念越强，也就更容易导致高水平的网络成瘾。

③分离—个体化过程中的吞噬焦虑可以通过青少年互联网娱乐服务使用偏好间接预测网络成瘾，青少年的吞噬焦虑对其互联网娱乐服务使用偏好有显著的正向预测作用，并通过互联网娱乐服务使用偏好间接预测网络成瘾，即越感到被父母过度控制，独立感受到威胁的青少年越倾向于喜欢网上娱乐，从而导致高水平的网络成瘾。

分离—个体化是青少年的重要发展任务，这期间青少年的自我意识增强，与重要他人的关系发生重大变化，一方面他们希望脱离父母的保护和监督而变得独立，另一方面又希望同父母保持情感上的联系，同时还要努力发展家庭以外的其他社会关系。本研究发现在分离—个体化过程中分离焦虑和预期拒绝可以直接预测青少年的网络成瘾水平。分离焦虑反映出青少年在自我成长和发展的过程中，因与重要他人、家庭成员特别是父母的情感距离变大、支持减少而感受到的强烈恐惧。而预期拒绝是青少年预期他人对他们是敌意、否定、不接纳的。青少年对人际互动的敏感性增强，而人际关系的质量又与他们的身心发展关系密切。分离焦虑和预期拒绝体现了青少年对实际或预料的亲密人际关系纽带丧失的一种恐惧，高水平的分离焦虑和预期拒绝使他们在现实生活中感受到的社会支持少而又充满焦虑。因此，当面对互联网这样巨大的虚拟空间时，他们更可能投入其中，寻求支持和缓解现实的焦虑，从而导致高水平的网络成瘾。

此外，本研究还发现，分离—个体化过程中的吞噬焦虑可以通过青少年互联网娱乐服务使用偏好间接预测网络成瘾。吞噬焦虑反映出由于父母的过度控制和保护，青少年的自我和个性受到威胁的感觉。随着年龄的增长，青少年有了更多的自主意识，当他们感到被父母过度控制和限制时，他们的独立感会受到威胁，在过于亲密的关系中丧失了自我，这甚至会使他们感到窒息，迫切寻求解脱。在父母那里受到过分的限制，感觉压抑却无法在现实中得到排解，这时网上娱乐就成为青少年放松和发泄的一个重要渠道，而长此以往青少年便容易产生对互联网的过分沉溺，导致高水平的网络成瘾。

本研究发现假想观众观念对青少年的互联网娱乐服务使用偏好和网络成瘾有一定的预测作用，分离—个体化过程中的自我卷入和分离焦虑也可以通过假想观众观念间接预测网络成瘾。假想观众观念使得青少年感觉自己像演员处于舞台中心一样，是别人注意的焦点，他们认为自己可以得到别人羡慕的目光。在互联网娱乐中尤其是网络游戏中，他们可以按照自己的喜好扮演不同的角色，成为这个虚拟世界中更广泛群体的注意中心，从而对网络游戏有更强的偏爱。

过高水平的假想观众观念可能会给他们带来某种负面信息，他们会因为时时感到被评价而对自己的言行举止过分关注，因此在现实的交往中倍感压力。而目前很多网络游戏是交互性的，即与网上社交近似，玩家可以在娱乐的同时相互交流，这种交流是匿名和隐形的，这可能会使青少年感觉网上的观众更加宽容。即使他们在网上娱乐时感受到了来自网上假想观众的压力，也更容易应对或抽身而退，因此他们可能更加喜欢徜徉于这样无限广阔、充满刺激而又有较少束缚的虚拟世界，从而逐渐产生依赖的感觉，导致更高的网络成瘾水平。

分离—个体化过程中的自我卷入和分离焦虑可以通过假想观众观念间接预测网络成瘾。假想观众观念的产生是分离—个体化过程中青少年的防御机制，青少年认为自己是他人关注的焦点的这种想法可以缓解他们逐渐独立、与父母分离过程中的焦虑。本研究似乎可以支持这样的观点。自我卷入体现了青少年对自己过高的估计和过分的关注，他们更倾向于用一些假想的观众来支持自己的重要地位。分离焦虑这种由于与重要他人尤其是父母分离产生的恐惧感，可以通过假想观众对自己的关注而得到缓解。这两个方面通过假想观众观念间接地使青少年对互联网产生依赖。

通过对青少年分离—个体化、假想观众观念和互联网娱乐服务使用偏好以及网络成瘾的关系探讨，我们可以看到，青少年是网络成瘾的易感人群，这与他们所处的发展阶段和特有的心理现象可能存在一定的关系。在感觉和预期自己被别人（父母、同伴）抛弃（分离焦虑）或敌视（预期拒绝）时，互联网所提供的巨大交往空间可能会给他们提供在现实中得不到的支持。他们的自我意识提高，更重视自主和自由，父母过度的保护和压制让他们倍感压力（吞噬焦虑），互联网这样一个色彩丰富、充满视觉刺激的娱乐世界成为他们缓解压力的地方。随着对自己的关注度增强，他们对自己的过高评价和关注（自我卷入）也让他们觉得自己是其他人关注的焦点，互联网这个无限宽广的世界可以使假想观众的范围迅速扩展、数量迅速增加。

总之，在分离—个体化过程中，青少年面临着与重要他人，尤其是父母的关系纽带变得松散的考验，也面临着自我意识提升、独立自我形成的考验。这期间他们一方面希望与父母和他人保持一定的距离，另一方面又为这种距离的产生而感到忐忑不安。这样的矛盾造成的混乱使他们更容易沉迷于网上娱乐活动，容易成为成瘾者。

## 拓展阅读

### 为什么有人喜欢在网上秀恩爱？

试想你上一次在脸书上看到的一些情侣，他们将自己和女朋友（或男朋友）的照片发布在网上或者在更新的状态中声称自己有最好的女朋友（或男朋友）。还有一些情侣，尽管你知道他们有恋人，却从不在脸书上发布有关恋爱的状态和合照，也许从不会提到他们的恋爱关系。

我和我的同事对其原因很感兴趣。为什么一些人会发布他们和恋人的合照，而另一些人不会分享任何与恋爱有关的信息？我们检验了一个变量：关系可见性。当人们试图将恋爱关系纳入自身形象的中心部分，并传达给他人的时候，关系可见性就出现了。根据印象管理理论，人们通过自己与世界分享的个人形象来影响他人对自己的感知(Leary & Kowalski，1990)。例如，一个大学生穿着校服，可能使其他人感到他对学校有着自豪感，或者大学生这个角色是他身份的重要部分。我们想知道印象管理是否会影响恋爱关系可见性。脸书似乎是研究这个问题的好地方，因为在脸书上能够轻易识别几种类型的关系可见性。例如，主页照片、状态更新和是否对其他用户表露自己在恋爱都可以显示恋爱关系可见性。

以往研究表明，发布主页照片(代表伴侣两人关系的照片)的人对他们的关系更满意(Saslow et al.，2013)。然而，我们感兴趣的是个体差异是否是导致恋爱关系可见性的原因。我们推测依恋类型是其中的决定性因素。依恋从两个相区别的维度(焦虑维度和回避维度)描述了它如何影响人们在恋爱关系中的行为和思维(Collins & Allard，2001)。在焦虑维度上得分较高的人对自己有着消极的看法，担心伴侣会抛弃自己。我们预期在焦虑维度上得分高的人更期望他们的恋爱关系被人所知，而在回避维度上得分高的人恰好相反。

在第一个研究中，我们发现焦虑型依恋的个体更希望他们的恋爱关系在脸书上可见，而回避型依恋的个体并非如此。回避型依恋的个体更少在脸书上发布恋爱关系的状态和照片。我们同时也探讨了这种差异背后的动机。焦虑型依恋的个体认为他人知道恋爱关系后会对自己的评价更高，回避型依恋的个体则认为他人知道恋爱关系后会对自己的评价更低。焦虑型依恋和回避型依恋的个体都担心他人认为他们的恋爱关系不稳定、不幸福。但是这种担心会使得焦虑型依恋的个体希望关系可见，回避型依恋的个体希望关系不可见。

在第二个研究中，我们通过实验检验了依恋和恋爱关系可见性的关系。我们诱发被试感受到焦虑型依恋或回避型依恋，诱发方法是分别让被试想象他们的恋人犹豫地接近他们或他们犹豫地去接近自己的恋人。那些焦虑型依恋的个体表现出高的渴望关系可见的愿望，回避型依恋的个体则表现出低的渴望关系可见的愿望。这个研究结果表明，不同类型的依恋能够影响渴望关系可见的程度。

在第三个研究中，我们招募了一些情侣完成"日常记录"（连续两周的在线调查）。结果发现，回避型依恋的个体有更低的关系可见性（他们在脸书上发表更少的状态和照片）。我们还发现，人们日常情绪的变化也会影响脸书的发布状况。当他们感到对恋爱关系没有安全感的时候，他们会在脸书上发布更多有关恋爱关系的信息。

所以，当下一次你看到脸书上有人秀恩爱时，思考一下为什么他们会这么做，并不是每一个使自己恋爱关系可见的人都是没有安全感的（发布伴侣照片的人有更高的关系满意度，Saslow et al.，2013）。但是人们如何看待他们的伴侣和恋爱关系，无论是好是坏，都可能会对关系可见性产生影响。

作者：莉迪亚·埃默里（Lydia Emery）

译者：牛璐、雷霁

## 三、总结

### (一)研究结论

综上所述，通过对青少年的自我中心与上网关系的研究，我们可以得出以下结论。

①假想观众观念对青少年的网络成瘾有直接的正向预测作用，即越是觉得周围人对自己的行为非常关注的青少年，其网络成瘾的可能性越大。

②假想观众观念和个人神话观念中的无懈可击成分通过互联网社交服务使用偏好间接地影响青少年的网络成瘾水平，即越是觉得周围人对自己的行为非常关注，并觉得自己对不好的事具有先天免疫力的青少年，更可能因为热衷于网络社交而网络成瘾。

③分离—个体化过程中的分离焦虑和预期拒绝对青少年的网络成瘾有直接的正向预测作用，即越是害怕与重要他人失去联系的青少年，以及认为重要他人会对自己表现出无情和拒绝的青少年，越可能网络成瘾。

④分离—个体化过程中的吞噬焦虑通过互联网娱乐服务使用偏好间接预测网络成瘾，即感到父母对自己过度关注，威胁到自己的独立性的青少年，更可能热衷于网络娱乐而网络成瘾。

⑤分离—个体化过程中的分离焦虑和自我卷入通过假想观众观念间接预测青少年的网络成瘾水平，即越是害怕与重要他人失去联系的青少年，以及对自己过高估计和关注的青少年，就可能觉得周围人对自己的行为非常关注，继而导致网络成瘾。

## (二)对策建议

随着互联网技术的普及，互联网用户呈现低龄化趋势，青少年网民的比例和人数都在逐年增加，青少年已经是使用互联网的重要群体之一，沉迷于网络的现象也日趋严重。依据本研究的发现，我们认为青少年所处的特定发展阶段、面临的特定发展任务、分离—个体化以及假想观众观念这样特殊的心理特点，是引发青少年不健康的互联网使用的潜在因素，这无疑增加了他们网络成瘾的风险。然而，互联网使用的潮流不可阻挡，青少年掌握互联网技术是时代的需要，如果我们一味地阻止无异于因噎废食。

因此，在青少年身心发展的特殊时期，家长、学校和教师除了关注他们的学习成绩之外，也应关心他们对于发展人际关系的需要，重视那些特殊的心理现象。特别是在分离—个体化过程中，青少年会感到来自家庭的支持减少，产生与家长分离的焦虑。

　　同时，这一阶段青少年的自我意识提升，自主意识增强，过分的控制又会使他们感到压抑和困扰，因此家长更有义务在一种平等的身份下给予孩子更多的关注和支持，在他们需要扩展家庭外的社会关系的这个阶段，学校和老师也有责任帮助他们创建和谐、互助、宽容的学校和班级环境。

　　青少年对亲子关系的期望反映在三个方面。一是亲近感，也就是说，让孩子感受到在父母和孩子之间有温情的、稳定的、充满爱意的联系。二是心理自主，让孩子有提出意见的自由、隐私自由、为自己做决定的自由。三是监控，孩子也希望父母对自己有所监控，而不是放任自流，成功的父母会监控和督导孩子的行为，制定约束行为的规矩。这样一来，青少年在成长和发展中可能感受到的分离焦虑、吞噬焦虑，以及他们对自我的过分关注等都可能减弱，他们更可能在现实社会解决自己的成长问题，而不是选择沉迷于互联网的虚拟空间。

# 第七章　青少年的自我与上网

**开脑思考**

1. 青少年期是自我探索的关键时期，在网络中人物的视觉匿名、身份可塑等特点为青少年的自我探索提供了不同的途径。这种虚拟的途径真的有利于他们自我的发展吗？

2. 青少年在网络空间中建构的自我可能是真实的，抑或是虚假的，这两者之间有什么样的联系？会造成青少年的"人格分裂"吗？

**关键术语**

虚拟自我，网络交往，自我表现策略，自我认同，网络成瘾

## 第一节　问题缘起与背景

### 一、网络是青少年表现自我的新舞台

为什么要探讨青少年上网与其自我发展之间的关系呢？这一问题的背景又是怎样的呢？

随着人类进入 21 世纪，互联网技术得到了飞速发展，它正在改变我们的生活方式。青少年已经成为重要的互联网使用者。同时，由于青少年自身的发展特点，他们还没有形成一个稳定的自我，因此互联网的使用势必对其产生影响。

网络虚拟环境是一个理想的自我表现平台(Iakushina，2002)，人们在其中可以摆脱现实世界的束缚，随心所欲地扮演自己喜欢的角色。互联网发展史上一个非常著名的关于角色扮演的案例发生在美国的心理治疗师阿莱克斯身上，他在互联网上把自己伪装成一个女性，由于很容易取得女性的信任，他又设计了一个新的性格人物"琼"(Joan)。这个"琼"被设计为残疾人，却有着坚强的性格，女性聊天者蜂拥而至(华莱士，2000)，但是她们不知道琼其实是一个身体健康的男性。

互联网上的角色扮演行为很多，而且还有专门的角色扮演游戏给使用者提供一个角色扮演的舞台，个体可以在角色扮演游戏中伪装成另外一个与现实中的"我"并不相同的"我"，即虚拟自我。互联网自身的特点经常诱使人们进行角色扮演，构建另外一个虚拟的自我。一些互联网使用者的虚拟自我与现实自我非常接近，只不过是把某些方面稍加修饰，变成自己所希望的性格；而其他一些互联网使用者则是在印象驾驭和欺骗之间跳跃，伪装成另外一个人，伪装出新的人格特点。

"在互联网上没有人知道我是内向的"(Amichai-Hamburger，Wainapel，& Fox，2002)，说明了虚拟自我的存在，这是不同于现实生活中的"我"的另一个"我"。关于互联网上的"我"目前还没有一个统一的概念，有人称之为网络双重人格(彭晶晶，黄幼民，2004；彭文波，徐陶，2002)，也有人称之为"网络自我"(Robinson，2007；Waskul & Douglass，1997)或者"虚拟自我"(苏国红，2002)，还有人称之为"自我认同实验"(Valkenburg，Schouten，& Peter，2005)。从这些不同的概念中我们可以看到，虽然其所指范围不同，但都是指不同于现实生活中的"我"。

我们可以认为，虚拟自我具有以下特点：首先是虚拟性，它不同于现实生活中的"我"，可能部分是真实的，也可能是完全虚构的；其次是主动性，它是个体在互联网世界中通过文本主动构建出来的，是个体的主动选择。

　　综合以往关于虚拟自我的研究以及虚拟自我的特点，我们认为，虚拟自我是个体在互联网这个虚拟世界中主动构建的一个"我"，这个"我"可能是与现实世界中的"我"完全不同的，也可能是以现实世界中的"我"为脚本构建出来的在互联网世界中得到认可的"我"。

　　在此令人感兴趣的是，青少年上网与其自我的发展有何关系。

## 二、网络的特点让虚拟自我如鱼得水

　　互联网的哪些特点会对虚拟自我的表现产生影响呢？

　　互联网出现后，就成为一个心理实验室（Skitka & Sargis，2006），为人们提供了一个与现实生活环境完全不同的理想的自我表现平台（Iakushina，2002）。瓦尔肯堡、斯考滕和彼得以 9～18 岁的青少年为研究对象进行调查发现，在使用聊天室和即时通信服务的青少年中，50％的人报告在互联网上进行过自我认同实验，伪装成另外一个人（Valkenburg，Schouten，& Peter，2005）。格罗斯进行的研究同样发现，大量的青少年在互联网上进行角色扮演（Gross，2004）。这些研究在不同程度上都说明了互联网促进了不同于现实的虚拟自我的存在。

　　网络虚拟世界的匿名性、视觉和听觉线索的缺失、去抑制性等特点激发了一系列五花八门的角色扮演、半真半假和夸大的游戏（华莱士，2000），促进了虚拟自我的出现。

### （一）互联网的匿名性可让人"神出鬼没"

　　匿名性是互联网的一个显著特点，也是虚拟自我存在的一个重要前提条件。因为互联网的匿名性，人们会表现出他们在现实生活中不会表现出来的一面（Niemz，Griffiths，& Banyard，2005）。

　　匿名性指其他人不能识别个体（Christopherson，2006）。海恩和赖斯认为匿名性有两个含义：一方面是技术性匿名，指有意义的身份线索的缺失；另一方面是社会性匿名，指感知到自己或者他人是不可被识别的。个体只有感觉到自己是不可被识别的，才可能有勇气构建与现实生活中不同的虚拟自我（Hayne & Rice，1997）。

互联网的匿名性给人们提供了一个探索自我的实验室，使个体能够在互联网上共享自我的不同方面，也不用付出很大的代价和面临被识别的危险（Amichai-Hamburger & Furnham，2007；Bargh & Mckenna，2004），不用担心受到现实生活中其他人的批评（Bargh，McKenna，& Fitasimons，2002）。

互联网的匿名性改变了自我表现的可验证性，改变了成功的自我表现的影响因素。在这个虚拟世界中，由于身份线索的缺失，验证性消失了，个体在进行自我表现的时候只需要考虑收益，就可以尽情地展示自己，没有界限地构建自己希望的形象，这为虚拟自我的出现提供了条件。而且，当自我表现的结果没有达到预期时，个体可以很容易地换一个新的角色，如改变网名就可以很容易地让一个网络角色消失（Calvert，2002）。

### (二)视觉线索的缺失可让人从容自如

虚拟世界中视觉线索的缺失也是互联网匿名性的一个特点，但是它还有另外一层含义，即非言语线索和生理外表线索的缺失。沟通过程中非言语线索的缺失，可以使社交焦虑的个体免于焦虑，因此他们在互联网上会表现出另外一个完全不同的"我"。而生理外表线索的缺失，可以使生理外表上有污名的个体便于摆脱现实生活中的污名影响，更好地表现自己。

尽管在现实生活中个体可以努力地自我表现，构建自己想要建立的社会形象，但是由于受到生理外表的限制，会受到一定的影响。而在视觉线索缺失的互联网世界中就不同了，个体可以摆脱生理外表的限制，完全隐藏个体的生理外表（Christopherson，2006），隐藏不想表露的生理特征（Amichai-Hamburger & Furnham，2007），构建一个与现实中的自我完全不同的虚拟自我。

视觉线索的缺失对个体的另一种意义是相对于社交焦虑的个体而言的。视觉线索和非言语线索的缺失会导致人格感知的不准确，但同时这些特点也会被互联网使用者利用（Rouse & Haas，2003）。由于视觉线索是导致个体社交焦虑的一个重要原因，一些社交焦虑的个体害怕他人目光的注视，如果没有了他人关注的目光，他们也能很好地与人交流。因此，在视觉线索缺失的互联网环境中，他们可以放心地构建一个虚拟自我（Peter，Valkenburg，& Schouten，2006）。

### (三)互联网的去抑制性可让人"为所欲为"

罗杰斯认为，个体能够意识到他们在社交环境中是一种类型的人，同时也会保留一些与所属类型不同的、不能表达的特质和人际能力（如机智、不服从、攻击性等），这些特质是他们想要表达但是又不能表达的（Rogers，1951）。然而，在去抑制性显著的互联网上，所有这些都是可以表达的。

去抑制性是互联网的一个显著特点（Joinson，2001），也是互联网吸引人的一个重要方面。由于互联网的去抑制性，人们在互联网上所说的和所做的可能是他们在现实生活中不能说也不能做的（Niemz，Griffiths，& Banyard，2005）。如果个体在面对面的人际交往中表达消极的或者禁忌的东西，他可能会付出一定的代价（Bargh，McKenna，& Fitasimons，2002）。而在互联网这个虚拟世界中，这些可能都是不受限制的，这被称为"不良的去抑制性"。

互联网去抑制性的另一方面是"良性的去抑制性"。在互联网上，使用者能够更快地开放自己，更多地表露自己（Griffiths，2003），促进个体的自我表露，促进人际关系的发展。沃尔瑟（Walther，1996）提出的超人际交流理论就描述了互联网的这种去抑制效应。

### (四)互联网的非同步性可让人深思熟虑

互联网的世界是丰富多彩的，提供了种类繁多的服务功能，其中有些是非同步的（如电子邮件），有些是同步的（如即时通信）。但是这些同步的服务在使用者的使用过程中，也可以转化为非同步的。

在人际沟通中，个体可以主动地控制人际交往发生的过程，信息发送者可以有充分的时间思考、修改和回复他们的信息（Amichai-Hamburger & Furnham，2007），使这种服务由同步性转变为非同步性。通过这种方式，使用者可以很好地控制人际交往的节奏，有更多的时间可以充分地思考，构建自己期望的形象。沃尔瑟的研究发现，当人际沟通对象对个体有重要意义时，个体会花费更多的时间进行言语的修饰，会根据不同的交流对象调整自己的言语模式和言语的复杂性，这说明了在互联网上选择性自我表现的存在（Walther，2006）。

## 三、人格特点虽有异，虚拟自我却趋同

一个人的人格特点与其虚拟自我的表现之间会有何关系呢？

麦克纳和巴奇发现，对于那些认为自己在现实生活中的身份有污名的人来说，匿名的互联网为他们提供了一个与他人建立亲密关系的机会（McKenna & Bargh，2002），因为互联网上没有性别、种族、年龄、等级和外表的门槛限制（Niemz，Griffiths，& Banyard，2005），大家在互联网上都是平等的。由于一些人格特征在现实生活中是不受欢迎的，拥有这种人格特征的个体相当于被贴上了某种污名的标签，而在互联网这个平等的世界中，他的污名标签不见了。

有研究发现，内向的和神经质的个体把他的"真我"定位在互联网上，而外向的和非神经质的个体把他的"真我"定位在传统的面对面交流上（Amichai-Hamburger，Wainapel，& Fox，2002）。把"真我"定位在互联网上的个体，其人格特点中有许多方面是他的网友知道的，但是在现实生活中的朋友并不知道。如果让现实生活中的朋友知道他在互联网上的表现，他的朋友可能会感到吃惊——其在互联网上的表现与在现实生活中的表现大相径庭！

有研究发现，互联网使用者在互联网上较少表现出内向行为

（Chester，2004），在互联网上内外向人格之间的差异消失了，人们在互联网上的表现都有外向的人格特点。如果个体因为害羞或者不自信而在现实生活中很难发展亲密关系，那么他可以在互联网上表现他认为好的一面，以建立更多的人际关系，满足人际交往的需要（Niemz，Griffiths，& Banyard，2005）。劳斯和哈斯的研究发现，在人格感知中自评人格与网上行为之间的相关仅在外向性和恭维维度上相关显著，而行为与他评特质之间相关显著（Rouse & Haas，2003）。

彼得、瓦尔肯堡和斯考滕对 9～18 岁的荷兰青少年进行的研究发现，外向的和内向的青少年都会倾向于形成更多的网上友谊，在网上很频繁地公开自己的情况，进行网上交流（Peter，Valkenburg，& Schouten，2005）。这说明在以计算机为媒介的人际沟通中，内向和外向的青少年之间的差别不存在了。但是在现实生活中，外向的青少年在人际沟通中的自我表露较多，更容易与他人建立友谊；内向的青少年在人际沟通中的自我表露较少，友谊的数量相对于外向的人更少。但是从关于网上自我表现的研究中可以看到，他们之间的差异减少甚至消失了，这说明在互联网上，具有内向人格特质的个体在向具有外向人格特质的个体靠拢。

## 四、网络交往中的自我表现有谋有略

互联网为人们提供了可以展示理想自我的最佳平台，人们可以自由地塑造想要成为的自我。当然，也有人在互联网上展示的是自己最真实的一面，而这些在生活中通常是被个体隐藏的部分。与面对面的交流相比，网上交流会让人更好地表达他们真实的自己——他们在现实中想要表达但又觉得不能表达的关于自己的部分（Bargh et al.，2002）。由于在线交流的匿名性和用户间缺少共享的社会网络，在线交流会让人展示自我概念中潜在的消极方面。

当然，这些通常只针对陌生人的交流，如果针对熟悉的朋友，那么互联网只是提供了一个便捷的交流通道，在线和离线是一样的，只是由于视觉线索的缺失，人与人之间在交流中变得更容易掩饰，如表情、语气。

另外，贝克尔和施坦普采用在线的深度交流访谈法，研究了网络聊天室里的印象管理行为，发现印象管理的三个动机分别是社会接纳愿望、关系发展与维持愿望及自我认同实验愿望（Becker & Stamp，2005）。具体阐述可见第一章。

## 五、网络交往对自我认同有利有弊

青少年的网上交往与其自我认同的形成和发展有何关系？

青少年正处于人生的转折和过渡时期，面临着探索和建立个体自我认同的核心发展任务。自我认同较好的青少年有较强的自主性，较少依赖他人做决定，更多地使用计划、推理和逻辑决策策略。他们的思维活跃，对新事物持开放态度，用自己内在的标准去倾听和判断这些新的事物。他们有更清楚的自我定位和人生目标，行为更有计划性和目的性。

在自我认同形成的过程中，青少年受到来自多方面外部因素的共同作用。在网络日益普及的今天，青少年可以从网络上获取大量信息。另外，网络交往已成为互联网重要的用途之一，对青少年形成积极的自我认同有不可忽视的作用。互联网对青少年自我认同的影响主要体现在以下两个方面（雷雳，陈猛，2005）。

第一，互联网对青少年自我认同的积极影响。互联网为青少年提供了更广阔的人际交往平台，为青少年的人际交流提供了大量的电子服务，如论坛、电子邮件、聊天室等。另外，互联网的匿名性、非同步性等特征使得人际交往摆脱了时间和空间的限制，更有利于建立和巩固人际关系。人际交往和人际关系是青少年的自我认同得以产生的土壤，互联网通过影响青少年的人际交往和人际关系对青少年的自我认同产生影响，有利于青少年得到更多的反馈信息，从而获得积极的自我认同。

第二，互联网对青少年自我认同的消极影响。互联网的使用可能会减少青少年在现实中的人际交往，缩小青少年的人际圈，不利于青少年建立健康积极的自我认同。通过互联网的使用，人们用低质量的社会关系取代了高质量的社会关系，或者说，用弱联系取代了强联系。弱联系比强联系提供的社会支持更少，绝大多数通过互联网建立的人际关系是比较脆弱的，很难为青少年建立和完成自我认同提供强有力的支持。

总之，互联网对青少年自我认同的积极影响和消极影响并存，处于不同自我认同状态的青少年的互联网使用偏好是有差异的。张国华、雷雳和邹泓（2008）的研究发现，自我认同完成的青少年倾向于使用互联网信息服务项目，把互联网作为一种工具，从而获取各种学习和生活方面的信息，更不容易成瘾。自我认同扩散的青少年更多地倾向于娱乐和维持虚拟的网上人际关系，互联网的卷入程度较高，更容易网络成瘾。

# 第二节　上网特点与对策

## 一、青少年的虚拟自我聚焦于心理状态

青少年的虚拟自我与其现实自我相比，有何特点？

詹姆斯（1890）把自我分为物质自我、社会自我和精神自我。物质自我指的是真实的物体、人或地点，还可以分为躯体自我和躯体外自我。社会自我指的是我们如何被他人看待和承认，也被称为社会特性。我们所感知到的能力、态度、情绪、兴趣、动机等都是精神自我的组成部分，也被称为个人特性，即我们所感知到的内部心理品质。

戈登(1969)对詹姆斯的自我理论进行了深入分析，提出了一个详细的编码程序，对个体的自我描述进行编码。在本研究中，我们根据戈登提出的编码系统对青少年列出的虚拟自我和现实自我词汇进行编码，采用频数作为分析讨论的依据。

我们通过对青少年虚拟自我和现实自我描述的内容分析(马利艳，雷雳，2008)，可以发现，青少年虚拟自我和现实自我的内容主要包括对自身状态的关注与对人际过程的关注两个方面。对自身状态的关注主要包括兴趣活动、物质所有物、自我感和心理类型；对人际过程的关注主要包括道德感和人际类型。互联网使用状态是一个独特的类别，因此我们在分析过程中没有放入这两个方面，而是把它作为一个单独的类型。青少年的虚拟自我和现实自我有以下三个方面的特点。

①无论是青少年的虚拟自我还是现实自我，都主要集中在心理类型和人际类型上，分别占全部词汇的 58.2% 和 29.4%。这说明青少年对自我的心理状态和人际关系比较关注，而对自我的生理等方面的关注相对较少。

青少年对虚拟自我和现实自我的描述都主要集中在心理特征与人际类型上，这与以往关于青少年自我概念的研究结果是一致的，也是与青少年的心理发展特点相符的。青少年正处于抽象思维发展时期，更多地用心理术语对自我的内部特征进行描述，而不是对外部特征进行简单描述。

②在心理类型上，青少年的虚拟自我频数显著高于现实自我频数；在人际类型上，青少年的现实自我频数显著高于虚拟自我频数。这说明青少年的虚拟自我主要集中于心理类型方面，而青少年的现实自我主要集中于人际类型方面。

③在自身状态方面，青少年的虚拟自我显著高于现实自我；在人际过程方面，青少年的现实自我显著高于虚拟自我。这说明青少年的现实自我主要集中于人际过程方面，而青少年的虚拟自我主要集中于自身状态方面。

进一步分析表明，青少年的虚拟自我和现实自我的内容呈现出不同的特点。青少年的虚拟自我更多是对个体内部心理特征的描述，如高兴、快乐、愉快、沮丧、镇定、轻松等，集中于个体自身，关注自身状态；而青少年的现实自我更多是对人际过程的描述，个体更多地用友好、亲切、热情、大方、慷慨等词汇对现实自我进行描述。

虚拟自我和现实自我的这种差异性可能源于互联网上人际交往与现实生活中人际交往的区别。在以计算机为媒介的人际交往中，人们更关注自身，而较少关注对方，较少关注自己对待他人是否友好、是否热情（Kiesler，1984）。个体的自我认识是在人际交往过程中形成的，因此，当要求青少年用 5 个词描述互联网世界中的"我"时，有关个体自身特质的词汇就会凸显出来，这些词汇具有更高的认知通达性。

以计算机为媒介的人际交往的双自我意识理论认为，在以计算机为媒介的人际沟通中，使用者有更高的隐私的自我意识水平和更低的公开的自我意识水平，更关注自己的思想、意识。我们的调查结果也支持了这些理论，从对青少年的虚拟自我词汇和现实自我词汇的分析中可以看到，在虚拟自我中，对自身状态进行描述的词汇量占到了总词汇量的 37.6%，对人际过程进行描述的词汇量仅为 8.7%。

在对青少年的虚拟自我进行编码的过程中，有一类被专门用于描述个体使用互联网时的独特状态的词汇呈现出来，这些词汇在个体的现实自我描述中没有出现，如刺激、痴迷、迷恋等。它们是使用者在上网过程中体验到的，也体现了互联网对其使用者的吸引力。

此外，性别和年级的主效应与交互作用均不显著，表明青少年虚拟自我的表现并未受到性别和年级的影响。

## 二、热衷于虚拟自我更容易陷入网络成瘾

我们考察了青少年人格的 7 个维度与虚拟自我和网络成瘾之间的

关系。结果表明，青少年人格中的才干、善良、人际关系、行事风格与虚拟自我呈显著负相关，情绪性与虚拟自我呈显著正相关，外向性和处世态度与虚拟自我相关不显著；虚拟自我与网络成瘾呈显著正相关；才干、善良、人际关系、行事风格与网络成瘾呈显著负相关，处世态度和情绪性与网络成瘾呈显著正相关，外向性与网络成瘾之间的相关不显著。

为了具体说明青少年人格与虚拟自我和网络成瘾之间的关系，我们建构了它们的关系模型（见图 7-1）。

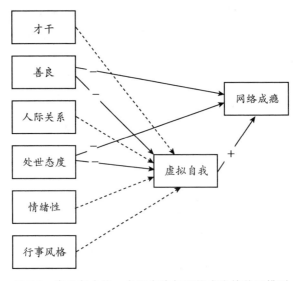

**图 7-1　青少年人格、虚拟自我与网络成瘾的关系模型**

从图 7-1 中可以看到：①善良能够显著反向预测网络成瘾，这一结果说明，真诚、诚实、能够顾及他人的利益和感受、为人谦逊的个体更可能较少表现出网络成瘾的倾向；②处世态度能够显著反向预测网络成瘾，说明目标明确、理想远大、对未来充满信心、追求卓越的个体较少表现出网络成瘾的倾向；③虚拟自我能够显著正向预测网络成瘾，说明个体的虚拟自我与现实自我的差异越大，越倾向于表现出网络成瘾；④善良、处世态度能够显著反向预测虚拟自我，说明善良和处世态度高分者的虚拟自我和现实自我的差异可能更小，它们能够通过虚拟自我间接预测网络成瘾，对网络成瘾起到抑制作用。

虚拟自我是个体在互联网上主动构建出来的，由于互联网的匿名性、便利性和逃避现实性（Young，1997），个体可以脱离现实自由地在虚拟世界中行动。个体在互联网使用中可能更多地表现出一种去抑制性，他可能在网上作为一个完全不同于实际生活中的"我"而存在（王立皓，童辉杰，2003）。个体在互联网上能够体验到不同于现实自我的虚拟自我可能出于两个方面的原因：一方面是个体出于好奇心而主动在互联网上尝试不同的自我认同角色，构建虚拟自我；另一方面是个体出于对现实自我的不满，为了逃避现实，沉浸于虚拟世界，体验虚拟自我，这个虚拟自我吸引着个体全身心投入互联网世界。不管是哪一种原因，虚拟自我对个体都有巨大的吸引力，而且会对个体产生重要的影响，尤其对于那些因为对现实自我不满而在互联网上体验虚拟自我的个体，沉浸于虚拟世界容易导致网络成瘾。

有研究发现，经常采用幻想、逃避现实等消极应对方式的个体更可能卷入网络成瘾（李宏利，雷雳，2004；2005）。肖汉仕等人（2007）认为低自尊的中学生将互联网作为获得虚拟自尊、缓解不良情绪的理想途径，从网络行为中获得他人的赞赏、肯定、认可、关注、接纳，产生成就感、归属感、自我效能感，借以补偿、替代现实中自尊感的缺失。虚拟自我与现实自我的差异越大，说明个体对虚拟自我的接受程度越高。个体对现实自我越不满，越容易卷入网络成瘾。

然而，虚拟世界的价值评价标准与现实世界的价值评价标准是不同的，在互联网上得到赞赏、认可的行为在现实生活中可能是不被认可的，甚至是被严厉禁止的，如在面对面的交往中表达消极的或者不被社会认可的自我可能会让个体付出一定的代价（Bargh，McKenna，& Fitasimons，2002）。对虚拟世界的价值评价标准的适应可能会进一步加剧个体对现实生活的适应问题，形成一种恶性循环，导致个体进一步卷入网络成瘾。

## 三、网络交往中的自我表现策略特点鲜明

### (一)青少年的自我表现策略中西有别

我们考察了青少年网络交往中的自我表现策略的总体情况（任小莉，雷雳，2009），可以看到，青少年网络交往中的自我表现策略使用的频繁程度大致为：事先声明＞逢迎＞找借口＞榜样化＞自我提升，较频繁使用的是事先声明和逢迎，较不经常使用的是榜样化和自我提升（见图 7-2）。

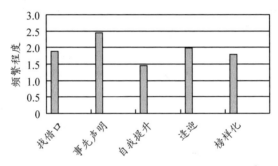

**图 7-2　青少年网上自我表现策略的基本特点**①

这与康诺利-埃亨和布罗德韦（Connolly-Ahern ＆ Broadway，2007）的研究结果并不完全一致，他们的研究发现，个体在网络交往中较频繁使用的是自我提升和榜样化，这可能与东西方文化的差异有关。

在中国文化背景下，自我提升的过分使用可能比较容易招致对方的反感，不利于建立和维系人际关系，网络人际交往同样如此。相

---

① "找借口"指对消极事件进行口头上的推卸责任，并找出一个不可抗拒的理由。"事先声明"指在窘境出现之前事先给出声明。"自我提升"指个体希望网友关注他的成就和能力，希望他们认为他是有能力的。"逢迎"指为了赢得网友的好感和帮助而说出一些让他们喜欢的言语或表现出对方喜欢的行为，包括讨好、赞同、恭维、附和等。"榜样化"指为表现出自己有道德而做出相应的言语表达，必要时会做出牺牲，以得到网友的尊敬和赞扬。

反，事先声明成了青少年在网络交往中经常采用的自我表现策略，在言语交流中，青少年在窘境出现之前给予声明，使得对方有相应的思想准备，会更容易接纳自己。

### (二)自我表现策略男生更常用

从男女生的差异来看，男生网络交往中的自我表现策略使用的频繁程度依次为：事先声明＞逢迎＞找借口＞榜样化＞自我提升，经常使用的是事先声明和逢迎，不经常使用的是榜样化和自我提升。女生与男生略有不同，女生更多地使用事先声明和找借口，不经常使用的是榜样化和自我提升，趋势大致为：事先声明＞找借口＞逢迎＞榜样化＞自我提升。

进一步考察青少年网络交往中的自我表现策略的性别、年级差异，结果发现，性别对青少年自我表现策略使用的频繁程度有显著影响，男生比女生更频繁地使用自我表现策略。年级对青少年自我表现策略使用的频繁程度没有显著影响，不同年级的青少年在自我表现策略的使用上没有显著差异；性别和年级的交互作用对青少年自我表现策略的使用没有影响。

具体而言，男生比女生在网络交往中更频繁地使用自我提升、榜样化和逢迎策略。这表明男生比女生更倾向于使用自我表现策略，特别是这三种自我表现策略(见图 7-3)。这三种自我表现策略均属于张扬性的自我表现策略，而找借口和事先声明属于防御性的自我表现策略，没有出现显著的性别差异。侯丹(2004)对现实中自我表现策略的研究也发现了类似的结果。这种特点与传统的性别角色比较吻合。

在防御性的两种自我表现策略(找借口和事先声明)上不存在显著的性别差异，且得分均较高，即男女生均较频繁地使用这两种自我表现策略。其原因可能在于，青少年比人生中的任何一个阶段都更在意自己在他人眼中的形象，男女生都更关注自身形象。由于网络人际关系比较脆弱，很容易受到破坏，找借口和事先声明都是为了让对方可

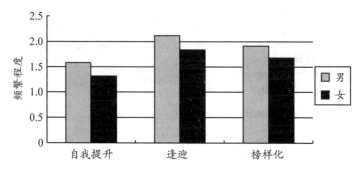

**图 7-3　男女生网络交往中的自我表现策略使用分布图**

以接受自己不好的表现，以弥补自己在他人眼中的不良形象。从这个方面来讲，男女生不存在显著差异也是可以接受的，都希望自己的表现可以为对方所接纳和理解，男女生在弥补不良形象的自我表现策略的使用上是比较一致的，均比较频繁，且找借口和事先声明均成为男女生在网络交往中较频繁使用的自我表现策略。

可见，现实情境下的人际交往与网络情境下的交往也是有相通之处的，都与个体所处的年龄阶段以及性别角色本身的特点密切相关。

## 四、网络老手的自我表现策略：运用自如

我们考察了网龄对青少年网络交往中的自我表现策略的影响。结果显示，网龄不同的青少年网络交往中的自我表现策略总体上差异不显著，但是在找借口和自我提升两个因子上差异显著。这表明网龄对青少年在找借口和自我提升两种自我表现策略使用的频繁程度上有显著影响。

为了更加直观地了解不同网龄的青少年网络交往中的自我表现策略的使用状况，我们对找借口和自我提升两种策略进行了趋势检验。结果显示，随着网龄的增长，青少年使用找借口策略的频繁程度显著增加，呈现出显著的线性增长趋势；使用自我提升策略的频繁程度整

体上也呈现出显著的增长趋势（见图 7-4、图 7-5）。

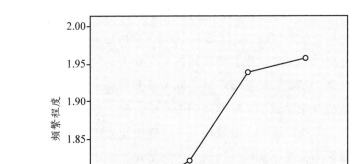

**图 7-4　使用找借口策略的频繁程度随网龄增长的变化趋势**

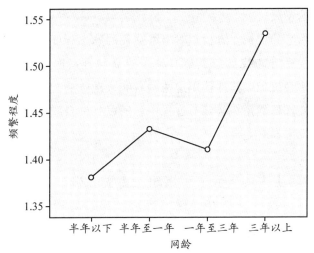

**图 7-5　使用自我提升策略的频繁程度随网龄增长的变化趋势**

　　进一步的检验表明，三年以上网龄的青少年比一年以内网龄的青少年更频繁使用找借口策略；一年至三年网龄的青少年比半年以下网龄的青少年更频繁使用找借口策略。

三年以上网龄的青少年在网络交往中使用自我提升策略的频繁程度比半年以下和一年至三年网龄的青少年更高。

贝克尔和施坦普(Becker & Stamp，2005)的研究告诉我们，网络交往的最终目的可以归结为自我认同的实现和关系的发展，自我表现策略的使用是为了更好地发展网络人际关系和实现自我认同建构。三年以上网龄的青少年属于互联网使用的老手，他们对网络交往非常熟悉，游刃有余，所以非常清楚怎样可以迅速地建立和维系网络人际关系，或者在网络交往中实现自我认同的构建，他们懂得如何根据实际的交往对象和情境选择恰当的自我表现策略。

相反，网龄较小的青少年对于网络交往不熟悉，策略的使用也不是太多，更侧重相对真实地表现自己，而互联网交流本身允许个体更好地表达他们真实的自己(Bargh et al.，2005)，只是随着网龄的增长他们更多地选择适合的自我表现策略，以实现自我认同的建构和网络人际关系的发展。

随着网龄的增长，青少年对网络交往的熟悉程度逐渐增加，可能会发现自我提升和找借口是最有利于建立与维系网络人际关系的策略，因此才会更加频繁地使用这两种自我表现策略。网龄较小的青少年对网络交往依然还在尝试的过程中，所以各种自我表现策略的使用均没有表现出显著差异。

## 五、面对陌生人的自我表现策略：更显心机

青少年网络交往的对象是影响青少年选择自我表现策略的又一个重要因素。我们分析了主要的网络交往对象对青少年网络交往中的自我表现策略的影响。结果显示，不同的网络交往对象对青少年使用自我表现策略的频繁程度有显著影响，主要体现在找借口、自我提升和逢迎三种自我表现策略的使用上，而事先声明和榜样化两种自我表现策略的使用没有受到青少年网络交往对象的影响(见图7-6)。

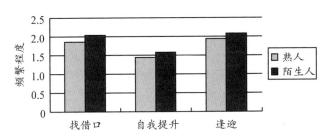

**图 7-6　面对不同网络交往对象时的自我表现策略差异**

　　网络交往对象对个体的自我表现策略有很大影响，人们的自我表现往往根据对方的特点采取相应的对策（史清敏，赵海，2002）。在网络交往中，人们更多地采用书面语交流，缺乏视觉线索，互联网本身又存在虚拟性、匿名性、非同步性等特点，与熟人的交往会对自己的正常生活产生影响，与陌生人的交往不会影响自己的正常生活。自我提升倾向于让别人认为自己是有能力的，是一种积极的自我偏见，是一种比较常见的张扬性的自我表现策略，可以帮助互联网使用者在他人心中建构特定的形象；逢迎是为了得到对方的赞扬等而说出对方喜欢的话，更容易获得对方的喜欢；而找借口是一种比较常见的防御性的自我表现策略，帮助互联网使用者弥补自己不好的表现所造成的可能的不良结果，在与陌生人的交往中比较常见。这几种自我表现策略刚好可以相辅相成，帮助互联网使用者树立在网友心中的特定形象，建立和维系网络人际关系。

## 六、自我认同完成者的表现策略：更张扬

　　我们考察了青少年的自我认同、性别、网龄与其网络交往中的自我表现策略之间的关系。结果显示，青少年的自我认同与自我提升、榜样化相关显著，但是与找借口、事先声明、逢迎相关不显著。这表明青少年网络交往中的自我表现策略的使用与自我认同的关系密切，尤其是自我提升和榜样化两种自我表现策略与青少年的自我认同状态

的关系密切。

进一步回归分析发现，自我认同可以正向预测青少年网络交往中的自我提升策略使用的频繁程度，即自我认同完成得越好，自我提升策略使用的频率越高；自我认同可以正向预测青少年网络交往中的榜样化策略使用的频繁程度，即自我认同完成得越好，榜样化策略使用的频率越高。这一关系可以通过图7-7来形象地反映出来。

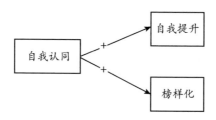

**图7-7　自我认同与自我表现策略的关系模型**

自我认同完成得越好，青少年就越容易肯定自己，也更自信，他们致力于建立在他人眼中的特定形象，并且对此会更加自信，也就可能更容易采用张扬性的自我表现策略。自我提升和榜样化都属于张扬性的自我表现策略，在缺乏视觉线索的网络交往中更是如此。借助语言建立在他人眼中的特定形象，最好的方式无非是肯定自己，提升自己，而这两种策略刚好可以很好地达到这样的目的。

## 七、自我认同完成有助于抑制网络成瘾

我们考察了自我认同、互联网服务使用偏好与网络成瘾的关系（张国华，雷雳，2008）。结果表明，自我认同完成得越好的青少年，可能更多地使用互联网来获取信息，较少卷入互联网社交和娱乐等服务项目，他们把互联网看作一种工具来使用。由于更加合理地使用互联网，网络成瘾的可能性越小；而过多地使用互联网社交和娱乐服务，导致对互联网的依赖性和卷入程度不断提高，网络成瘾倾向必然

增强。

进一步考察自我认同、互联网服务使用偏好与网络成瘾的关系，回归分析表明，对网络成瘾预测力最好的首先是互联网娱乐服务使用偏好，解释力为 18.6％；其次是自我认同，解释力为 3.4％；再次是性别，解释力为 2.2％；最后是互联网社交服务使用偏好，解释力为 1.8％。四者的联合预测力为 26％。这一关系可以通过图 7-8 来形象地反映出来。

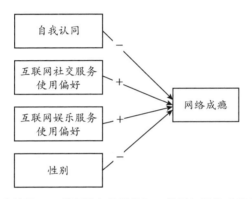

**图 7-8 自我认同、互联网服务使用偏好、性别与网络成瘾的关系模型**

青少年正处于形成自我认同的关键时期，过度使用互联网可能会产生一定的消极影响，影响自我认同的形成。一方面，互联网的过度使用会占用自我探索任务的时间和精力，使青少年对这一问题的思考进一步延迟；另一方面，因为网络的虚拟性、匿名性等特点，所以个体可能会由于扮演过多的角色而有自我全能的感觉，从而无法确定或限定自我定义、自己力所能及的一切选择和决断(管雷，冯聪，2005)。

自我认同完成得较好的青少年有较强的自主性，较少依赖他人做决定而更多地使用计划、推理和逻辑决策策略；思维活跃，对新事物持开放性的态度，用自己内在的标准去判断这些新的事物；有更清楚的自我定位和人生目标，行为方式更有计划性和目的性，专注于现阶段的学习和发展任务。因此，他们更倾向于使用互联网信息服务项目，把互联网当作一种工具来使用，从网上获取各种学习、生活方面的信息。这种有目的性的使用极大地减少了对互联网的不当使用或滥用，减小了网络成瘾的可能性。

处于自我认同扩散状态的青少年，其自尊和自主性水平较低，还没有做出人生的重要决定，缺少对学习和生活的规划。他们在上网时没有特定的目的和计划，因此更可能在互联网上投入大量的时间和精力，以满足他们的娱乐需要及维持虚拟的网上人际关系。为了不断满足日益增强的网上娱乐和社交需要而增加互联网卷入程度，最终网络成瘾倾向随之上升。

## 拓展阅读

### 少年黑客频出手，目的只为出风头？

一项研究表明，青少年变成黑客的方式和青少年对酒精成瘾的方式是相似的。它提出，随时可用的在线工具和教程使青少年很容易犯罪，并警告从这种行为中得到的快感可能会鼓励一些肇事者升级他们的攻击。

"当脆弱的青少年在网上频繁和迅速地取得成功时，多巴胺可以迅速得到释放。如果这些成功与反社会行为（如黑客）相联系，青少年会被强化走得更远来获得回报。"

研究表明，开发被用于解决药物滥用和吸烟问题的教育计划有助于应对网络犯罪。

但研究者都谨慎地没有声称黑客就是瘾君子，而将黑客入侵视为"网络不适应行为"。

#### 声望提升

研究表明，很大一部分问题在于，许多青少年将互联网视为一个没有被监护人监视的地方。

该研究认为，他们会鼓励对方做出有更严重后果的行为，帮助"正常化"其不良行为。

他们的目标通常不是经济收益，而是提高他们在其他黑客中的声誉，以补偿他们在生活中可能缺乏的自尊。

"在网上建立信誉分数变得如此重要，以至于年轻的黑客投入大量的认知和情感资源。"

正如酗酒者可以通过花时间与行为榜样相处和承认自己的行为对他人造成了多少伤害来得到帮助，黑客也可以被教导改变他们的方式。

此研究建议"有风险"的年轻人花时间与被改造了的网络犯罪分子相处，并要求年轻人认识到在线攻击可能导致的心理伤害。

作者还建议教育工作者开发新的测试，以确定哪些儿童在4岁时具有较高的技术技能潜力，借助他们的才能使社会受益。

### 成瘾帮助

研究者承认他们工作的一个缺点是，依靠专家的证据，而不是年轻的网络犯罪分子本身。

一位专家认为焦点应该集中于鼓励年轻网迷的积极行为，而不是限制他们接触互联网。

剑桥大学的艾丽斯·哈钦斯（Alice Hutchings）博士说："有很多人对技术非常沉迷，但他们都是反击黑客的人。"

"这些写代码的人做的是真的迷人、伟大的工作，不参与非法行为。"

"所以，相比于试图改变人们的兴趣，我们应该把他们引导到亲社会活动中，而不是犯罪活动中，并寻找影响他们走下去的路径。"

作者：利奥·克莱昂（Leo Kelion）

译者：王佳怡、雷雳

# 八、总结

## (一)研究结论

综上所述，通过对青少年的自我发展与上网之间关系的研究，我们可以得出以下结论。

①虚拟自我能够正向预测网络成瘾，即对现实自我不满且沉迷于虚拟自我的青少年，更可能网络成瘾。

②在人格特点中，善良能够显著反向预测网络成瘾和虚拟自我，能够通过虚拟自我间接预测网络成瘾。处世态度能够显著反向预测网络成瘾和虚拟自我，能够通过虚拟自我间接预测网络成瘾。才干能够通过虚拟自我间接预测网络成瘾，对网络成瘾起到抑制作用。情绪性能够通过虚拟自我间接预测网络成瘾，对网络成瘾起到抑制作用。

③男生比女生更经常地采用自我表现策略，尤其是自我提升、逢迎和榜样化三种策略，男生更倾向于张扬性的自我表现策略，而在防御性的自我表现策略上，没有发现男女生之间存在差异。

④随着网龄的增长，青少年会频繁地使用找借口和自我提升这两种自我表现策略。

⑤交往对象为陌生人的青少年与交往对象是熟人的青少年相比，更经常地采用自我提升、找借口和逢迎三种自我表现策略。

⑥青少年的自我认同与自我提升、榜样化两种策略使用的频繁程度有关，青少年的自我认同完成得越好，在网络交往中就越频繁地使用这两种策略。

⑦自我认同能显著地反向预测网络成瘾，即已经形成较为稳定的自我认同的青少年，其网络成瘾的可能性较小。

## (二)对策建议

从虚拟自我的角度来看，那些对现实自我不满意的青少年更可能会沉迷于互联网建构的虚拟空间，更可能网络成瘾。所以，对于这样的青少年重要的是帮助他们建立自尊，通过确定他们自尊的由来（对自我而言极重要的能力领域），给予他们情绪情感的支持和社会赞许，直接教给他们真正的技能，让他们体会成就感，继而提升其自尊，同时，让青少年学会在面对问题时要试图解决它而不是逃避。

网络交往所建立的人际关系是非常脆弱的，自我表现策略的使用对人际关系的效果有很大影响，尤其是在交往初期。在网络交往中，建立和维护人际关系需要采用适当的自我表现策略。在与陌生人交往的初期，人们可以适当采用事先声明和逢迎的策略，在窘境出现之前事先给出声明，可以让对方有心理准备，容易接受自己所表现的不完美。逢迎是一种比较常见的张扬性的自我表现策略，以得到对方的喜欢。随着交往的深入，人们可以根据交往对象自由选择合适的策略来表现自己。

青少年期是其自我认同完成的关键时期，随着互联网的普及，网络交往逐渐进入他们的生活，并日渐成为他们人际交往重要的方面。有研究证实，过度使用互联网会对青少年自我认同的完成有一定的影响，这主要出现在互联网使用初期，青少年很容易沉迷于互联网所带来的新奇感受。随着年龄的增长，互联网的工具性作用开始凸显，他们可以很好地借助互联网这个平台，促进自己的人际交往，包括与熟人之间的交往。在他们互联网使用的初期，家长和老师需要进行适当的引导，避免过度使用，耽误青少年期自我探索的重要任务。

自我认同对网络成瘾有显著的反向预测作用，互联网社交服务使用偏好和互联网娱乐服务使用偏好对网络成瘾有显著的正向预测作用。因此，提高青少年的自我认同水平成为对网络成瘾进行预测和干预的重要措施。

# 第八章 青少年的自我认同与手机使用

**开脑思考**

1. 试图搞清楚"自己是谁"是青少年成长过程中的一个令人头疼的问题，它和青少年的手机使用有没有关系？

2. 手机的功能可以分为实用性功能和象征性功能。青少年追捧的是哪种功能？

3. 青少年拥有手机对其自我认同的发展是福还是祸？他们自己在其中是否可以主导其利弊？

**关键术语**

自我认同，手机功能

## 第一节 问题缘起与背景

### 一、自我认同可以从多重视角审视

#### (一)自我认同的内涵

认同是指个体的心理功能、人际行为以及对角色、价值观和信念的承诺上的一致性与连续性(Lerner & Steinberg，2009)。赛义德和麦克林认为自我认同是个体对情境、时间、自我以及个体-社会四个方面的整合(Syed & McLean，2016)。

情境方面的整合体现为个体对不同情境下多元身份的整合。其中情境包括意识形态方面(政治与价值观)、人际方面(居家与约会)、身份群体方面（种族与性别）。赛义德认为情境的整合并不简单地表现在个体在不同情境下多重身份的转换和表现上，更是个体对不同情境下多重身份所感受到的理性的一致感。这里的一致感指的是个体可以感受到属于自己的多重身份能够恰好得到整合，或至少某些身份之间没有冲突。

时间方面的整合体现为个体在时间维度上对过去、现在自我的悦纳以及对未来的期许与展望。这一点表明自我认同并不处于静止状态。自我认同具有跨时间的连续性，个体当下的认同感与已有经历密切联系，并且影响下一时刻或下一阶段认同的发展。

自我方面的整合是赛义德提出的新观点，它综合了情境和时间两个方面，指的是个体在不同情境下的多重身份的跨时间的连续性。赛义德认为相比于单独从情境或时间上看，自我方面的整合也与生活故事理论的观点相吻合，即个体生命周期中各个阶段的重要事件以及这些重要事件跨时间的发展（McAdams，2001）。

个体-社会方面的整合也是赛义德提出的新观点。个体-社会方面的整合超越了单纯从个体的视角考察自我认同的发展的局限，将社会文化因素纳入研究，分析了社会文化因素对个体自我认同发展的影响，以及个体自我认同如何同化来自外部环境的影响。

赛义德和麦克林认为这四个方面的整合是一个复杂且内部关联的过程（Syed & McLean，2016）。

### (二)自我认同的状态

埃里克森对自我认同的描述主要基于个人经验，缺乏系统性和可操作性。马西娅（Marcia）在此基础上将自我认同的概念进一步可操作化，并提出了自我认同状态理论（安秋玲，2009）。马西娅（1966）从探索和承诺两个维度将埃里克森的自我认同理论具体化与可操作化。探索指的是对目标、价值观、信仰等进行有意识的思考；承诺指的是对上述思考的整合，整合结果可以成为人生发展的可行性方向（Lerner & Steinberg，2009）。

马西娅通过探索和承诺的高低水平区分出四种自我认同状态：自我认同的获得、自我认同的延迟、自我认同的早闭、自我认同的扩散。具体而言，自我认同的获得指的是个体在深度探索后做出了适合自己的承诺（高探索—高承诺）；自我认同的延迟指的是个体一直处于探索阶段尚未做出承诺（高探索—低承诺）；自我认同的早闭指的是个体在探索之前便过早地做出了承诺（低探索—高承诺）；自我认同的扩散指的是个体既没有探索也没有承诺，处于混乱的状态（低探索—低承诺）（Morsunbul et al.，2016）。

马西娅认为这四种认同状态的发展既相互联系又有所区别，某些状态是单向发展的，而某些状态则是双向发展的；延迟期是个体自我认同的获得的必经阶段，一旦进入延迟期个体就不会出现早闭；早闭与获得的区别在于早闭个体所做出的承诺是没有经历过认同危机的（安秋玲，2009）。早闭个体所做出的承诺主要是被动接受了重要他人（主要是家长）的态度和价值观。例如，父母把他们的认同强加到青少年身上会降低青少年对自我认同的探索，不利于他们自我认同的完成（Wiley & Berman，2012）。

## （三）自我认同的风格

马西娅的四分类模型从自我认同状态的角度阐述个体自我认同发展的不同水平，但是这种分类方法仅关注了自我认同发展的结果，却忽略了这一过程中的认知成分。博荣斯基（Berzonsky）从社会认知的角度提出了自我认同风格理论，在一定程度上弥补了已有研究的不足（Lerner & Steinberg，2004；Waterman，1999）。

博荣斯基认为自我认同包括三个层面：实际的行为模式和认知反应、社会认知策略、认同风格（安秋玲，2009）。认同风格指的是一种加工策略，个体依靠它进行决策、加工认同相关信息、形成认同承诺（Berzonsky，Branje，& Meeus，2007）。认同风格反映了个体在加工自我认同相关信息时的差异，即个体在面临有关建构、维持或重构认同的挑战时，选择主动参与还是回避（Berzonsky et al.，2013）。

博荣斯基（Berzonsky，1989）提出了三种认同风格，分别是信息加工风格、规范遵从风格和弥散-回避风格。信息加工风格的人会在决策之前主动搜寻、加工和评价相关信息。信息加工风格一般对应自我认同的获得和自我认同的延迟两种发展状态。规范遵从风格的人往往没有足够的信息加工，他们的决策主要基于对重要他人（主要是父母）的规范和期望的服从上，这类个体往往会产生早闭的认同状态。弥散-回避风格的人会回避和拖延问题的解决，既没有对信息做出加工也没有做出合适的决策，往往处于一种"听天由命"的状态，只有在环境的迫使下才会做出被动性选择。这类个体的自我认同一般没有得到发展，属于认同扩散类型。

### (四)自我认同的程度

马西娅的四分类模型为自我认同的量化研究做出了突出贡献，并获得了广泛认可（安秋玲，2009）。随着研究的深入，马西娅的观点也受到了质疑。有人基于埃里克森提出的自我认同的本质特征——连续性和一致性——认为自我认同应该是一个连续发展的而非独立的状态类型（Tan et al.，1977），这一观点也得到了许多研究者的认可（刘庆奇等，2015；张国华，雷雳，邹泓，2008）。另外，缪斯等人对自我认同状态理论能否代表和描述自我认同的发展提出了怀疑（Meeus et al.，1999），并在马西娅理论的基础上提出了自我认同发展的三维度理论，即自我认同发展包括承诺、深度探索和对承诺的反思。承诺指的是个体从多个认同领域中做出的确定性选择，以及个体从这些选择中获得的自信；深度探索指的是个体对已有认同的主动思考，并探索其他新的信息；对承诺的反思指的是个体放弃或修正那些自己并不满意的承诺。这一观点也得到了许多研究的支持（Meeus et al.，2012）。

## 二、手机功能体现为实用性和象征性

手机几乎已经涉及个人生活的方方面面（Campbell et al.，2014），并影响着我们的生活(Yan，2015)。我们认为手机作为一种客观实体在本质上是独立于使用者的，手机能够对个体生活产生影响，实际上是手机的功能对个体生活产生影响。换言之，手机对个体生活的影响取决于使用者与手机的交互。沃斯等人基于前人的研究认为手机的功能可以分为两大方面：实用性功能和象征性功能(Wirth，Karnowski，& von Pape，2007；Wirth，von Pape，& Karnowski，2008)。实用性功能指的是手机作为一种具体的工具对使用者的作用；象征性功能强调手机作为一种标志或象征物(如身份、地位)对使用者的意义。

## (一)实用性功能的意义

目前关于实用性功能的研究较为丰富。具体而言，实用性功能体现在人们可以利用手机通话、发短信、上网、购物、记录信息、管理生活、玩游戏、听音乐等。沃斯等人(2008)归纳出手机的实用性功能有四类：消磨时间、管理日常生活、维持人际关系和控制。消磨时间主要体现手机的娱乐功能，它可以让个体满足享乐的需求；管理日常生活指的是手机可以帮助个体制订和记录日程安排，进行会议或约会提醒；维持人际关系指的是手机的基本沟通作用，如通话、短信息等；控制指的是手机可以让个体在危急的情况下做出合理的应对(如求救)，还可以让家长、朋友等重要他人随时与自己保持联系。

这些实用性功能为个体的日常生活提供了协调、安全防患、表达自我、人际联系的作用(Ling & Bertel，2013)。许多具体研究也支持了手机的实用性功能对个体日常生活的重要意义。例如，在消磨时间方面，娱乐是手机使用的一个主要方面，可以在一定程度上帮助人们调节消极情绪(Hoffner & Lee，2015)。在管理日常生活方面，使用手机可以帮助人们更方便地在社交网站上查阅本地相关信息(Kim，2016)，进而方便人们的生活。

在维持人际关系方面，研究者认为保持联系是人们参与现代生活的前提和条件(Burchell，2015)。"弱联系"指的是那些关系并不亲密的同学、同事、熟人，尽管它在人际沟通的深度上不足，却是信息的重要来源（Granovetter，1973）。手机可以让人们更方便地与"弱联系"保持联系（Boase & Kobayashi，2008），推动和保持人际关系（Lee，2013），扩大线下社会资本（van Ingen & Wright，2016），增强归属感（Walsh，White，& Young，2009），帮助人们获得更多的社会支持进而提高生活质量（Bae，2012）。手机还可以提高人们的社会参与度（Kim et al.，2016）。

在控制方面，人们通过手机可以更方便地与家人保持联系，父母可以通过手机给青少年提供支持，这对青少年的发展有保护作用（Chen & Katz，2009；Weisskirch，2011），并且手机也是家长远程监控青少年的有力设备（Weisskirch，2009）。有研究发现，中学生每天都接到电话和感知到被他人关注可以削弱孤独感（Liu，Liu，& Wei，2014）。

凡事皆有两面性，尽管手机的实用性功能具有以上积极作用，但是手机也会令青少年产生依赖甚至成瘾（Vacaru，Shepherd，& Sheridan，2014），影响身心健康（Igarashi et al.，2008；Thomas et al.，2010），很多家长对青少年持有手机持消极态度，并表示担忧（George & Odgers，2015；Thomas et al.，2010）。

### （二）象征性功能的意义

象征性功能主要和使用者的自我认同与社会认同有关，分为心理层面和社会层面两个角度；心理层面指的是手机与个体自我认同的关系；社会层面侧重手机的社会意义，强调手机与社会认同或群体认同的关系（Wirth et al.，2007；Wirth et al.，2008）。

手机的象征性功能对于青少年而言具有重要意义，它催生出了一种新型的青年文化——移动青年文化（Campbell & Park，2008）。移动青年文化指的是青年以一种独特化的方式使用手机以支持和巩固社会生活的一种现象（Vanden Abeele，2015；2016），具体表现为青年对频繁、迅速、非同步性沟通的重视（Tulane，Vaterlaus，& Beckert，2015）。移动青年文化尽管不被一些家长理解（Tulane et al.，2015），但对青少年有重要意义。这主要体现在认同的形成，自主性的获得，人际关系管理的反映、支持与强化等方面（Vanden Abeele，2015）。

手机的象征性功能对青少年的意义体现在以下方面。

第一，手机是青少年自我展示的重要工具，是青少年身份和社会地位的一种象征（Blair & Fletcher，2011；Ling，2000）。研究发现，手机对于成年人更多体现了沟通工具的作用，而对于青少年则是一种新型的自我展示和认同的工具（Brosch，2008）。

第二，时尚是一种动态快速的社会加工过程，该过程反映了在特定时期内社会关于"得体外观"标准的变化（Sugiyama，2006）。时尚是现代社会的象征（Green et al.，2001），也是手机象征性功能的重要部分（Vanden Abeele，Antheunis，& Schouten，2014），人们更多地采用时尚性反映手机的社会意义（Campbell，2008）。研究发现，青少年购买和使用手机的主要目的就是手机时尚性（Fortunati，2005）。越时尚的青少年初次使用手机的年龄越低，手机更新得越频繁，而那些不愿意使用手机的青少年会被同伴认为是不够时尚的（Katz & Sugiyama，2006）。

第三，青少年的社会认同与其所处群体的规范保持一致，有利于他们自尊的提升和积极发展（Tajfel & Turner，1979）。包括手机在内的各种媒体可以为青少年提供发展和维持社会认同的机会（Valkenburg et al.，2016），那些没有手机的青少年会有更多的"落伍感"并承受更多的同伴压力（Campbell，2005）。

第四，在独立性方面，从社会学的角度看，手机可以被看成一种现代成人礼（Rosell et al.，2007），因为青少年拥有和使用手机需要达到一定的条件，如有较强的责任意识（Blair & Fletcher，2011）。拥有手机对于青少年具有重要意义。手机为青少年建构了一种自然的、实质性的日常生活的一部分，青少年可以通过使用手机来安排日常生活，并建立重要的社会联结（Rosell et al.，2007）。手机可以帮助青少年随时随地与他人沟通，对青少年的身份认同和社会化发展具有重要意义(Rosell et al.，2007)。此外，对于男生而言手机更多地象征着经济独立(Ling，2001)，这对男生成年后的发展具有重要意义。

象征性功能对青少年也有消极作用。研究发现，青少年手机的社会性地位象征与学业自我概念、积极的学校态度呈负相关(Vanden Abeele & Roe，2013)。

## 三、手机功能与自我认同"相爱相杀"

### (一)理论关系

在自我认同的概念上，皮特曼等人认为认同包括动力、能力、信念、自主性等(Pittman et al.，2012)。从这一概念出发，我们认为手机实用性功能的感知与自我认同具有密切关系。

从能力的角度看，已有研究发现协调安排个人生活，紧急状况下的自助(Vanden Abeele，2016；Wang，2014)，维持与促进人际关系(Lee，2013)，以及手机非同步性沟通有利于提高青少年的社交自我效能感(Bakke，2010)。此外，青少年需要有一定的责任意识，才能获得手机使用的资格(Blair & Fletcher，2011)，这些都是能力的体现。

在自主性方面，研究发现，手机使用可以减弱家长的权威性(Blair & Fletcher，2011)，帮助青少年摆脱家长的控制(Ling，2007)，而且沃斯等人(2008)界定的手机的实用性功能包括管理个人生活，这些都是青少年自主性的体现。沃斯等人(2008)界定的手机的象征性功能直接包含自我认同的内容。由此我们认为，尽管很少有实证研究直接点明青少年的手机功能与自我认同的关系，但是从认同概念的内涵上来看，手机对青少年的影响实际上与自我认同概念所包含的内容相吻合。因此，手机功能感知与青少年自我认同在内涵上具有内生性。

从自我认同整合的内容上，自我认同包含个体在情境、时间、自我、个体-社会四个方面的整合(Syed & McLean，2016)。

在情境方面，研究发现手机给青少年提供了许多管理和控制个人身份的权力（Leung，2011），这有利于青少年整合多重身份。上网是智能手机的一个必备的实用性功能，青少年可以通过手机非常方便地接入互联网，登录社交网站或进行即时聊天。网络在个体的认同的形成、自主性的获得上具有重要作用（Borca et al.，2015）。研究发现，网络通信技术为青少年提供了一个安全的自我认同体验和尝试的空间，并成为青少年体验和尝试自我认同的重要场所（Best，Manktelow，& Taylor，2014）。此外，社交网站是塑造和展示自我认同的一个平台，青少年可以通过留言、贴照片、分享音乐等方式展示自我（Pempek，Yermolayeva，& Calvert，2009）。在这个平台上，个体既可以塑造和展示真实自我，也可以塑造和展示虚拟自我（理想自我）（Zhao，Grasmuck，& Martin，2008）。社交网站中的自我呈现（包括呈现真实自我和理想自我）有利于促进青少年自我认同的发展（刘庆奇等，2015）。青少年在网络上的自我呈现可以被看成一种跨情境的自我认同整合的尝试。

当然，也有研究认为手机功能可能不利于自我认同的积极发展。例如，青少年长时间地使用移动媒体会引发认同危机，主要是因为习惯媒体沟通后，他们对面对面的沟通不适应，由此会引发现实生活中的认同危机（Cyr，Berman，& Smith，2015）。对于手机的象征性功能，媒体偏差理论认为不良的媒体使用会削弱青少年的自尊，不利于青少年的自我发展（Roe，1995）。青少年期的假想观众会让青少年更多地关注周围人对自己的看法，即更关注自己的同伴地位（Elkind，1967；Rubin，Bukowski，& Parker，2006）。因此，青少年可能会有较多的炫耀和攀比行为，这种行为会被教师和家长看成不良的媒体使用的影响，与学业表现呈负相关（Vanden Abeele & Roe，2013）。基于这种分析，我们推测手机作为身份和地位的象征，会让青少年有较多的不良使用，进而不利于青少年自我认同的发展。

在时间方面，研究发现，青少年将手机看成自己身体的一部分

（Stald，2008）。作为实用性功能的一部分，手机可以帮助青少年有效地管理日常生活（Wirth et al.，2008）。女生的人际自我认同与他人对自己身体外貌的评价有关系（Wängqvist & Frisén，2013），女生通过手机的使用可以很方便地了解各种时尚信息，并对自己的着装打扮做出调整以更适合同伴群体的规范，有利于获得更多来自同伴的积极评价。

在自我方面，它强调了青少年在时间维度和不同情境下多重身份的联合性整合（Syed & McLean，2016）。结合上述研究实例以及网络的跨时空特点，我们认为青少年的手机使用与自我方面的整合存在关联。

在个体-社会层面，皮特曼等人（2011）认为自我认同是个体与社会互动的结果。手机可以促进个体的社会流动性和沟通准备性，与好友的交流可以促进自我认同的发展（Stald，2008）。在网络沟通方面，社交网站中的自我表露是一种自我认同呈现的方式（Jordán-Conde，Mennecke，& Townsend，2014），与同伴的网络沟通有利于青少年自我概念清晰性的发展（Davis，2013）。从同伴群体的角度看，手机为青少年提供了一种传递青年文化的渠道（Vanden Abeele，2015），拥有和使用手机可以让青少年获得归属感（Walsh et al.，2009），有利于促进自我认同的发展（Stald，2008）。从更宏观的角度看，研究发现少数民族青少年移动互联网的使用有利于促进他们对本民族的认同（Liu，2015）。由此可见，手机对青少年自我认同四个方面的整合具有重要意义。

此外，有研究指出手机可以看成现代青少年的一种成人礼（Rosell et al.，2007），表明拥有手机象征着青少年身心发展的成熟。自我认同的发展是青少年阶段发展的核心任务，自我认同的积极发展和获得是成熟的重要内容与标志（Klimstra et al.，2010），如较多的社会参与、更高的社会责任感（Crocetti et al.，2012）、明确的生活目标、高水平的自我接纳（Berzonsky & Cieciuch，2016）。从这一点上看，青少年拥有和使用手机，以及手机对青少年的意义与青少年的自我认同存在关联。

雷雳、陈猛(2005)从生态系统论的视角综合分析了互联网可以通过微系统、中系统、外系统和宏系统对青少年自我认同的发展施加影响。接入互联网是手机的一种基本的实用性功能，手机也是人们上网的重要设备，网络对青少年自我认同发展的影响会通过手机得以完成。从这一点上看，手机功能对青少年自我认同的影响会反映在手机与互联网的结合上。

## (二)实证研究

尽管手机功能感知与自我认同的直接实证研究非常少，但是一些相关研究从高位概念和间接角度阐述了两者之间的关系。在实用性功能方面，鉴于性别认同是自我认同的一个方面，有的研究发现手机使用有利于促进儿童的性别认同(Bond，2011)，有的研究认为网络使用有利于个体自我认同的形成(Borca et al.，2015)，还有的研究认为博客使用有利于女生自我认同的形成(Gyberg & Lunde，2015)。有研究者则直接点明网络是青少年探索自我的重要空间(Hatton，2012)。另有研究者认为，媒体可以给青少年在塑造有吸引力的自我方面提供时间和工具，以及提供可以对其认同模式进行反馈的"观众"，而网络社区可以让青少年建立有意义的人生。手机可以增强青少年对社会联系的感知(Gardner & Davis，2014)。

在象征性功能方面，研究者从社会学的视角分析了象征意义和青少年自我认同的关系，并认为一些具有象征意义的物品，如手表、衣服等，对青年文化的形成具有重要作用(Best，2011)。谢笑春等人则发现手机的象征性功能对生活满意度有削弱作用(Xie et al.，2016)。总之，上述研究反映了网络对青少年自我认同发展的重要作用。因此，我们推论手机功能感知与青少年自我认同的发展关系密切，手机功能感知对青少年自我认同的发展有重要影响。

# 第二节　使用特点与对策

## 一、实用功能利于认同的完成和探索

我们考察了青少年手机使用和自我认同类型的关系。我们首先用潜在剖面分析青少年的自我认同，结果发现，青少年的自我认同类型可以分为自我认同完成、自我认同早闭、自我认同扩散和自我认同探索型延迟四种，其中自我认同早闭的人数最多，占 45.4％，其次是自我认同完成，占 33.5％。

进一步采用多分类的逻辑回归分析两种手机功能感知对青少年自我认同状态的预测作用，将青少年平时和节假日手机的使用程度作为控制变量。我们首先将自我认同完成作为参照建构模型，结果显示，相比于自我认同完成的青少年，手机实用性功能感知可以正向预测自我认同探索型延迟，负向预测自我认同早闭和自我认同扩散；手机象征性功能感知的预测作用不显著。我们再次将自我认同扩散作为参照建构模型，考察手机功能感知对自我认同类型的预测作用。结果显示，相比于自我认同扩散的青少年，手机实用性功能感知可以正向预测自我认同完成、自我认同早闭和自我认同探索型延迟；手机象征性功能感知的预测作用不显著。

本研究与传统自我认同状态的四分类（Marcia，1966）略有不同，和已有五分类的研究结果（Meeus et al.，2012；Morsunbul et al.，2016）也不同。这主要体现在我们得出的结果没有传统意义上的自我认同延迟，而是自我认同探索型延迟。传统意义上的自我认同延迟指的是个体一直处于探索阶段尚未做出承诺，即高探索—低承诺现象（Marcia，1966）。而自我认同探索型延迟体现为比传统的自我认同延迟有更高水平的承诺和深度探索，同时对承诺的反思水平也很高

（Meeus et al.，2012）。目前结果反映出在我国处于自我认同延迟的青少年并不是不去做出承诺，而是敢于承诺，但是承诺并不稳定。换言之，他们处于一种认同实验的状态。

这种现象可能有两个方面的原因。一方面是教育环境。目前中学正在逐步推进素质教育，如我们在北京地区的调研中发现很多中学都开设选修课、兴趣班。这种教育模式允许青少年去尝试、去探索。另一方面是网络环境。网络本身为青少年自我认同的发展提供了尝试的机会（雷雳，陈猛，2005）。青少年可以在网络中不断尝试建构更符合自身的认同模式。因此基于以上两个方面，我们认为自我认同探索型延迟是符合当下时代发展的。另一个与已有研究不同的是，我们发现自我认同完成类型中对承诺的反思得分也在均值之上，这与已有研究所发现的在均值之下（Meeus et al.，2012）的结果不同。这种现象是否是文化差异造成的，还需要今后大量研究的支持。本研究发现，自我认同早闭的青少年的比例最大，这可能由于在集体主义文化背景下，"互依我"的自我建构会使个体发展与重要他人（父母、老师）的密切关系（Kitayama et al.，1997）。青少年被动接受重要他人的价值观会导致早闭状态的出现。这种现象提示家长和教师应该鼓励青少年自主探索与发展自我。青少年自我发展的教育也有待进一步加强。

手机功能感知与自我认同状态的关系分析结果显示，在控制青少年平时和节假日手机使用程度的基础上，相比于自我认同扩散的青少年，对手机实用性功能感知水平越高的青少年，他们自我认同完成、自我认同早闭和自我认同探索型延迟的可能性越大；而相比于自我认同完成的青少年，对手机实用性功能感知水平越高的青少年，他们发展为自我认同探索型延迟的可能性越大。

手机实用性功能中的管理日常生活和控制的功能，实际上反映了青少年可以利用手机管理和控制个人身份（Leung，2011）；而手机随身性有利于青少年随时获取各种信息（Ishii，2006），让自己与时代的发展保持同步。这可以体现出手机实用性功能有利于情境和时间上的整合。手机实用性功能中的维持人际关系的功能则体现在个体与社会关系的整合中。此外，青少年可以通过手机在互联网上自由地呈现自我(Pempek et al.，2009；Zhao et al.，2008)，有利于个体自我方面的整合。消磨时间维度主要是体现在听音乐、玩游戏等消遣活动上。研究表明，青少年在网络上分享音乐、美图实际上也是一种展示自我的方式(Pempek et al.，2009)。网络游戏是青少年日常生活的一部分，游戏社交化反映出游戏已成为青少年社交的一种方式，青少年交流和分享游戏体验可以促进友谊的发展(De Grove，2014)。象征性功能对自我认同类型的预测作用不显著，这表明象征性功能比实用性功能对青少年自我认同的类型影响作用弱。

## 二、手机功能是认同风格的"双刃剑"

我们采用结构方程模型分析了两类手机功能与青少年自我认同风格的关系。结果显示，青少年的实用性功能感知正向预测信息加工风格；象征性功能感知反向预测信息加工风格，却正向预测规范遵从风格和弥散-回避风格(见图8-1)。

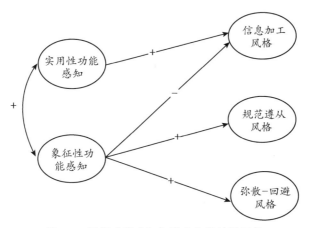

**图8-1　手机功能感知与青少年的认同风格**

我们又进一步对模型进行了性别和学校类型的差异性检验，结果发现，在性别和学校类型上存在显著差异。进一步分析发现，实用性功能感知对信息加工风格的影响在女生中比在男生中更大。在实用性功能感知对信息加工风格的路径上，初中生的路径系数显著大于普通高中生和中职生；在象征性功能感知对信息加工风格的路径上，中职生的预测作用不显著；在象征性功能感知对弥散-回避风格的路径上，中职生的路径系数最大，其次是初中生，最后是普通高中生；在象征性功能感知对规范遵从风格的路径上，中职生的路径系数显著大于普通高中生和初中生。

实用性功能感知正向预测信息加工风格，我们可以理解为，通过手机使用，青少年在能力、信念、自主性上得到了很好的锻炼，这为自我认同的积极发展打下了良好的基础，成为预测自我认同积极发展的指标。

象征性功能感知正向预测弥散-回避风格，负向预测信息加工风格，反映出手机的象征性功能对青少年的自我发展是不利的。已有类似研究发现象征性功能感知与对学校的积极态度和学业自我概念呈负相关（Vanden Abeele & Roe，2013），象征性功能感知可以负向预测青少年的师生关系、同学关系和生活满意度（Xie et al.，2016）。这些研究反映了象征性功能感知与青少年积极的学业和校园生活呈负相关。我们的研究从学业领域拓展到自我发展，揭示出象征性功能感知对青少年的自我发展具有消极意义。这反映出象征性功能感知对青少年发展的影响不仅体现在学业领域，而且体现在自我发展领域。这说明象征性功能感知对青少年发展的影响具有广泛性。

规范遵从风格既与自我认同早闭密切相关（Berzonsky，1989），又可以正向预测自我认同的承诺（Berzonsky，2010；Berzonsky & Cieciuch，2016）。这说明规范遵从风格不利于自我认同的探索，但从承诺的角度来看，它在一定程度上有利于青少年自我认同的建立。我们的研究发现象征性功能感知正向预测规范遵从风格，这说明象征性功能感知不利于青少年自我认同的探索。手机在青少年生活中不仅是一种通信工具，而且也反映出一定的社会意义（Campbell，2008）。青少年与群体规范保持一致可以促进自我的良好发展，有利于社会认同的实现（Tajfel & Turner，1979），而手机为青少年社会认同的实现提供了工具性支持（Valkenburg et al.，2016），没有手机的青少年会感到落伍，并产生更多的同伴压力（Campbell，2005）。青少年与群体规范保持一致的行为就是一种高承诺、低探索的认同现象。手机对这种现象的促进反映出象征性功能感知不利于青少年对自我认同的探索，而在一定程度上有利于自我认同的承诺。

综合而言，象征性功能感知对三种认同风格的预测关系，反映出象征性功能感知与青少年的自我认同是一种复杂的关系，但从总体上来看是消极意义大于积极意义。

实用性功能感知对女生的信息加工风格的促进作用比对男生更大，这种性别差异说明了信息加工风格相对较弱的女生更应该发挥手机实用性功能的积极作用，促进自我认同的发展。手机功能感知与自我认同风格存在学校类型的差异，这说明学校类型在两者关系中起调节作用。这种差异一方面是初中生、高中生的年龄差异导致的，另一方面可以被看成受教育的经历和当下教育环境的影响。例如，对于中职生而言，象征性功能感知对信息加工风格无预测作用，这可能反映了中职生群体的信息加工风格水平本身就很低，出现了地板效应；而在象征性功能感知与规范遵从风格和弥散-回避风格的关系中，中职生群体的路径系数最大，这可能反映出，不良的受教育的基础和不良的教育环境会恶化象征性功能感知对青少年自我发展的消极影响。

## 三、象征性功能可能削弱自我认同

鉴于有研究认为自我认同并不是一种状态，而是一个连续过程（雷雳，陈猛，2005），我们从连续性的角度考察手机功能与自我认同的关系。我们采用结构方程模型在控制青少年平时和节假日手机使用程度的基础上，考察手机功能感知对自我认同程度的预测作用。结果显示，实用性功能感知对自我认同程度的预测作用不显著，象征性功能感知对自我认同程度的预测显著，具体表现为青少年的象征性功能感知反向预测自我认同程度（见图 8-2）。我们同样对这一模型进行性别和学校类型的差异检验。结果显示，性别差异不显著，但学校类型的差异显著。具体表现为，象征性功能感知对初中生和高中生自我认同程度的反向预测作用强于对中职生自我认同程度的反向预测。

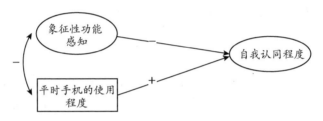

**图 8-2　象征性功能感知对自我认同程度的预测作用**

在手机功能感知和自我认同程度的关系中，我们发现在控制平时手机的使用程度后，实用性功能感知与自我认同程度的关系不显著，而象征性功能感知可以负向预测自我认同程度。这一结果再次说明象征性功能感知对青少年的自我认同发展是一种风险性因素，并且与以往的研究结果一致（Vanden Abeele & Roe，2013；Xie et al.，2016）。

中职生已经"适应"了手机的象征性功能感知对其产生的消极影响，而象征性功能感知的消极影响对本身过低的自我认同程度没有影响。因此，在变量关系上体现出在中职生群体中两者的关系最弱。这一点提示初中和普通高中的教育工作者应该教育青少年树立良好的价值观，不能过于关注手机的身份象征作用，否则会有很强的消极作用（Xie et al.，2016）。

**拓展阅读**

**发发朋友圈，抑郁降一降？**

以微信朋友圈、QQ空间为代表的社交网站，已经成为当代人生活中不可缺少的一部分。社交网站的用户人数逐年攀升。因而，了解社交网站使用对个体心理状况的影响是紧迫而重要的。

以往的许多研究表明社交网站的使用和高抑郁、低自尊等不良心理状况相关；同时也有很多研究表明社交网站的使用有利于促进个体社会资本的扩展，进而促进个体心理健康的发展。有研究者对这些看似矛盾的结果进行了概括和提炼，认为在考虑社交网站对个体的影响时，应该分别分析个体使用社交网站的不同方式对其所产生的心理影响。

以王鹏程为第一作者的雷雳教授团队在《社交网站能够减轻抑郁？在线真实自我呈现与青少年抑郁的关系：包含感知到的社会支持与反刍的中介作用》(Can social networking sites alleviate depression? The relation between authentic online self-presentation and adolescent depression: A mediation model of perceived social support and rumination)这篇文章中，探索了在朋友圈等社交网站中进行自我呈现这一使用方式对青少年抑郁的影响。该文章被发表在社会科学引文索引核心期刊《当代心理学》(*Current Psychology*)中。该研究得出了以下结论。

①在微信朋友圈等社交网站中进行真实自我呈现(如表达自己的负面情绪、发生在自己身上的负面事件等)，能够预测抑郁症状的减少。

②在社交网站中进行真实自我呈现会通过社会支持的中介作用降低青少年的抑郁水平。也就是说，在社交网站中进行真实自我呈现，会给青少年带来更多的社会支持，进而降低青少年的抑郁水平。

③在社交网站中进行真实自我呈现会通过反刍的中介作用降低

青少年的抑郁水平。也就是说，在社交网站中进行真实自我呈现，会降低青少年的反刍程度，进而降低青少年的抑郁水平。

④在社交网站中进行真实自我呈现会通过社会支持与反刍的序列中介作用降低青少年的抑郁水平。也就是说，在社交网站中进行真实自我呈现，会让青少年得到更多的社会支持，进而降低青少年的反刍程度，进而降低青少年的抑郁水平。

该研究结果为我们健康上网提供了一定的启发：在我们使用微信朋友圈时，不妨适当地展示自己的真实情况，这很可能会降低我们的消极心理水平，提高我们的心理健康水平。

作者：王鹏程、雷雳

## 四、总结

### (一)研究结论

综上所述，通过对青少年的自我认同与手机使用的研究，我们可以得出以下结论。

①我国青少年的自我认同类型分为自我认同完成、自我认同早闭、自我认同扩散和自我认同探索型延迟四种，其中自我认同早闭的人数最多。

②在自我认同类型方面，相比于自我认同扩散的青少年，对手机实用性功能感知水平越高的青少年，他们自我认同完成、自我认同早闭和自我认同探索型延迟的可能性越大；而相比于自我认同完成的青少年，对手机实用性功能感知水平越高的青少年，他们发展为自我认同探索型延迟的可能性越大。

③在自我认同风格方面，手机的实用性功能感知正向预测自我认同的信息加工风格。手机的象征性功能感知正向预测自我认同的规范遵从风格和弥散-回避风格，负向预测信息加工风格。

④在自我认同程度方面，手机的象征性功能感知负向预测自我认同程度。

## (二)对策建议

基于本章实证研究的结果，我们从青少年媒体素养教育的角度提出了一些合理建议，有利于青少年正确认识和使用包括手机在内的移动互联网，进而有利于他们自我认同的良好发展。

媒体素养是人们可以在多样化的媒体环境中获得、分析、评价和创造信息的能力(Livingstone，2004)。媒体素养强调个体对媒体本身以及媒体传递的信息的批判性思考与创造(Chen，Wu，& Wang，2011；Lin et al.，2013)。之后有研究者提出了"网络素养"的概念，即将媒体素养中的媒体明确化为互联网。我国研究者指出，青少年网络素养的培养是十分必要的，它可以培养青少年良好健康的网络使用方式，提高他们的综合能力，使他们形成正确的情感态度和价值观(李宝敏，2012)。我国心理学家林崇德(2016)所带领的中国学生发展核心素养研究团队对中外基础教育中的学生素养进行了广泛深入的研究，他们的研究发现"信息技术素养"和"自我管理素养"是中外基础教育中具有共识性的关注点，他们也将其纳入我国基础教育学生核心素养。具有较高媒体素养或信息技术素养的青少年会较少受媒体信息的不良影响(McLean，Paxton，& Wertheim，2016)。许多国家也都强调了媒体素养在青少年教育中的重要性(Diergarten et al.，2017)。

青少年媒体素养或网络素养的培养具有理论和现实根据。从理论角度看，在网络时代下，每个人都是信息的生产者，也是信息的消费者(Koltay，2011)。个体在创造和消费网络信息时所应具备的能力就是媒体素养(网络素养)。根据自我决定理论的观点，媒体素养(网络素养)的获得可以被看成胜任需求的满足。胜任需求作为基本心理需求之一，它的满足有利于个体提高内部动机、增强幸福感(Ryan & Deci，2000)。基于此观点，青少年在信息化的浪潮中若要准确、有效地获取、理解并创造信息就必须提高自身的媒体素养(网络素养)。

从现实角度看，互联网的出现改变了青少年的阅读、书写、知识建构、学习等方式，媒体素养或网络素养的培养是青少年适应这些新变化的需要，也是促进他们社会化发展的关键（李宝敏，张良，2014）。

在移动互联网急速发展的今天，宽泛的媒体素养或许已不那么明确，移动媒体素养应该被纳入日程。对于该问题，我们从个体、家庭、学校和社会四个层面提出建议。在个体层面，青少年应该正视移动媒体在生活中的重要作用，同时要看清其消极影响，做到健康使用，不沉迷、不炫耀、不攀比。在家庭层面，父母应该以身作则教育和监督孩子正确、健康使用移动媒体，在给孩子购买手机时应以实用为导向，切莫过度追求时髦，同时不要经常给孩子更换手机。在学校层面，在中学信息化教育课程中开展移动媒体素养的教育十分必要，并在价值观教育上遏制攀比之风。在社会层面，正如李春玲和施芸卿（2014）所建议的：提高人们的文化鉴赏能力，健全不完整的社会文化系统，在社区、单位积极开展文娱活动以丰富人们的闲暇生活是在社会转型期改善人们的生活方式、促进社会积极发展的必要措施。

# 第九章　青少年的心理性别与上网

**开脑思考**

1. 我们可能会了解到一些青少年在网络中为自己选择性别时，并不表明自己的真实性别。他们这样做仅仅是为了好玩儿还是另有他意？

2. 青少年在玩游戏时，往往会标定自己的性别，是女性的身份更好，还是男性的身份更威武？

3. 青少年在网络空间中对自己性别的定位能否影响到其现实生活中的性别定型？是促进还是妨碍？

**关键术语**

性别认同，心理性别，网络游戏，角色扮演

## 第一节　问题缘起与背景

### 一、先天生就男女身，虚拟世界或可变

为什么要把青少年上网与其心理性别联系起来？这一问题的背景又是怎样的？

男女生心理的差异是客观存在的，这种差异是生物学因素和环境因素相互作用的结果，生物学因素为心理性别差异的形成提供了物质基础和自然前提，环境因素起到了决定性作用。进入青少年期以后，每个人都应该形成稳定的性别角色，也可被称为心理性别。

性别角色指的是个体在社会化过程中通过模仿学习获得的一套与自己性别相应的行为规范（Pleck，1984）。传统的性别角色模式认为，性别角色的维度是单一的，男性化、女性化处于维度的两极，个体的性别角色处于该维度的某一点；而且，具有男性化特质的男性和具有女性化特质的女性在心理上更健康。后来有人提出了"双性化"概念，即"个体同时具有男性和女性两种性别因素优点的人格特质"（Ashmore，1990）。美国心理学家贝姆根据这个概念，通过实证研究将社会上的人分为四种不同的性别特质——双性化、男性化、女性化和未分化类型，并认为双性化是较佳的性别角色心理模式（Bem，1981）。

现代心理学认为，男性女性化是在保持男性特征的同时，增加女性特征的倾向，开始具有女性性别特质的某些特征，但与双性化者相比，个体的男性特征处于隐性，表现不充分，继而表现为女性特征较为突出。女性男性化是在保持女性特征的同时，具有男性性别特质的某些特征。因此，男性女性化和女性男性化是向双性化发展的一个过渡或一种趋势。

在现实社会中，对个体心理性别的行为表现的评价，始终受到生理性别的制约。但随着互联网技术的发展，一个虚拟的世界呈现在人们的眼前，在那里，真实的身份可以得到充分的隐藏和保护。一方面，网络游戏的出现让参与者可以进一步随心所欲地表现自己的言语和行为——他们甚至在很多网络游戏中决定自己的性别。另一方面，惩罚措施的不当导致网络游戏中作弊、欺诈的行为日渐增多，其中常见的就是冒充异性引诱玩家（多是涉世不深的青少年），达到骗取虚拟财产的目的。围绕这一问题，不少网络游戏论坛都发起过讨论，人们对"网络游戏中是否应如实表明自己的性别"各抒己见。最后的结论大多是"虽然我们并不支持，但只要不利用异性的身份行骗，我们就无权干涉他人的喜好"，这至少从一个侧面说明，在网络游戏中扮演异性角色已经不再是极少数人的行为了。有了网络的保护，人们的行为会越来越接近自己的本意，心理性别的表现也会更加真实。

　　在此令人感兴趣的是，心理性别与青少年在网络游戏中的某些行为(游戏类型偏好、扮演异性、在互联网中的同伴交往)之间的关系。

## 二、心理性别定型过程始于婴幼儿期

　　每当一个孩子出生，家人和亲朋好友最关心的问题可能就是"生的是男孩还是女孩"。这个问题所关注的实际上不完全是生物学上的差异，更关注的是其社会角色。与性别相联系的社会角色是个体从婴儿期就开始学习的。在幼儿期，个体快速地学习其所处文化指定给男孩或女孩的行为，同时也开始确定自己是男孩还是女孩。这就是心理性别定型过程的开始。

　　心理性别定型涉及三个方面：一是性别认同的发展，即知道一个人要么是男的，要么是女的，并且性别是不变的；二是性别角色刻板印象的发展，即关于男性和女性应该是什么样子的看法；三是行为的性别定型模式的发展，即幼儿喜欢相同性别的活动，而不是通常与另一性别相联系的活动(见表9-1)。性别认同的发展主要体现在幼儿期。

表 9-1　心理性别定型过程

| 年龄/岁 | 性别认同 | 性别刻板印象 | 性别类型化行为 |
|---|---|---|---|
| 0~3 | 出现区分男性和女性的能力，并不断提高。<br>能够准确地标定自己是男孩还是女孩。 | 出现一些性别刻板印象。 | 出现对性别类型化玩具和活动的偏好。<br>出现对同性玩伴的偏好(性别隔离)。 |

续表

| 年龄/岁 | 性别认同 | 性别刻板印象 | 性别类型化行为 |
|---|---|---|---|
| 4～7 | 性别恒常性出现（认识到性别不会改变）。 | 在兴趣、活动和职业上的性别刻板印象变得非常僵硬。 | 对性别类型化玩具和活动的偏好变得更强了，尤其是对男孩而言。性别隔离进一步强化。 |
| 8～11 | — | 出现人格特征和成就领域的性别刻板印象。性别刻板印象变得不太僵硬。 | 性别隔离继续强化。男孩对性别类型化玩具和活动的偏好继续加强。女孩表现出对男性化活动的兴趣。 |
| 12 岁以上 | 性别认同更加明显，反映了心理性别强化的压力。 | 在青少年早期，对跨性别的言行举止越来越难以容忍。在青少年后期，大多数性别刻板印象变得更具灵活性。 | 在青少年早期，对性别类型化行为的遵从增强，反映了心理性别的强化。性别隔离变得不再那么明显。 |

科尔伯格等人认为，儿童对自己是男性还是女性的基本理解是逐渐发展的，整个过程经历三个阶段（Kohlberg，1966；Kohlberg & Ullian，1974）。

第一，性别标签。在两三岁时，幼儿理解了自己要么是男孩，要么是女孩，并对自己有相应的标识。

第二，性别稳定性。幼儿开始理解性别是稳定的：男孩会变成男人，女孩会变成女人。然而，此时幼儿可能认为，女孩如果把发型变成男孩那样，那么她就会变成男孩；男孩如果玩洋娃娃就会变成女孩。

第三，性别恒常性。在 4～7 岁时，大多数儿童理解了性别并不会随着情境或者个人的愿望而改变。他们明白了性别不受他们所穿的衣服、所玩的玩具以及发型的影响。

研究表明中国幼儿的性别认同发展特点与科尔伯格的观点是一致的（范珍桃，2004）。

## 三、青少年期心理性别定型：尘埃落定

青少年期是一个心理性别强化的时期，即关于男性、女性的刻板印象进一步提升，更加走向传统的性别认同（Basow ＆ Rubin，1999）。

在青少年早期，在男孩、女孩经历身体和社会性变化的时候，他们必须对自己的性别角色进行重新界定。青少年对性别角色的认识发展会出现波动，呈现一种近似于字母"N"形的趋势，11 岁以后达到顶峰，之后下降，14 岁左右再次上升，18 岁以后稳定（赵淑文，雷雳，1996）。

随着青春期的开始，男孩、女孩与心理性别相联系的期望也会变得日益深化，男孩、女孩之间的心理及行为差异在青少年早期会变得越来越大，因为这时迫使他们服从传统的男性化及女性化性别角色的社会化压力增加了（Lynch，1991）。尤其是对女孩更为突出（Crouter et al.，1995），她们这时尝试异性活动的自由与儿童期相比已经大有不同。

吉利根认为青少年早期对女孩心理性别的强化具有特殊意义（Gilligan，1996）。她认为，女孩通常显示出对人际关系有很清楚的认识，这是她们通过倾听和观察人与人之间所发生的种种互动关系而获得的。女孩能够很敏感地把握到人际关系中的不同"脉搏"，并且常常能够追随自己的感情走向。女孩对生活的体验与男孩不同，她们有"不同的声音"。

青少年期对女孩来说是一个关键点。在青少年早期，女孩会意识到自己对亲密感非常感兴趣，而这在男性主导的文化中是没有什么价值的，虽然社会也推崇关心他人的、利他的女性。因此，女孩需要面对一个两难问题：要么使自己显得自私（她们变得独立，追求自我满足），要么使自己显得无私（对他人有求必应）。吉利根认为，处于青

少年早期的女孩在面对这一两难问题时，会越来越"沉默"，不再发出"不同的声音"。她们会变得更加不自信，在发表自己的意见时更具有试探性，这种状况往往会一直持续到成人期。

不同的背景会影响青少年女孩是否沉寂自己的"声音"。女性化的女孩在公共场合(与老师和同学在一起时)很少发表意见，但是在更为私人的人际关系中(与亲密的朋友和父母在一起时)则不是这样的(Harter，Waters，& Whitesell，1996)。

到青少年早期，经历儿童期的发展之后，女孩最终还是偏好(或服从)大体上的女性角色。一方面，青春期的身体发育使她们更有女人味；另一方面，认知的发展使她们对女性角色有了更好的理解，她们也变得更关心他人的评价，更倾向于服从相应的社会期望。

此时，性别认同会进一步扩展，包括三个方面的自我评价。

其一，性别的典型性，即个人认为自己与同性别的其他人相似的程度。尽管他们不一定需要以非常典型的性别化观点来看待自己，但是，是否有与同性别的同伴相似的感觉会对其幸福感产生影响。

其二，性别的满意度，即个人对自己的性别的满意程度，也会影响幸福感的提升。

其三，服从性别角色的压力，即个人感受到的来自父母和同伴对其与性别相关的特质的不满。因为这种压力会抑制他们去探索与自己的兴趣和天赋相关的选择，所以，强烈地感受到心理性别定型压力的儿童常常会感到痛苦。

心理性别典型的、对自己的性别满意的人，会获得更高的自尊水平；而心理性别不典型的、对自己的性别不满意的人，其自尊水平会下降。强烈地感受到服从性别角色压力的人，会遇到一些困难，如出现退缩、悲伤、失望、焦虑的情绪体验(Yunger，Carver，& Perry，2004)。

## 四、心理性别定型的"另辟蹊径"

虽然大多数人在心理性别的发展中符合文化所期望的性别定型特征，但是仍然有少数人选择了另外一条路，他们被认为存在性别认同障碍。

性别认同障碍的诊断标准主要有两个方面（Bradley & Zucker，1997）。标准 A 包含一些特别的愿望和行为。例如，像异性那样大小便，或者深信一个人可以拥有像异性那样的典型感受或者行为反应。标准 B 指的是能够使人对自己的生物学性别或者性别角色深感不安的特定行为，如解剖结构带来的烦躁不安，或者明显地厌恶同性的活动或者服饰。

研究表明，6%的 4～5 岁男孩和 11.8%的 4～5 岁女孩的言行举止有时候或者经常会像异性一样，并且这当中 1.3%的男孩和5.0%的女孩有时候或者经常会希望自己变成异性（Sandberg et al.，1993）。然而，从 6 岁到 13 岁期间，男孩在这些方面的表现都下降了；对于女孩而言，要么是行为方面的表现下降了，要么是愿望方面的表现下降了。

虽然在正常样本中女孩显得比男孩更希望变成异性，但是临床样本表明男孩与女孩希望变成异性数量的比率是 7∶1。当然这并不能够解释为人口学变量上的性别差异，它反映的可能是同伴和成人对男孩、女孩所表现出的异性行为的社会容忍度不同，男孩在表现出女性化的行为时更容易被认为不正常。

从与性别认同障碍相联系的心理病理学问题来看，6～11 岁男孩受到的困扰要比 4～5 岁男孩多。这些问题主要表现为内化问题，而不是外化问题。有性别认同障碍的女孩也会表现出相同水平的行为困扰，但是她们的内化问题更为突出。

儿童期的跨性别行为与成年以后的同性恋取向有着非常密切的联系(Bailey & Zucker，1995)。不过，并不是所有成年以后自认为是同性恋的人都回忆自己小时候有过跨性别的行为。这表明性别认同障碍与同性恋之间的关系并不是必然的，性别认同障碍也不能简单地被看作同性恋的早期表现(Bradley & Zucker，1998)。

导致儿童性别认同障碍的特定因素，在父母方面就是对孩子的跨性别行为的容忍，也可能是儿童本身的某些因素(如活动水平或者敏感性)，它们能够使得跨性别行为更加突出。一旦开始表现出明显的跨性别行为，尤其在性别认同还没有巩固时，儿童就可能会形成跨性别认同的自我，它将会起到重要的防御机制的作用。在导致这种情况出现的因素没有改变的情况下更是如此。所以，人们在采取相应的干预方法时应该考虑到这一点。

## 第二节　上网特点与对策

### 一、男性化青少年对竞技游戏情有独钟

为了探究男性青少年的心理性别与游戏类型偏好是否有关，我们对其性别角色与游戏类型偏好进行了相关分析(雷雳，柳铭心，陈辉，2006)。鉴于研究取样方面的原因，该研究只包含男性青少年。对心理性别与游戏类型偏好进行的分析显示(见表9-2)，无论是男性化分数还是女性化分数，它们与大型多人在线角色扮演游戏的偏好分数之间都不存在显著相关。也就是说，男性个体的心理性别特点与其大型多人在线角色扮演游戏偏好没有关系。

表 9-2　心理性别与游戏类型偏好的相关①

| 项目 | 1 角色扮演类游戏 | 2 竞技类游戏 | 3 男性化 | 4 女性化 |
|---|---|---|---|---|
| 1 角色扮演类游戏 | 1 | | | |
| 2 竞技类游戏 | — | 1 | | |
| 3 男性化 | / | ＋ | 1 | |
| 4 女性化 | / | — | — | 1 |

　　但在竞技类游戏偏好方面，男性化与竞技类游戏偏好存在显著正相关，女性化与竞技类游戏偏好存在显著负相关。也就是说，男性化气质越强的男性青少年，竞技类游戏偏好程度越高，而女性化气质越强的男性青少年，竞技类游戏偏好程度越低（见图 9-1）。从角色扮演类游戏与竞技类游戏的相关来看，它们之间存在显著负相关。也就是说，喜欢角色扮演类游戏的人就不太可能喜欢竞技类游戏（见图 9-2）。

　　这种关系可以通过图 9-1 和图 9-2 形象地反映出来。

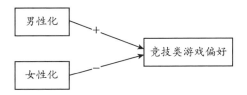

图 9-1　男性化、女性化与竞技类游戏偏好的关系模型

图 9-2　角色扮演类游戏与竞技类游戏偏好的关系模型

　　我们可以看到，对于男性青少年而言，男性化分数越高，竞技类游戏偏好程度就越高；相反，女性化分数越高，竞技类游戏偏好程度就越低。景怀斌（1995）对中国人成就动机差异的研究表明，在中国，

---

① 　表格中"＋"代表显著正相关，"－"代表显著负相关，"/"代表相关不显著，具体的相关系数均被省略。后同。

男性被认为更具有竞争意识，所以男性化气质突出的男性青少年更喜欢竞技类游戏也就可以理解了。男性的攻击性水平普遍被认为要高于女性，男性化气质越突出的青少年为了让自己更符合社会关于男性角色的标准，会刻意不去压抑这种天性，相对而言就更崇尚强者、对抗，对玩家的操作要求和意识要求比较高的竞技类游戏就成为他们合法且有效释放攻击性、展示力量的一种选择。其实这类现象在现实生活中也很常见。例如，在球迷和军事迷的队伍中，男性成员的比例通常会远大于女性，而竞技类游戏的主题大多与体育和军事有关。

在大型多人在线角色扮演游戏中，虽然也存在玩家之间的较量，但其并不是唯一的主题。每一个大型多人在线角色扮演游戏都是在营造一个虚拟的社会，玩家在虚拟的社会里按自己的意愿做被游戏规则允许的事情。其游戏内容更加丰富，行为的自由度远比竞技类游戏要高，对玩家也没有太多技术上的要求，因此能够吸引拥有不同游戏目的和喜好的人参与进去，这也许可以解释为什么心理性别与对大型多人在线角色扮演游戏的偏好程度没有关系。

## 二、男性化青少年更热衷于在网游中交友

为了探究男性青少年的心理性别与其在网络游戏中的同伴交往倾向是否有关，本研究对青少年的性别角色与其在网络游戏中的同伴交往倾向进行了相关分析。结果显示（见表 9-3），男性化与其在网络游戏中的同伴交往倾向存在显著正相关，而女性化与其在网络游戏中的同伴交往倾向不存在显著相关。也就是说，男性气质越突出的男性青少年，在网络游戏中进行的同伴交往越多，而男性的女性化气质与其在网络游戏中的同伴交往倾向没有关系。

表 9-3　心理性别与其在网络游戏中的同伴交往倾向的相关

|  | 1 同伴交往倾向 | 2 男性化 | 3 女性化 |
|---|---|---|---|
| 1 同伴交往倾向 | 1 |  |  |
| 2 男性化 | ＋ | 1 |  |
| 3 女性化 | ／ | — | 1 |

这种关系可以通过图 9-3 形象地反映出来。

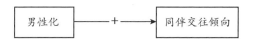

图 9-3　男性化与在网络游戏中的同伴交往倾向的关系模型

心理性别与在网络游戏中的同伴交往倾向的相关分析显示，男性化分数越高的男性，在网络游戏中的同伴交往倾向就越明显，女性化与在网络游戏中的同伴交往倾向的相关并不显著。传统的男性角色特征主要包括豪爽、外向、不拘小节等，在这一点上东西方的差异并不大。这样看来，更男性化的男性会更外向、更大度、更乐于助人，正如本次研究结果所显示的，他们更愿意交朋友。

虽然很多理论都提到具有女性化的特征的个体更擅长处理人际关系，但这种结论在本次调查的网络游戏男性玩家群体中似乎并没有明显地表现出来。这可能是因为网上的人际交往与现实中的人际交往有所不同，女性人际交往的优势在网络人际交往中并不能很好地发挥出来。

## 三、男性化青少年排斥在网络游戏中扮演女性

为了探究男性青少年的心理性别与其在网络游戏中扮演异性角色倾向是否有关，本研究对青少年的性别角色与其在网络游戏中扮演异性角色倾向进行了相关分析。结果显示（见表 9-4），男性化与其在网络游戏中扮演异性角色倾向的分数之间存在显著负相关，女性化与其

在网络游戏中扮演异性角色倾向之间存在显著正相关。也就是说，男性化气质突出的男性青少年，在网络游戏中越不可能扮演异性角色。相反，女性化气质突出的男性青少年在网络游戏中更有可能扮演异性角色。

**表 9-4　心理性别与其在网络游戏中扮演异性角色倾向的相关**

|  | 1 扮演异性 | 2 男性化 | 3 女性化 |
|---|---|---|---|
| 1 扮演异性 | 1 |  |  |
| 2 男性化 | － | 1 |  |
| 3 女性化 | ＋ | － | 1 |

这种关系可以通过图 9-4 形象地反映出来。

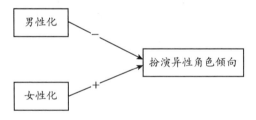

**图 9-4　心理性别与在网络游戏中扮演异性角色倾向的关系模型**

进一步分析心理性别、游戏类型偏好、在网络游戏中的同伴交往倾向是否对扮演异性角色倾向有预测作用，结果表明，男性化、女性化和竞技类游戏偏好进入了回归方程，累计多元相关系数为 0.78，它们的联合解释力为 61％。也就是说，男性青少年的男性化、女性化以及竞技类游戏偏好可以联合预测在网络游戏中扮演异性角色倾向 61％的变异量。

这种关系大致上也可以通过下面的"公式"形象地反映出来。

扮演异性角色倾向＝女性化－男性化－竞技类游戏偏好

本次研究以男性为对象，因此这里提到的扮演异性角色倾向就是扮演女性角色倾向。统计结果表明男性化分数越高，扮演异性角色倾向就越低；相反，女性化分数越高，扮演异性角色倾向就越高。我们可以理解为：更女性化的男性比更男性化的男性更愿意在网络游戏中扮演女性角色。这种现象很可能是因为基于网络的隐蔽性，人们的行为可以更接近自己的本意，在生理性别不会被公之于众的情况下，心理性别的表现会更加真实。某些在现实社会中被认为男性不应做的行为，如哭泣、撒娇、依靠别人等，很可能在网络游戏中以女性的身份表现出来。

当然，倾向于扮演异性角色的这部分人在心理性别的社会化进展中可能会存在一定程度的性别认同障碍。性别认同障碍者会有一些特别的愿望和行为。在现实生活中，这部分人如果按照他们所希望的方式表现自己的行为，就会承受巨大的社会压力。而在互联网这个虚拟的环境中，由于网络的隐蔽性等特点，他们可以有一个比较宽松的环境，心理压力得到释放。但是，这对他们的心理性别社会化、对现实社会的适应可能并无太大帮助。

由于网络游戏玩家群体中男女比例的严重不平衡，大多数男性玩家都很重视与女性玩家的关系。不过，一旦他们得知自己在游戏中的女伴实际上是男性，所产生的受骗的感觉很可能就会导致他们对这种行为的厌恶。扮演异性角色的行为与盗取账号和虚拟财产、利用非法外挂作弊并列，都是被广大玩家声讨的行为。由此推断，在将自己的态度反映在问卷中的时候，不能完全避免有人会有意识地掩饰自己对这种行为的态度。在本次调查中扮演异性角色倾向分数的平均数为17.66（总分40），这只能说是一个保守的数字，实际情况有待进一步研究。

回归分析的结果表明男性个体的男性化、女性化、竞技类游戏偏好是可以预测男性在网络游戏中扮演异性角色倾向的。如果男性个体更具男性化气质、在网络游戏中更偏好竞技类游戏，那么就可以预测他不可能在网络游戏中扮演异性角色，反之，则可以预测他很可能会在网络游戏中扮演异性角色。其原因在前面已经进行了探讨，这里不再赘述。

## 拓展阅读

### 谁在引领社交媒体的世界？女生！

在每一个大的社交媒体平台后面，都站着数以百万计的女性。男性则爱他们的智能手机！

有研究发现，女性比男性更多地使用社交媒体，并且使用方式也更多。在脸书、微博等平台，女性的数量比男性更多。

这并不奇怪，拼趣拥有更多的核心女性使用者，有33％的成年女性使用该网站。相较之下，只有8％的成年男性使用该网站。但是领英网的统计数据颠倒过来了，24％的成年男性使用该网站，而成年女性仅有19％。

也许更有趣的是，女性通过手机引领了社交媒体的使用。46％的女性使用智能手机来查看社交媒体活动情况，而男性是43％。

对于平板电脑也是如此，32％的女性查看社交媒体活动情况，而男性是20％。

该研究还发现，女性比男性更容易通过社交媒体与品牌进行互动。超过一半的女性使用社交媒体对品牌表示支持并获得优惠，而不到一半的男性会以这样的方式使用社交媒体。

女性还会使用社交媒体来跟上品牌时尚，并比男性更倾向于对自己喜爱的品牌发表评论。甚至在新闻领域，女性更喜欢通过社交媒体来获得趣事。58％的女性固定地从脸书中获得新闻，而只有43％的男性通过这种方式来获取新闻。

女性在社交媒体上比男性更活跃的这一事实并不是最近才发现的。这一观点至少适用于过去五年。然而有趣的是，女性正在引领社交媒体的关注点从电脑桌面转移到移动电话，其中对于社会化媒体而言，这是社交网站未来几年的极大关注点。

作者：乔丹·克鲁克(Jordan Crook)

译者：王艳、雷雳

## 四、总结

### (一)研究结论

综上所述，通过对青少年的心理性别与上网之间关系的研究，我们可以得出以下结论。

①男性个体的心理性别特点与其角色扮演类游戏偏好没有关系；男性化气质越突出的男性青少年，竞技类游戏偏好程度越高，而女性化气质越突出的男性青少年，竞技类游戏偏好程度越低。

②男性气质越突出的男性青少年，在网络游戏中进行的同伴交往越多，而男性的女性化气质与其在网络游戏中的同伴交往倾向没有关系。

③男性化气质越突出的男性青少年，在网络游戏中越不可能扮演异性角色；相反，女性化气质突出的男性青少年在网络游戏中更有可能扮演异性角色。

### (二)对策建议

性别角色对个体的成长和发展具有重要意义。性别角色的形成和发展虽然始于婴幼儿期，但是，青少年期是其逐步走向稳定的时期，同时，性别认同的形成是青少年自我认同探索的重要构成部分。当然，这也意味着此时青少年对社会所要求的性别角色心存怀疑，他们可能会尝试不同的性别角色，而互联网所建构的虚拟世界为此提供了适合的舞台。

从本研究的发现中可以看到，有一部分男性青少年在对心理性别的认同上存在分化，表现出女性化的倾向，这既可能是他们内心的真实体验，也可能是其性别认同探索的"实验"，先看看装扮为异性会发生什么事。青少年在网上与心理性别相关的行为表现，对其发展恰当的性别认同具有警示作用。

家长、教师或其他与青少年的关系密切者，可能都需要对青少年阐明性别角色在社会生活中的重要意义，帮助他们体会心理性别在建构自我认同中的作用和地位。同时，也可以与这些青少年一起分析探讨他们对心理性别定型的思考，分析支持他们进行自我认同建构的重要因素，为他们发展自我提供具有建设性的意见。

# 第十章　青少年的依恋关系与上网

**开脑思考**

1. 依恋关系是个体自婴儿期就开始建立的与他人的情感联系。不安全型依恋的青少年在上网时，可以从中获得安全感吗？

2. 婴儿期开始形成的依恋关系对青少年期同伴亲密关系的建立会不会产生影响？什么样的依恋关系会使得他们选择在网络空间中寻找依靠呢？

3. 青少年与父亲的关系和与母亲的关系可能并不相同，这对青少年的上网行为又会产生什么影响呢？

**关键术语**

依恋关系，互联网服务偏好，网络成瘾，网恋

## 第一节　问题缘起与背景

### 一、网络恐成青少年的又一依恋对象

为什么要把青少年上网与其依恋关系联系起来？这一问题的背景又是怎样的？

"依恋"是指人与人之间建立起来的、双方互有的亲密感受以及相互给予温暖和支持的关系。最初它主要指母亲和婴儿之间的依恋，但随着生命全程依恋观（Bartholomew，1993；Colin，1996）和多重依恋

说的兴起，人们对依恋的关注扩展到了其他的生命时期和生活中的重要他人。依恋关系体现在人毕生发展的过程中，包括儿童期、青少年期等整个人生阶段中的母子依恋、父子依恋和同伴依恋等。

青少年期个体的依恋状况对其生活满意度、情绪情感以及人际交往能力等方面均有重要影响。虽然父母是个体重要的依恋对象，但是随着个体从童年期向青少年期过渡，同伴对他们的影响越来越大，同伴依恋逐渐占主导地位。

在互联网飞速发展和普及的背景下，由于青少年对外部世界充满好奇心，互联网对他们的学习和成长有特别的吸引力。青少年的成长空间正在从现实世界向网络虚拟世界延伸。青少年现实世界中的人际关系可能会对其互联网使用行为产生影响。父母和同伴是青少年现实世界中的人际关系的主要内容，也是青少年获取社会支持的重要来源。因此，青少年与其父母和同伴的依恋关系状况对其互联网上各种服务的使用偏好、互联网的卷入程度等的影响，是值得关注的问题。

值得一提的是，现在的青少年多是独生子女，他们在生活中缺少交流的对象，而青少年期又是个体身心发展的重要时期，以强烈的情绪冲动和极端的情绪体验为特征，是孤独感发生和发展的高危期。所以青少年更倾向于寻找一个情感寄托以避免产生孤独感（Brage & Meredith，1993）。同时，青少年对异性也充满了好奇，而中国保守的传统文化使部分家长和老师对青少年的异性交往过度敏感，认为青少年的成长不一定需要异性的参与，这样的观念导致部分家长和老师对青少年与异性的交往持坚决反对的态度（陈慧瑜，2005），他们严格限制青少年的异性交往。

青少年正处于逐步摆脱对父母的依恋，转向对同伴的依恋的过程中，当他们产生依恋焦虑时，可能会感到恐惧、孤独和不安，渴望得到情感上的安慰和支持，从而达到内心的平衡状态，获得安全感（Allen & Land，1999）。依恋焦虑水平高的青少年通常将这种情感指向同龄人中的异性，通过与异性建立亲密关系，减轻或消除压力、紧张、恐惧、焦虑等感受，获得安全感（李同归，王新暖，郭晓飞，2006）。由于学校和家长对青少年的异性交往比较敏感（陈慧瑜，2005），因此，青少年可能会更多地采用一种较为隐蔽的方式满足与异性交往的需要。在互联网时代，网恋可能就是一种选择。

互联网的匿名性、便利性和逃避现实性正好给青少年提供了一个可以自由与人交流的空间，在这个虚拟的世界中他们可以摆脱父母和老师的限制，自由地与异性交流（Young，1997）。一项以10～17岁青少年为对象的研究发现，7％的青少年经历过网恋，尤其是14～17岁的青少年，几乎四分之一的网恋者与网友见过面（Anderson，2005）。由于网络存在的安全隐患以及青少年自身的特点，网恋可能会给青少年带来一些负面影响（张桂兰，2005）。如何避免网恋对青少年造成的负面影响是家庭、学校和社会共同关注的问题。

在此令人感兴趣的是，青少年上网与其依恋关系是如何联系的，以及青少年的依恋关系与其网恋之间又有何联系。

## 二、亲子依恋与同伴依恋异曲同工

青少年与不同对象的依恋关系有何特点？它们又会对青少年的成长和发展产生怎样的影响？

### （一）亲子依恋中父亲和母亲的地位不分伯仲

亲子依恋指的是青少年与父母的亲密情感联结。尽管在青少年期亲子间共享的活动和交往互动的机会越来越少，依恋行为的频率和强度下降，青少年在行为上表现出有目的地反抗或远离父母，更多地寻求朋友的帮助，但依恋关系的质量仍保持不变，甚至可能关系更加亲密（Collin，1996）。亲子间亲密的依恋关系会促进个体的成熟和适应，有助于青少年成功地完成自主性的发展任务（Larson et al.，1996；Stenberg，1990）。

虽然个体从童年期到青少年早期与父母之间的亲密程度呈下降趋

势，但从青少年早期到成年早期呈逐渐上升趋势，这说明青少年仍然与父母保持亲密的情感联系（Buhrmester，1996）。青少年在获得越来越多的自主的时候，仍然对父母有所依恋，这是其心理健康的表现（雷雳，张雷，2003）。大多数青少年希望并需要把父母当作"保留的依恋对象"，在抑郁的时候仍然寻求父母的支持和安慰。而且，青少年的亲子依恋可以影响个体的社交技能、对朋友支持的感知等。

传统上人们关心的是母子依恋，这与母亲的重要抚养人的角色有关。母亲大量参与儿童的日常生活，并教给儿童基本的社会交往技能。但20世纪60年代的研究发现，即使父亲没有经常照料婴儿，婴儿也会对父亲表现出依恋（Schafer & Emerson，1991）。父亲对婴儿行为的社会刺激和反应是决定依恋的一个重要因素。

有研究者研究了学龄儿童（9～14岁）的父子依恋、母子依恋关系的发展特征，及其与同伴接受性、互选友谊数量及友谊质量的关系，发现依恋关系与其友谊质量相关显著，而与同伴接受性、互选友谊数量没有显著关系（Melissa et al.，1999）。研究发现，五年级小学生的母子依恋不仅与友谊质量显著相关，而且与其同伴接受性、互选友谊数量显著相关（Kerns，1996）。有研究者研究了儿童的亲子依恋与其内外部行为问题、学校适应、同伴交往能力的关系，发现父子依恋、母子依恋对儿童的不同方面有显著影响（Verschueren et al.，1999）。对父亲的依恋可以显著地预测儿童的学校适应、同伴交往能力，尤其是焦虑、退缩行为；对母亲的依恋显著地预测了儿童的同伴交往能力。

有研究比较了父子依恋、母子依恋分别与儿童自尊、自我认识之间的关系，发现父亲在抵御儿童社交焦虑方面的作用超过了母亲（于海琴，周宗奎，2004），父亲的支持、可靠会给儿童带来信心，让他们觉得自己是能够胜任的，从而有效地克服不良情绪。

总而言之，大多数研究者认为父子依恋与母子依恋有独立的工作模式，影响儿童不同的发展领域。母子依恋和父子依恋对个体的发展都有重要影响，但又有所区别。

### (二)同伴依恋的影响与日俱增

　　青少年期个体最重要的任务是"个体化"，随着个体自主意识的增强和心智的不断成熟，同伴会对青少年的成长产生日益重要的影响。在与同伴交往的过程中，青少年体验到了互惠和平等，自我价值感得以增强(Robin，Bukowski，& Parker，1998)。

　　青少年与同伴的亲密性在整个青少年期呈稳定上升的趋势，得到了飞速发展。青少年更多地从同伴那里寻求支持和帮助，更多地依靠他们获得对自我价值的肯定和亲密感。同伴依恋能够减少青少年期由急剧变化带来的焦虑和恐惧，能够促进安全感的发展。青少年的同伴依恋在其行为、认知、情感以及人格的健康发展和社会适应中起重要作用，是青少年满足社交需要、获得社会支持和亲密感的重要来源。

　　青少年期友谊关系的质量对个体的心理健康状况有很大影响。没有亲密朋友的青少年有更多的孤独体验，更容易沮丧、焦虑，自尊水平也相对较低(Buhrmester，1990)。青少年早期友谊关系的质量能够预测成人期个体的自我价值感(Bagwell，Newcomb，& Bukowshi，1998)。

## 三、亲子依恋与同伴依恋相得益彰

　　青少年面对不同依恋对象所形成的多重依恋系统之间有何关系？

　　许多研究发现亲子依恋和同伴依恋之间的质量与强度存在相关。个体在早期亲子依恋关系中获得的期待、能力和态度上的差异，会影响其同伴关系的发展。

　　与父母有安全的依恋关系的青少年，能够更好地把父母当作安全基地来探索其他关系，如与同伴的关系，有利于青少年友谊的建立和保持，对提高青少年的心理适应能力和幸福感都非常重要(Nickerson & Nagle，2004；Laible et al.，2000；Johnson et al.，2003)。布莱克和麦卡特尼指出，安全型依恋的个体对同伴有积极的期望，更可能做出积极的行为，社交能力更强，能更好地与同伴交往；而不安全型依恋的个体因为他们小时候的需要没有得到满足，或没有得到持续的满足，通常会对他人做出抵制或不敏感的反应（Black & McCartney，1997）。

同时，朋友的支持也有赖于感知到的父母支持，父母支持水平高的个体表现出更积极的朋友支持效应，有更多的朋友（Field et al.，2002）。缺少父母支持的青少年并不能由同伴支持来补偿，青少年对同伴支持和父母支持的感知是相关的（Beest & Baerveldt，1999）。巴雷特和霍姆斯指出，与父母有积极的依恋关系的个体能够形成亲密的同伴关系（Barrett & Holmes，2001）。

安全型依恋的青少年对朋友表现出更多的合作行为，寻求朋友的支持。布莱克和麦卡特尼通过与 36 名15～18 岁的青少年女生讨论所经历的一些未解决的问题，研究青少年亲子依恋的安全性与最好的朋友交往的质量之间的相关，发现亲子依恋和同伴依恋的安全性之间存在显著的一致性，亲子依恋的安全性较高的女生在与同伴交往时很积极，有较高的自尊，较少感受到未知的或强有力的他人控制（Black & McCartney，1997）。

保拉等人（2001）以青少年为研究对象探讨了父母依恋和同伴依恋与青少年认知理解偏差的关系。研究结果表明，对父母和恋人的不安全依恋与青少年对模糊环境的威胁性认知有关。与父母和恋人有不安全依恋的青少年比与父母和恋人有安全依恋的青少年更容易把模糊的社会环境解释成充满危险的。与父母有不安全依恋的青少年对环境的积极反应较之与父母有安全依恋的青少年要少，而更多采用回避和有攻击性的策略。据此我们有理由认为，与父母的安全依恋可以促进青少年的社会技能和社会胜任力的发展，而与同伴的依恋、青少年的认知偏差和对环境的反应策略无关。

但是，也有研究把青少年的亲子依恋与同伴依恋对立起来，认为亲子依恋质量低的青少年的同伴活动较多（Engels et al.，2002）。研究发现，同伴依恋和亲子依恋都较好的青少年，其适应能力较好（较少攻击性、富有同情心）（Laible et al.，2000）。同伴依恋和亲子依恋都较差的青少年，其适应能力也较差。同伴依恋较好而亲子依恋较差的青少年的适应能力比亲子依恋较好而同伴依恋较差的青少年更好。由此可见，同伴依恋对青少年适应能力的影响比亲子依恋更大。

此外，还有研究发现，个体对依恋对象的喜好与依恋风格有明显的相关（Freeman & Brown，2001）。安全型依恋的青少年喜欢母亲胜过最好的朋友、男女朋友和父亲。相反，不安全型依恋的青少年优先选择男女朋友或最好的朋友作为自己最重要的依恋对象，有近三分之一的拒绝型的青少年把自己当作最重要的依恋对象，且认为同伴比失职的父母更重要。过分关注型的青少年优先选择同伴支持，因为他们感到自我价值低、社会能力低，很难与他人建立亲密的关系。也有研究发现，到青少年期后期，亲子依恋和同伴依恋对青少年的发展会产生不同的影响，亲子依恋与自我映像的应对方面有显著相关，而同伴依恋在身体映像、职业目标和对性的态度方面有很大的影响（O'Koon，1997）。

尽管相关的研究结果不尽相同，但我们不难看出，特殊的发展任务、亲子依恋和同伴依恋对青少年的发展都十分重要，青少年期的依恋关系对个体的发展具有特殊的重要性。

## 四、网络在满足依恋上或越俎代庖

青少年的依恋状况与其互联网使用之间会有怎样的关系？

如前所述，青少年和母亲、父亲以及同伴之间的依恋关系的质量与青少年对外在信息的加工、情绪情感、人际关系等有重要关系。与父母的依恋质量较差的青少年倾向于认为外部世界是不可信任的，他们缺乏适当的社交技能，经常处于抑郁、孤独等消极情感之中，缺乏必要的社会支持。因此，在互联网高速发展的今天，他们更可能利用互联网来实践自己的社交技能，满足自己交往的需要，也会通过互联网来获取信息，通过互联网娱乐服务来释放自己的各种压力，进而产生对互联网的依赖。

随着年龄的增长，青少年期的个体寻求与依恋对象的亲近行为不如以前那样频繁，象征性的交流(如电话、书信、互联网)在提供安慰时越来越有效(Leondari & Kiosseoglou，2000)。塞尔诺曾用"电子朋友"的概念来描述把录像游戏当作同伴的群体(Selnow，1984)。1997年，格里菲斯(Griffiths)把这个概念延伸到互联网使用者身上，说明青少年会把互联网当作朋友，也会把互联网当作扩大交友范围的重要手段。也就是说，青少年有可能把互联网当作新的依恋对象，也可能通过互联网来寻求新的依恋对象，如网上友谊的形成等。青少年在现实社会中的依恋关系有可能影响其互联网服务内容的选择，影响其对互联网友谊的看法和依赖程度。安全的依恋关系有可能是青少年互联网使用的保护性因素，而不安全的依恋关系则可能使青少年过多地依赖互联网，更可能沉迷于互联网的虚拟世界，出现网络成瘾等问题行为。

此外，不安全型依恋的青少年更可能出现药物滥用、酗酒、吸烟、赌博等成瘾行为。有研究者把成瘾看作一种依恋紊乱(Flores，2001)。瓦兰特认为成瘾行为就是个体企图满足依恋的需要(Walant，1995)。扬指出互联网使用者可能表现出与赌博者和酗酒者相似的成瘾迹象，许多互联网成瘾者都有成瘾的历史或心理情感问题(Young，1998)。因此，我们有理由认为，依恋质量不高的青少年比依恋质量高的青少年有可能更多地依赖互联网来获取信息或进行社交，更可能过度卷入互联网，成为网络成瘾者。不安全的依恋关系与网络成瘾很可能存在某种关系，依恋理论有可能为我们对互联网使用的研究提供新的视角，加深我们对网络成瘾的理解，为网络成瘾的干预提供新的理论依据。

# 第二节　上网特点与对策

## 一、母子疏离可致青少年网络成瘾

我们考察了母子依恋关系、互联网服务使用偏好与网络成瘾之间的关系(伍亚娜，雷雳，2007)。结果发现，母子信任和母子沟通两个维度与互联网信息服务使用偏好之间的相关达到了显著性水平，也就是说这两个因素有可能会预测互联网信息服务使用偏好。

母子疏离与互联网社交服务和娱乐服务使用偏好之间的相关达到了显著性水平，母子疏离可能会预测互联网社交服务和娱乐服务使用偏好。此外，母子信任、母子沟通以及母子疏离三个维度与网络成瘾之间的相关都达到了显著性水平，说明母子依恋的三个维度都可能会预测网络成瘾。

为了更好地说明母子依恋关系及互联网服务使用偏好等因素与网络成瘾之间的关系，我们建构了相应的关系模型(见图 10-1)，发现母子依恋关系可以解释青少年网络成瘾 28.9％的变异。

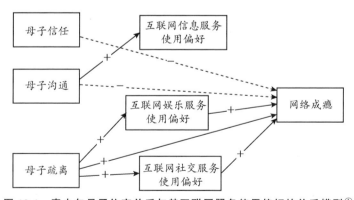

**图 10-1　青少年母子依恋关系与其互联网服务使用偏好的关系模型**[①]

---

[①]　依恋各维度的含义如下："信任"指亲子之间的相互理解和尊重、相互信任；"沟通"指亲子之间语言交流的程度和质量；"疏离"指亲子之间的疏远感和孤立感。

　　从图 10-1 中我们可以看到：① 母子信任和母子沟通两个维度可以反向预测网络成瘾，但没有达到显著性水平；②母子沟通可以正向预测互联网信息服务使用偏好；③母子疏离可以直接正向预测网络成瘾，也可以通过互联网娱乐服务和社交服务使用偏好间接正向预测网络成瘾。与母亲疏离程度高的青少年更倾向于依赖互联网的娱乐服务和社交服务，更可能出现网络成瘾。

　　在青少年期，个体的求知欲不断增强，青少年急于拓展知识面、探索外部世界、追求并体验新事物，以适应青春期变化带来的压力、追求独立、建立自我认同、满足情感方面的需要，而互联网的匿名性和去个体化为他们提供了一个很好的选择。与母亲沟通水平高的青少年倾向于认为外部世界是积极的、可信任的。他们把互联网当作生活、学习的工具和获取信息搜索资料的有效途径。因此，母子沟通水平可以预测青少年的互联网信息服务使用偏好。

　　一方面，与母亲保持相互信任，能够与母亲进行良好沟通的青少年不会过多地卷入网络成瘾，互联网使用对他们的生活和学习带来的负面影响更小；母子信任程度差、沟通质量不好的青少年更倾向于利用互联网来排遣心中的压力，更可能迷失在互联网的虚拟世界中。

　　另一方面，母子疏离的青少年更倾向于依赖互联网的娱乐服务和社交服务，更可能出现网络成瘾。与母亲很疏远的青少年有较高的焦虑水平和孤独感、较少的社会支持和幸福感。他们更可能把互联网当作情感支持，更可能使用互联网来调节消极情绪，更容易形成网上人际关系，依靠互联网来满足自己获得社会支持的需要。

　　这一结果与相关研究一致（Morahan-Martin & Schumacher，2003）。其他研究也发现，与父母的疏离程度是影响青少年互联网使用的一个因素（Wolak，Mitchell，& Finkelhor，2003）。与父母疏离的青少年很难通过面对面的人际关系满足友谊的需要，互联网为他们提供了一个选择（Egan，2000）。随着年级的升高，学习压力相对增大，伴随而来的还有心理上的困惑与不安，而当前的社会环境和家庭环境又不能恰当而及时地排除他们心中的困惑。由于互联网的社交服务的匿名性和去个体化的特点，他们更愿意通过互联网的社交服务来解决问题，通过网络交流解决现实中的问题，或借助互联网的娱乐服务来忘掉现实中的烦恼，使心情得到释放。同时，他们也会更多地体验到互联网给自己的现实生活带来的负面影响。

## 二、父子疏离可致青少年网络成瘾

我们考察了父子依恋关系、互联网服务使用偏好与网络成瘾之间的关系。结果发现，父子信任、父子沟通和父子疏离三个维度与互联网信息服务使用偏好之间的相关都达到了显著性水平，也就是说这三个因素有可能预测互联网信息服务的使用。

父子信任、父子沟通以及父子疏离三个维度与网络成瘾之间的相关都达到了显著性水平，说明父子依恋的三个维度都可能会预测网络成瘾。此外，父子依恋关系与互联网社交服务和娱乐服务使用偏好的相关没有达到显著性水平。

为了更好地说明父子依恋关系及互联网服务使用偏好等因素与网络成瘾之间的关系，我们建构了相应的关系模型（见图10-2），发现父子依恋关系可以解释青少年网络成瘾26.1%的变异。

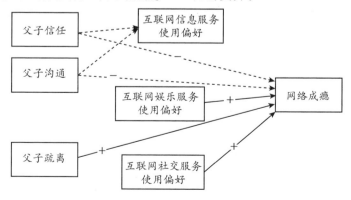

**图 10-2 青少年父子依恋关系与其互联网服务使用偏好的关系模型**

从图 10-2 中我们可以看到：①父子信任和父子沟通两个维度可以反向预测网络成瘾，但没有达到显著性水平；②父子信任和父子沟通可以正向预测互联网信息服务使用偏好，但没有达到显著性水平；③父子疏离可以直接正向预测青少年网络成瘾，与父亲疏离程度高的青少年更可能出现网络成瘾。

青少年与父亲的疏离会直接影响网络成瘾，也可以通过互联网社交服务使用偏好间接影响网络成瘾，这表明青少年与父亲的关系对他们的互联网服务使用非常重要，父亲的拒绝可能是对这个阶段的个体健康使用互联网的一大威胁。这些研究结果也得到了依恋理论的支持，依恋理论认为父母及孩子之间的信任、相互理解与较少的攻击行为、更多的同情心等有关。

疏离被认为是经常滥用药物者的一大特点（Shedler & Block，1990）。以前也有研究表明父亲的拒绝和孤独感与儿童适应不良的行为有关，如社会交往技能较差、同伴关系不良、各个领域的满意度较低、更可能卷入内在的或外在的问题行为等。因此，如果青少年与父亲的关系是消极的，以疏离为特征，缺乏信任感，他们更可能通过互联网来寻求情感支持。这可能是由于与父亲依恋质量较差的个体的社会支持网络比与父亲依恋质量较高的个体更小。

互联网上交往环境的特点是非面对面的和匿名的，社会线索很容易被去除掉。此外，网络的匿名性给互联网使用者提供了一个创造新的社会线索的可能。乔伊森提出社会交往的一般限制和规则在互联网上并不存在（Joinson，1999）。青少年的互联网社交服务使用偏好可能反映了他们渴望忽略社会限制的愿望。父亲通常被认为比母亲更经常与孩子玩体力游戏。与父亲疏离的青少年可能缺乏社交技巧和恰当的应对策略，通常更容易形成网上人际关系，发展亲密感。因此，他们更容易成为过度的互联网使用者，更可能报告互联网使用给他们的日常生活和学习造成了消极的影响。

由于父亲与母亲的角色有很大差别，母亲提供照顾和温情，而父亲代表权威和纪律（Bourçois，1993）。父亲似乎更可能让孩子兴奋、惊讶，他们在鼓励孩子冒险的同时又能确保孩子的安全，会使孩子学会在不熟悉的环境中更加勇敢，更能承受压力（Paquette，2004）。尽管父亲与青少年之间的信任未能显著预测青少年的互联网卷入程度，但我们需要认识到的是，青少年是否确信父亲在他们需要的时候能够帮助他们，这一点才是至关重要的。

## 三、同伴疏离可致青少年网络成瘾

我们考察了同伴依恋关系、互联网服务使用偏好与网络成瘾之间的关系（雷雳，伍亚娜，2009）。结果发现，同伴信任和同伴沟通两个维度与互联网信息服务使用偏好之间的相关达到了显著性水平，与互联网社交服务使用偏好之间的相关达到了显著性水平，与互联网娱乐服务使用偏好之间的相关达到了显著性水平，也就是说这两个因素有可能会预测互联网信息服务、娱乐和社交服务使用偏好。

同伴疏离与互联网娱乐服务偏好之间的相关达到了显著性水平，同伴疏离可以预测互联网社交服务和娱乐服务使用偏好。此外，在同伴依恋的三个维度中只有同伴疏离与网络成瘾之间的相关达到了显著性水平，说明同伴疏离可能会预测网络成瘾。

为了更好地说明同伴依恋关系及互联网服务使用偏好等因素与网络成瘾之间的关系，我们建构了相应的关系模型（见图 10-3），发现同伴依恋关系可以解释青少年网络成瘾 23.6％的变异。

从图 10-3 中可以看到：①同伴沟通可以正向预测青少年的互联网信息服务、娱乐服务和社交服务使用偏好，且都达到了显著性水平；②同伴疏离可以直接正向预测网络成瘾；③同伴沟通可以通过互联网娱乐服务和社交服务使用偏好间接预测网络成瘾。

本研究发现同伴沟通可以正向预测青少年对互联网信息服务、娱乐服务和社交服务的使用偏好，还可以通过互联网娱乐服务和社交服

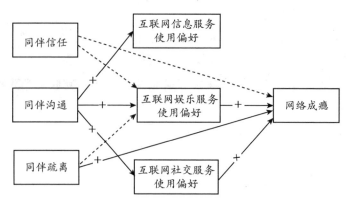

**图 10-3　青少年同伴依恋关系与其互联网服务使用偏好的关系**

务使用偏好间接预测网络成瘾。同伴沟通良好的青少年能够与同伴交流自己的困难和烦恼，争取同伴的理解和帮助，也能听取同伴的意见。他们喜欢利用互联网获得各种各样的信息，把互联网当作学习的辅助工具。同时，他们也喜欢通过互联网维持自己已有的朋友，或者通过互联网拓展自己的朋友圈子。同伴沟通水平高的青少年对自己的同伴社会接受性更为自信。

根据研究者提出的富者更富模型，同伴沟通水平高的青少年愿意通过互联网进行人际交流或玩网络游戏，喜欢运用互联网来扩大现有社会网络规模和加强现有人际关系(Kraut et al.，2002)。但是，研究结果也表明同伴沟通与网络成瘾之间是反向关系，但没有达到显著性水平。也就是说，同伴沟通水平高、同伴依恋安全性高的青少年网络成瘾的可能性更小，但是如果他们在网络上的活动主要是为了进行社交或娱乐，也有可能会沉迷于网络而不能自拔。这可能是他们上网的动机和目的不同造成的。

此外，同伴之间疏离水平较高的青少年不愿意把自己的烦恼告诉朋友，害怕遭到朋友的嘲笑，感到与朋友存在情感隔阂，渴望增进与朋友之间的情感，但又因缺乏适当的社交技巧而感到孤独无助。互联网匿名性的特点使他们摆脱了很多现实交往的限制，地域、外貌等可能成为现实交往障碍的东西在互联网上被忽略。在互联网上，青少年可以更自如和放松地进行自我表露与交流，也可以实践新的社交技巧，更容易建立网上人际关系。与同伴之间疏离水平高的青少年更容易转向在互联网上寻求友谊和支持，更可能报告自己的学习和生活因过度使用互联网而受到影响，同伴之间的疏离程度可以直接正向预测网络成瘾。

尽管青少年更多地依赖同伴获得支持，但是大多数青少年仍然依靠父母获得支持和建议（Maccoby & Martin，1983）。对于青少年来说，父母在身边已不是他们获得安全感所必需的，但是他们相信自己在遇到麻烦或困难时父母能够提供帮助，这对青少年来说仍然是最重要的（Leondari & Kiosseoglou，2000）。与父母之间的信任对青少年来说比同伴之间的信任更为重要。因此，在本研究中同伴之间的信任程度对互联网服务使用偏好没有显著的预测力。

## 四、网恋男生超女生，各年级无差别

我们考察了不同性别的青少年在网恋卷入倾向上的差异。结果表明，在青少年网恋卷入倾向上，与女生相比，男生有更多的网恋卷入倾向。

在社会生活中，随时随地都在发生各种各样的情绪事件，当这些事件发生后，人们普遍倾向于自愿地与他人诉说、谈论这些情绪事件以及他们的感受（孙俊才，卢家楣，2007）。青少年中的男孩和女孩会知觉到来自父母和教师的类似水平的支持，但是女孩会知觉到更多来自同学和朋友的支持（辛自强等，2007），这与我们的研究结果一致。由于男生在同伴交往过程中，嬉戏打闹多过情感的交流，一旦他们有烦恼的事情或负性情绪时，很难找到一个交流和发泄的平台。已有研究也表明在分享情绪时男生较女生更多地使用表达抑制策略。

同时，传统文化对男性和女性情绪表达的要求不同，男性更多地被要求抑制自身的情感（王力，陆一萍，李中权，2007）。有研究发现，父母在教养过程中会教导男孩更多地控制自己的情绪，男孩也报告与女孩相比外界对自身抑制情绪表达的期望更高（Underwood，Coie，& Herbsman，1992）。

由于在现实中男生无法满足自己对情绪事件的分享，他们就更可能倾向于选择一种特殊的媒介进行情感交流与情感宣泄。有研究者发现，互联网是某些人改变心境的工具（如在情绪低落时或焦虑时使用网络）（Morahan-Martin & Schumacher，2000）。现有研究认为情绪分享行为满足了人际依恋的需要，同时深层信息的表露促进了亲密感的形成（孙俊才，卢家楣，2007）。并且，在网络使用上存在性别差异，男性在操作电脑的熟练性、实用性和自发性上都远远高于女性（吴玉婷，梁静，2006），所有这些因素都可能使男生比女生更多地卷入网恋。

此外，我们考察了不同年级青少年的网恋卷入倾向。结果表明，不同年级青少年的网恋卷入倾向并无差异。

## 五、网恋受制于母子依恋及同伴依恋

我们考察了青少年网恋卷入倾向、依恋和社会支持之间的关系。结果发现，青少年网恋卷入倾向与母子沟通有显著负相关，与母子疏离、同伴沟通、同伴疏离和客观支持有显著正相关。这说明青少年与母亲的沟通水平越高，与母亲的疏离水平、与同伴的沟通和疏离水平越低，其卷入网恋的可能性越小。

我们进一步考察了青少年的母子依恋、父子依恋、同伴依恋和性别可能对青少年网恋卷入倾向的影响。结果表明，性别、同伴沟通、同伴疏离能够显著正向预测青少年网恋卷入倾向，母子沟通能够显著反向预测青少年网恋卷入倾向。与女生相比，男生更容易卷入网恋；与同伴的沟通水平、疏离水平越高，与母亲的沟通水平越低，越容易卷入网恋。四个变量联合起来能够解释总变异的24.6%。这种关系可以通过图10-4形象地反映出来。

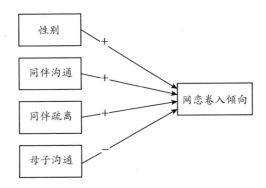

**图10-4　青少年的依恋关系与其网恋卷入倾向的关系**

同伴沟通和同伴疏离均能够正向预测网恋卷入倾向，这一结果说明可能有两种青少年更易卷入网恋：一种是平时与同伴沟通较好的青少年；另一种是平时疏离同伴的青少年。研究发现，虽然外向的、善于交际的青少年比内向的青少年更可能使用互联网来维持与家人和朋友的关系，但是他们也更频繁地使用网上聊天室结识新朋友（Kraut et al.，1998）。这类青少年更容易找到与自己有共同爱好和想法的群体，再加上此类青少年善于交际的特点，使他们能够非常容易地在网上建立起自己的社交圈，在网上社交中更具吸引力（杨洋，雷雳，2007）。并且此类青少年往往有浓烈的热情和丰富的想象力，且在观念上更为自由和开放，对爱情有浪漫幻想和憧憬，加上网络的神秘感作祟，网恋极易发生（程燕，余林，2007）。

同伴依恋安全性关系的缺乏往往与恋爱关系中的攻击行为和不健康的恋爱态度有关（黄桂梅，张敏强，2003）。青少年正试图摆脱父母，寻求独立，开始较多地与同伴交往，感情重心倾向于关系密切的同伴，朋友在青少年的心目中显得日益重要（刘春梅，李宏英，2002），他们已经逐渐把对父母的依恋转移到对同伴的依恋上（Allen ＆ Land，1999），他们有与同伴交往的需要。如果他们在现实中的人际交往不够顺畅，许多内心体验、情绪将会郁结于心中，需要寻找发泄对象和空间，网络为其提供了自由的时间和空间（程燕，余林，2007）。强烈的交友愿望与自身人际交往出现障碍或对自身交友能力存在忧虑之间的矛盾，使青少年的自我评价降低，他们为了缓解内心冲突，便可能长时间留恋于网络（王滨，2006）。面对可控的亲密关系和交流程度，且无须顾及现实影响，他们容易在网络中找人倾诉。一旦青少年与网友建立了信任关系，形成对其倾诉的习惯，就极易产生情感上的依恋；如果对方也有类似的情愫，网恋就极易发生（程燕，余林，2007）。

从母子沟通能够反向预测青少年网恋卷入倾向来看，与母亲的沟通水平越低，个体就越无法体验到与母亲之间的那种亲密感觉以及母亲所给予的温暖和支持。亲子间的共同观点越少，亲子关系质量越差，孤独感水平就越高（李彩娜，邹泓，2007），因此青少年更加倾向于寻找一个情感寄托，从而避免孤独感（Brage & Meredith，1993）。青少年为了寻求情感上的支持和满足，便经常以使用互联网的方式来排解或回避孤独（王滨，2006）。青少年在互联网这一匿名环境中和其他人聊天更有安全感，并以此来减少孤独感（李瑛，游旭群，2007）。他们更可能在网上寻求能够给予其情感支持的人，所以这样的青少年可能会有更多的网恋卷入倾向。

## 拓展阅读

### 晒娃的父母，可知孩子内心的崩溃？

家长总是担心自己孩子的网络安全问题，然而，一些专家却认为家长应该慎重反思一下自己的网络行为是否安全，尤其是在涉及孩子的隐私时。

美国心理协会媒体心理与技术分会的玛丽·沃德博士（Dr. Mary Alvord）认为，媒体素养无论是对家长还是对孩子都至关重要。在美国，大约90%的婴儿在他们2岁生日之前都会有个人照片被传到家长的博客上，上传信息既包括出生纪念，也包括孩子在成长过程中表现出的各种行为问题。

尽管大多数网传照片都没有风险，但是不排除有潜在风险。这种潜在风险包括孩子的身份被盗用，或者照片落入不法分子手中以达到他们不可告人的目的。家长的过度炫耀可能会有害于孩子的隐私感和信任感，尽管这一问题很少被关注，但值得反思。沃德博士认为，家长上传照片可能会让孩子在未来回忆时抱有怨恨之情。

一项研究调查了 10～17 岁的青少年及其家人，结果发现青少年比他们家长对上传个人信息的关注度高两倍。另一项研究表明，孩子对于父母上传那些令人尴尬的照片、有关自己个人隐私的照片、与朋友活动细节的照片表示厌烦，却不厌烦父母上传有关自己的成功、爱好、运动、假日旅游等照片。研究认为，孩子希望在父母上传有关自己信息的照片的行为上具有主动性。

以下几点提醒有助于父母在上传孩子的照片前做出思考与决策。

①所有上传的照片都是公开照片。即便进行隐私设置，也不要假定上传的照片都是隐私照片，因为你不知道谁看过照片。

②放眼长远。网传信息一般会保存 10～15 年。父母应该考虑到自己上传的孩子的照片在未来的某一天会被谁看到，又会对孩子产生什么影响。

③不要在网上传那些你本不想公之于众的信息。

④尊重孩子的隐私。一些孩子对隐私的敏感性本身就高。在孩子成长到一定年龄时（9～10 岁），父母在上传照片前应该询问并尊重孩子的意见。

⑤征求他人的意见。沃德博士建议父母在上传孩子的照片前，应该征求一下家里其他成年人的意见。

⑥表达希望。一旦父母制定出有关上传孩子的照片的规则

后，父母应该把这些规则解释给那些可能会上传孩子的照片的人，包括祖父母和保姆。

⑦不要回避技术。媒体可以令人获得利益，当然也存在隐私风险。家长不要对媒体过于担心，否则会传达给孩子一种不良信息——这个世界是一个可怕的地方。

⑧研读。家长应该注重阅读、学习那些有关媒体素养的材料，让自己的媒体素养得以提高。

作者：科尔斯顿·韦尔（Kirsten Weir）

译者：谢笑春、雷雳

# 六、总结

## （一）研究结论

综上所述，通过对青少年的依恋关系与上网之间关系的研究，我们可以得出以下结论。

①母子沟通可以正向预测互联网信息服务使用偏好。母子疏离可以直接正向预测网络成瘾，也可以通过互联网娱乐服务和社交服务偏好间接正向预测网络成瘾。与母亲疏离程度高的青少年更倾向于依赖互联网的娱乐服务和社交服务，更可能卷入网络成瘾。

②父子疏离可以直接正向预测网络成瘾，也可以通过互联网娱乐服务使用偏好间接预测网络成瘾。

③同伴沟通可以正向预测互联网信息服务、娱乐服务和社交服务使用偏好，还可以通过互联网娱乐服务和社交服务使用偏好间接预测网络成瘾，即青少年与同伴之间的沟通可能促使他们使用多种互联网服务，并可能因为互联网娱乐服务和社交服务使用偏好而网络成瘾；同时，同伴疏离可以正向预测互联网社交服务使用偏好，也可以直接正向预测网络成瘾，即如果青少年的同伴关系不好，他们就可能会选

择网络社交，继而导致网络成瘾。

④青少年网恋卷入倾向存在性别差异，男生较女生有更多的网恋卷入倾向，但网恋卷入倾向不存在年级差异。

⑤青少年的性别、同伴沟通、同伴疏离能够正向预测网恋卷入倾向，母子沟通对网恋卷入倾向有反向预测作用，即同伴沟通、同伴疏离都可能使他们热衷于网恋，但是如果母子之间有良好的沟通则可能会抑制网恋倾向。

## （二）对策建议

从亲子依恋的角度看，父母应该避免使用讽刺挖苦的方法激励孩子，要积极倾听孩子的心声，加强与孩子的情感交流，真正接近孩子的内心世界，让他们在遇到困难和挫折时感受到家庭的温暖与关爱，体会到父母和家庭给自己的情感支持，只有这样才能帮助他们在现实生活和虚拟世界中找到平衡点。

父子依恋在个体发展过程中有特殊的重要性，传统教育往往忽视了父亲对孩子成长的影响。本研究提示我们，应该更多地关注父亲角色对孩子互联网服务使用的影响。父亲应该更多地了解孩子的成长，构建全面而安全的亲密和谐的亲子依恋关系，给孩子提供精神上和情感上的关爱，使孩子的身心得到健康发展，有效抵制互联网给孩子带来的消极影响。

同时，父母也应该主动向孩子讨教，丰富自己在互联网方面的知识。因为不了解互联网而一味地加强对孩子上网活动的监督和控制，这样只会更加激化亲子之间的冲突，使孩子产生强烈的逆反心理，进一步加深孩子与父母之间的情感隔阂，从而导致青少年对互联网产生更大程度的依赖。父母适当地增补互联网方面的知识，与孩子探讨互联网上的活动，可以营造更畅通的沟通环境，获得孩子的尊敬与信任。

此外，青少年期孩子的自主性得到进一步发展，父母应该尊重孩子的情感，要从孩子自身的情况出发，不要对孩子提出过多过高的要求，给孩子充分的信任和更多的自主空间，帮助他们形成正确的世界观和人生观。父母和教育者在指责孩子的同时，也要反思家庭功能是否良好。和父母建立亲密的依恋关系对青少年健康使用互联网有重要作用。

为了防止青少年卷入网恋，学校可以举办适当的团体活动，协助青少年建立良好的人际关系，增强青少年同伴之间的沟通，提高他们对社会支持的利用，这样相应减小卷入网恋的可能性，使他们的人际交往需求在现实生活中能够得到满足。父母要与孩子加强沟通和交流，使孩子感受到父母给予的温暖与支持。减少母子之间的沟通问题，可以避免孩子出现不当的网恋行为。

# 第十一章　青少年的网上亲社会行为

**开脑思考**

1. 很多人在准备外出旅游时，可能都会在网上查找旅游攻略，写这些攻略的都是什么人？他们为什么要这么做？

2. 网络空间中的热心人常常帮助人们答疑解难、分享信息，甚至捐款捐物。是因为他们是道德高尚的人吗？抑或是其他原因？

3. 当人们在网络空间中表现得乐善好施时，他们是更愿意表明自己的身份，还是更愿意做无名英雄？

**关键术语**

网上亲社会行为，网络道德，网络道德认知，网络道德情感

# 第一节　问题缘起与背景

## 一、网络构成的虚拟社会同样需要道德

为什么要探讨青少年的网上亲社会行为？它与青少年的网络道德之间有何关系？这一问题的背景又是怎样的？

迅速发展的网络对人们的生活产生了巨大的影响。人们通过电子邮件传递信息，在网上获取新闻消息、接受教育、购物、聊天和游戏。网络改变了人们行为和思维的方式，也产生了很多积极和消极的

影响。

　　由于互联网规范的不完善，网络中存在很多消极的行为，如网络攻击、网络欺骗、网络犯罪等，而垃圾邮件、虚假信息、网络攻击等也给互联网用户造成了极大的困扰，此类网络偏差行为对网络社会和现实生活产生了消极的影响（Surratt，1999；Goulet，2002）。但同时我们也会看到，网络中也存在很多善意的行为，对网络社会产生积极影响，小到主动调节论坛里的气氛，提供信息帮助，大到打击违法犯罪、救助弱势群体等行为。互联网中存在的亲社会行为对优化网络环境、强化网络道德、增强人们对网络的信任有积极影响，不仅有助于形成和维护网络中人与人之间的良好关系，而且能减少和抨击网络中的侵犯、欺诈等行为（卢晓红，2006）。

　　与网上亲社会行为联系在一起的，我们可能会很容易想到"网络道德"。实际上，网络中存在大量涉及道德领域的行为，并对社会产生极大的影响，因此近年来社会各界对网络道德建设越来越关注。现在新信息时代的伦理和道德规范、原则已经初步形成（Charles，2003），国内外已经有很多研究对虚拟世界的道德和伦理进行了理论上的探讨（Rogers，2001；Teston，2002；杨礼富，2006；Lawson & Comber，2000）。

　　青少年作为网络使用的重要群体，正处于人生观、价值观形成但尚未确立的时期，思想极易受到其他负面现象的影响和冲击。网络中的各种信息垃圾可使青少年的道德意识弱化，淡化青少年的道德情感；网络中内容传播的超地域性亦可导致青少年价值观的冲突与迷失。针对社会上一些领域和地方的道德失范现象，2019年，中共中央、国务院印发的《新时代公民道德建设实施纲要》提出，中国特色社会主义进入新时代，加强公民道德建设、提高全社会道德水平，是全面建成小康社会、全面建设社会主义现代化强国的战略任务，是适应社会主要矛盾变化、满足人民对美好生活向往的迫切需要，是促进社会全面进步、人的全面发展的必然要求。青少年作为重要的网络使用群体，他们的网络道德发展状况不仅对自身的社会性发展和适应有重要作用，而且对网络社会正常秩序的维持和道德建设有很大的影响。

在此令人感兴趣的是，青少年的网络道德与网上亲社会行为有何特点、有何关系。

## 二、网上亲社会行为与现实中的形异神似

什么是网上亲社会行为？它的表现形式又有哪些类型？

关于亲社会行为，美国发展心理学家艾森伯格（Eisenberg）认为，它是倾向于帮助他人，使另一个人或另一个群体受益，而行为者不期望得到外在奖赏的行为。这种行为经常表现为行为者要付出某些代价、自我牺牲或冒险（Eisenberg et al.，1995）。对于和亲社会行为概念密切相关的利他行为，霍夫曼提出，利他行为是为了促进他人幸福的帮助和分享行为，做出利他行为者并未有意识地关心自己的个人利益（Hoffman，1981）。

一般而言，网上亲社会行为就是指在互联网中发生的亲社会行为，也称网络利他行为。例如，有研究者认为，网络利他行为是指在网络环境中发生的将使他人受益而行动者本人没有明显自私动机的自愿行为（彭庆红，樊富珉，2005）。构成网络利他行为的要素主要包括：①借助网络媒体；②出于助人的目的；③没有明显的自私动机；④自愿而非强迫的行为。

也有人认为，网络中的青少年利他行为是指青少年在网络环境中所实施的将使他人获益且自身会有一定的物质损失，又没有明显的自私动机的自觉自愿行为（王小璐，风笑天，2004）。其中，物质损失是指助人者在帮助他人的过程中所花费的网络开销、时间精力，以及虚拟的网络货币等；没有明显的自私动机是指不期望有来自外部的精神的或物质的奖励，但不排除自身因做了好事而获得的心理满足感、自我价值实现等内在奖励。

网上亲社会行为由于发生环境的特殊性，与现实中的亲社会行为有所不同。网上亲社会行为主要表现在以下几个方面(彭庆红，樊富珉，2005；王小璐，风笑天，2004)。

### (一)无偿提供信息咨询

无偿提供信息这类行为在网络中非常普遍。例如，在大学校园论坛上，一些学生经常会自觉地发布一些上课地点、外出乘车路线、校园及周边的消费购物指南等信息。一些网页或者论坛上会有很多人为陌生人的提问提供最佳答案。

### (二)免费提供资源共享

资源共享主要是通过网络提供免费电子书籍、软件下载服务等类似的服务。

### (三)免费进行技术或方法指导

网络中一些技术高超者帮助新手学习电脑知识和上网技术、维修出故障的电脑等，学习优秀者传授各种考试等方面的经验与技巧，成功就业者传授面试方法与技巧等。

### (四)提供精神安慰或道义支持

网络可以成为积极的情感保护与精神支持场所。有时候，网络上出现宣传正面人物的信息，往往会引发大量跟帖，这种属于利他行为的范畴。在网络上，还存在一些非主流的群体，特别是针对边缘团体的支持行为，如肥胖者等，他们在现实生活中往往会受到歧视。以个人或者小群体的形式在互联网上建立一些非主流主题的聊天室或网站，有助于他们减轻现实社会的压力，轻松表达内心的体验和感想。

### (五)提供虚拟资源援助

在一些游戏社区以及虚拟交际社区中，当社区其他成员面临困境时，一些网民也会慷慨地将"金钱""财物"等虚拟的价值物借给伙伴或无偿地支持伙伴。

### (六)宣传与发动社会救助

社会救助这种利他行为往往与现实社会的真实求助事件相联系，通过网络来宣传、呼吁等，如呼吁帮助疑难病症者、为生命垂危者义务献血等。

### (七)提供网络管理义务服务

论坛等网络平台事实上是庞大的虚拟社区，由于经费的限制，其管理工作往往由一群志愿者负责。版主等网络管理者要花费大量时间、精力，他们的义务服务事实上也是一种典型的利他行为。

## 三、网上亲社会行为的表现：自成一格

网上亲社会行为的特点又是怎样的？

在现实生活中，个体是否会做出亲社会行为受到情境因素的影响，如他人在场时的旁观者效应、物理环境因素等。在网络条件下，这些情境因素产生的影响会比在现实条件下的影响小得多。郑丹丹、凌智勇(2005)通过对包含免费下载资源的网站进行文献研究提出，有必要把网络中的利他行为与现实中的利他行为分开。他们认为网络利他行为并不仅仅是把现实中的利他行为放到网络环境里进行，而是在数字化、电子化等技术的影响下呈现不同于现实生活的独特性质。

从网上亲社会行为的各方面表现来看，网上亲社会行为呈现了一些不同于现实世界亲社会行为的特点。

### (一)广泛性

首先，网络环境中的亲社会行为是普遍存在的。有学者指出，由于网络社会的特殊性，网络社会中的利他行为出现的频率会高于日常生活中的利他行为(郭玉锦，王欢，2005)。网络之所以有助于利他行为的发生，原因之一是网络环境的一些特征比现实社会更有利于利他

行为的发生（彭庆红，樊富珉，2005）。例如，网络的匿名性可能会导致一部分网民出现不负责的行为，但是这种匿名性也可以保护求助者与助人者，求助者可以自我暴露更多的信息（Wallace，2001），以更多地获得他人的注意、同情，或有利于他人更有针对性地施助。助人者可以摆脱现实社会中种种复杂的人际困扰等。网络环境中参与者构成的多样性与内容的丰富性，均有利于求助者依赖网络来寻求帮助，而网络也总是能最大限度地满足求助行为。

其次，网上亲社会行为的参与面具有广泛性特征，基本不受地域、民族、时间等的限制。互联网是一个自由、平等、开放的系统，极大地延伸和扩展了人际交流的空间与范围，使得参与网络交流的群体出现了跨越收入、出身、种族差异等的特点，进而使得参与网上亲社会行为的个体也具有了跨地域、跨民族的广泛性。

## （二）及时性

及时性指的是网络利他行为从求助信号的发出到利他行为反馈的过程基本上可以同步进行。在现实生活中，亲社会行为的发生有时会受到情境因素的限制，如求助行为是否被别人觉察、提供帮助者是否方便等。但是在网络世界里这些限制就不存在了，网络交往的交互性和即时性，以及超越时空的特征，使得在网络环境下的同一个体可能面临众多的关系。

对于某个求助者发出的求助信息，首先，这种信息是明确的，不会有理解或者觉察错误的问题；其次，网上信息超越空间的传播，瞬间即可到达世界各地，同时看到求助信息的可能会有很多人，能够提供帮助和做出助人行为反应的人可能不止一个，因此在网络环境下人们对求助信息的反馈是相对及时的。

## （三）公开性

除了网民身份信息匿名之外，利他行为过程都被公开地反映在网络上。开放性的网络交流环境使得大部分求助和助人的过程都能被其他人看到，这样为求助者和助人者都提供了方便。例如，在论坛上，其他人可以通过查看求助和回复来确定该求助信息是否已经得到了最好的回答，有同样问题的人也可以从中得到答案而无须再次求助。

### (四)非物质性

由于网络空间本身的虚拟性，人们使用网络进行交流和交往的过程都是通过信息传递来实现的。网上亲社会行为的发生也是如此，助人者和求助者之间传递的不是物质，而是信息。信息传递的便捷性和即时性使得网络中的亲社会行为与现实中的亲社会行为相比，成本有所降低。

同时，网络环境对亲社会行为的激励机制是非物质性的，如通过信息传递实现的自我奖赏、自我安慰、获得他人的认同、互惠互助等，都是对助人者行为的鼓励，进而促使其做出更多的网上亲社会行为。

## 四、网络道德的表现自主开放且多元

对于网络道德有各种表述，有人认为"网络道德是对信息时代人们通过电子信息网络而发生的社会行为进行规范的伦理准则"(严耕，陆俊，孙伟平，1998)；也有人认为"所谓网络道德，是网民利用网络进行活动和交往时所应遵循的原则与规范，并在此基础上形成的新的伦理道德关系"(刘守旗，2005)。可见，网络上的虚拟社会与现实社会是紧密相关的。在界定网络道德时，首先，人们应明确凡是与网络相关的行为和观念都应被纳入网络道德的范围，而并不仅仅限于在网络中发生的活动；其次，网络道德既然属于道德的范畴，就应该突出对人们活动和关系的调节作用；最后，起到调节规范作用的道德准则应涵盖道德价值观念和行为规范。

基于以上这三点，我们认为，网络道德就是指调节人们有关互联网活动的道德价值观念和行为规范。

## (一)网络道德的特点

与传统道德相比，网络道德具有一些不同于现实社会的特点(孙立新，2008；刘浩，2006)。

首先是自主性。与现实社会的道德相比，网络社会使人们的道德行为自主性增强，而依赖性减弱。伦理精神的基本特点是道德的自觉性，一位品德高尚的人所具有的必定是"我要道德"，而非"要我道德"。在现实社会中，人们通常是由于在乎别人的议论才不得不做有道德的事，或不做不道德的事，这从伦理学上说是他律而不是自律在起作用。在网络社会中，网民很多时候是在匿名的条件下进行交流的，他律的作用在很大程度上被淡化，所以其行为更多受到自律的影响。因此，网络社会的道德更受网民自身的控制，更具有自主性。

其次是开放性。与现实社会的道德相比，网络社会的道德呈现更少依赖性和更多开放性的特点。在网络社会中，交往面的急剧扩大、交往层次的增多、交往方式的多样，使得人们的社会关系更加复杂。在信息社会中，各种价值观念、道德规范、风俗习惯、生活方式都更容易和频繁地呈现在网民面前。一些落后的、非人性的和反社会的道德规范将受到各方面的激烈抨击，一些先进的、合理的、代表时代发展趋势的道德规范和道德行为将受到人们的推崇与效仿。这就要求道德主体重新审视自己原有的道德规范，除旧立新，从而在道德观念、道德行为方式的交融、碰撞与互动中，逐渐建立起符合网络社会特征的新型道德。

最后是多元性。与现实社会的道德相比，网络社会的道德呈现一种多元化、多层次化的特点与趋势。网络社会的出现使得人与人的道德关系不仅仅存在于真实世界中，还存在于网络的虚拟世界中，从而表现出道德关系的无限拓展性。因此，人的道德意识涉及的内容比原来更加丰富。一个有道德的主体，其道德影响不仅存在于真实的世界中，而且存在于网络世界中。只有两个世界实现了道德的统一，这个道德主体才是完整的。

## (二)网络道德的心理成分

网络道德和现实社会道德的关系，实际上是特殊性和普遍性的关系，网络道德既具有现实社会道德的基本特征，也具有现实社会道德的一般结构模式。由此我们认为，青少年的网络道德应从网络道德认知、网络道德情感、网络道德意向和网络道德行为四个方面来分析。

网络道德认知是指青少年对客观存在的网络道德关系以及处理这种关系的原则和规范的认识，是社会道德要求转化为个体道德品质的首要环节，是个体网络道德品质形成的基础。

网络道德情感是青少年对客观存在的网络道德关系和网络道德行为的好恶的态度体验，是青少年网络道德品质形成的重要环节。网络道德情感开始于网络道德认知，但并不是有了网络道德认知就有网络道德情感，只有青少年的网络道德认知与个人的人生观、世界观、道德理想相结合才会形成相应的网络道德情感。网络道德情感不仅诉诸理智，而且要有多方面的陶冶。网络道德情感一旦形成将成为一种巨大的力量影响青少年的网络道德行为。

网络道德意向是指青少年在认同网络道德的基础上表现出来的愿意做出道德行为的心理倾向。网络道德意向是在网络道德认知和网络道德情感的基础上形成的行为倾向，对真正做出网络道德行为起很重要的作用。

网络道德行为是指青少年在一定道德认知的支配下，在网络社会中出现的有利于或有害于他人和社会的行为，包括道德的行为和不道德的行为。道德的行为又称善行，就是出于善良的动机，做出的有利于他人和社会的行为，其典型表现是网上亲社会行为；不道德的行为又称恶行，就是出于非善的或邪恶的动机，做出的有害于他人和社会利益的行为，其典型表现是网上偏差行为。

## 五、网络道德可决定网上亲社会行为

由于关于网上亲社会行为的实证研究极少，因此网络道德认知、网络道德情感和网络道德意向与网上亲社会行为之间的关系不好确定。但通过对现实社会生活中道德变量之间的关系的研究，我们可以了解到，道德认知、道德情感和道德意向与亲社会行为之间有紧密的关系。

认知理论认为，童年中期和青少年初期亲社会行为的增多与角色采择技能、亲社会道德推理、移情及对责任的深刻理解密切相关。早期的许多研究也证明了儿童的道德判断和各种形式的亲社会行为之间有某种联系。那些道德判断水平较高的儿童更慷慨大方些（Rubbin & Schneide，1973）。儿童道德判断的成熟水平与亲社会行为的频率和数量有关（Kohlberg，1969；Underwood & Moore，1982）。

安德伍德等人的研究发现，相对于物理的观点采择（想象另一个人能看到什么或感觉到什么），社会的观点采择（推测另一个人在想什么和要达到什么目的）是预测亲社会行为的可靠因素（Underwood et al.，1982）。角色采择能力对道德行为的发生具有一定的影响，角色采择能力强的儿童有更多的捐献行为，但与其分享行为之间的相关不显著（李丹，1994）。研究普遍认为，个体的道德推理水平在一定程度上影响着他是否做出亲社会行为，亲社会推理与亲社会行为之间有显著相关（Eisenberg & Fabes，1998；丁芳，2000）。

20 世纪 80 年代以来，研究者开始从道德情绪判断的角度来考察儿童道德发展的一般规律。研究者认为，儿童在社会性发展中具备对他人情绪判断的能力尤为重要。道德情绪的判断能力以及错误信念水平能够体现儿童认知的发展状况，与社会行为有明显的关系，认识水平的欠缺可能会导致行为问题的出现（Tremblay et al.，2004；许有云，岑国桢，2007；赵景欣，张文新，纪林芹，2005）。

道德情感是品德结构中的重要组成部分，是促使青少年把道德概念转化为道德行为的中介，是人们道德意向和道德行为的内驱力，是个体品德发展与健全人格形成的内在保证。弗洛伊德把情感看作人格发展的核心，在从本我向超我的转变中，内疚、羞愧、良心等情感起着非常重要的作用（陈会昌，2004）。道德情感的发展与亲社会行为倾向有密切关系，有研究者概括了道德移情的相关研究后指出，道德移情与个体对他人的认知能力发展有关，对个体的道德价值观取向、道德判断和道德行为均会产生影响（Hoffman，1998）。关于移情与亲社会行为的关系研究有很多，一般研究结果都显示，移情的唤起能够引发或产生亲社会行为（Batson，1995；寇彧，徐华女，2005）。移情能力与亲社会行为呈正相关，即移情能力越强，就越可能出现亲社会行为；反之，移情能力越弱，这种可能性就越小。

移情在影响助人行为时还受到心境的影响，而且这种作用对低移情的研究对象来说更为明显（陈松，陈会昌，2002）。一项关于青春期的研究表明，移情确实与利他相一致，情绪的观察能力、表达能力以及角色采择能力等因素都与移情有显著相关（Robert & Strayer，1996）。另一项国内研究表明，儿童的道德判断与移情对其亲社会行为的影响有明显的交互作用：高道德判断水平儿童的亲社会行为受移情水平的影响比低道德判断水平的儿童明显；移情水平较高儿童的亲社会行为受道德判断水平的影响比移情水平较低的儿童明显；道德判断与移情之间的联系是以角色采择作为中介因素的（丁芳，2000）。但是也有研究表明，道德判断推理与亲社会行为、移情能力没有显著相关（朱丹，李丹，2005）。宋凤宁等人（2005）的一项调查研究显示，高中生的网上亲社会行为与其移情水平有显著相关，这表明移情水平高的人会表现出更多的网上亲社会行为。

一般认为，道德认知和道德意向与道德行为的关系是密不可分的。道德认知和道德意向是推动一个人产生道德行为的强大动力，可以使人的道德行为表现出坚定性和一贯性（章永生，1994）。只有内心有积极道德意向的个体才会做出符合道德规范和准则的行为。

# 第二节　上网特点与对策

## 一、网上亲社会行为的表现令人欣慰

我们考察了青少年网上亲社会行为的基本特点（马晓辉，雷雳，2011）。结果表明，在 5 点计分量表中，网上亲社会行为的总平均分和不同类型的网上亲社会行为的平均分均为 3～4 分，说明青少年在网络环境中发生的亲社会行为水平是较高的（见图 11-1）。

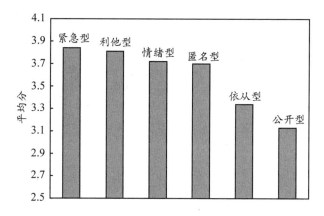

**图 11-1　不同类型的网上亲社会行为的平均分的比较**[①]

一方面，对网上亲社会行为的分析表明，青少年会表现出较高的网上亲社会行为水平。研究者指出网络环境更有利于亲社会行为的发生（郭玉锦，王欢，2005；彭庆红，樊富珉，2005），本研究也发现青

---

① 不同类型的网上亲社会行为的含义如下："紧急型"是指在网络环境中发生紧急事件时个体做出的亲社会行为；"利他型"是指个体出于减轻他人痛苦的动机而做出的亲社会行为；"情绪型"是指个体在情绪被唤起的网络情境中做出的亲社会行为；"匿名型"是指在匿名网络条件下个体做出的亲社会行为；"依从型"是指个体在其他网民的请求下而做出的亲社会行为；"公开型"是指个体在公开网络空间或有其他网民知道的情况下做出的亲社会行为。

少年在网络中经常会做出帮助他人的行为，支持了之前研究者的观点。随着互联网在人们的生活中扮演着越来越重要的角色，网络环境中的亲社会行为将成为青少年道德发展水平和道德品质的重要表现。

另一方面，通过比较不同类型的网上亲社会行为的平均分我们可以看到，青少年的网上亲社会行为得分由高到低依次为：紧急型、利他型、情绪型、匿名型、依从型、公开型。

这样的结果表明，在紧急、高情绪唤醒、有人求助的网络情境下，青少年更容易产生亲社会行为；此外，青少年的功利色彩较淡，更容易表现出利他型亲社会行为，在网络环境中助人的时候并不期待对方有所回报。国外研究者对现实中青少年亲社会行为倾向的研究显示，青少年报告最多的亲社会行为倾向是利他型、紧急型和情绪型，最少的是公开型(Carlo et al.，2003)。国内的一项研究显示，在现实生活中青少年的利他型亲社会行为最多，其次是紧急型、情绪型、依从型、匿名型和公开型(寇彧，2003)。

当然，我们也可以看到，在网络环境中紧急型和匿名型亲社会行为的排名比现实生活中高，这说明网络中的亲社会行为与现实生活环境中的亲社会行为相比有其独特之处。由于网络环境的匿名性和开放性等特点，网络环境中出现匿名型亲社会行为的可能性更大，青少年在不显露自己真实身份的条件下助人的可能性也更大。

## 二、网上亲社会行为随年级而衰减

我们考察了青少年网上亲社会行为的性别和年级特点。结果表明，性别和年级无交互作用，性别在利他型网上亲社会行为上的主效应显著，年级除了在紧急型网上亲社会行为上的主效应不显著之外，在其他类型网上亲社会行为上的主效应均显著。

对性别主效应的分析显示，女生做出的利他型网上亲社会行为多于男生，女生在网络中帮助别人的时候比男生更少考虑能否得到回报。

对现实生活中亲社会行为的研究一般都发现女生的亲社会行为水平比男生高（张庆鹏，寇彧，2008；Eisenberg & Fabes，1998）。本研究结果与现实生活中的研究结果是一致的。

我们进一步考察了青少年网上亲社会行为的年级变化。结果表明，情绪型、利他型、匿名型、依从型和公开型网上亲社会行为在年级上均有显著的线性变化趋势。从图 11-2 中我们可以看出，随着年级的升高，青少年的这五种类型的网上亲社会行为均在减少。我们对不同年级青少年网上亲社会行为的平均分进行方差分析和事后比较分析，结果显示，在情绪型、利他型、匿名型、依从型和公开型网上亲社会行为上，高二学生显著低于其他年级，其他年级之间差异不显著。这说明青少年的网上亲社会行为在高二时发生质变，有了明显的减少。

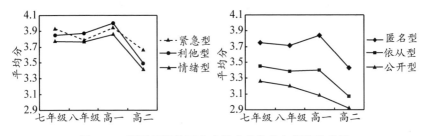

**图 11-2　不同类型的网上亲社会行为的年级变化趋势**

通过年级差异比较结果我们可以看到，网上亲社会行为在年级水平上有显著差异，个体的成熟、经验以及认知发展等对青少年的网上亲社会行为可能有重要影响。具体到不同情境中的网上亲社会行为上，除了紧急型，其他类型的网上亲社会行为在年级上都有显著的线性变化趋势。也就是说，青少年在网络环境中遇到急需帮助的人时都会做出亲社会行为，这种行为的水平不会因为年级的变化而变化。

这与现实中的亲社会行为研究结果有所不同，卡洛等人的研究结果显示，随着年龄的增长，青少年表现出依从型、利他型、紧急型和利他型亲社会行为的倾向均是增强的（Carlo et al.，2002；2003）。国内多项研究显示，在现实生活中青少年的亲社会行为在年级之间没有显著差异（余娟，2006；刘志军，张英，谭千保，2003）。这说明青少年在网络环境中的亲社会行为表现和发展有其独特之处。有研究表明，青少年在网络环境中会表现出一定水平的欺骗行为（Li & Lei，2008），随着年级的升高和使用互联网时间的增长，青少年会对网络环境中存在的欺骗行为有更多的认识，不会再轻易相信网络中的求助信息，并可能因此表现出越来越少的网上亲社会行为。

## 三、青少年网络道德积极向上未堕落

对青少年网络道德认知、网络道德情感和网络道德意向的分析显示，在 6 点计分量表中，青少年网络道德认知、网络道德情感和网络道德意向的平均分均为 4.5～5.5 分，说明青少年的网络道德是积极的。

这与之前的一些研究结果不同。之前的一些质性研究和问卷调查的结果认为，青少年的网络道德认知是模糊不清的，道德情感是漠然的（刘浩，2006；孙立新，2008）。但本研究发现大多数青少年都认同互联网是一个文明的场所，且需要一定的网络道德准则来规范网民的行为；对于网络环境中符合道德规范的行为，青少年表现出积极的情感反应，对于消极的网络行为，如欺骗、过激等，青少年则表现出消极的情感反应；并且在网络道德意向上，大多数青少年都表示愿意在使用互联网时遵守道德规范，表现出良好的网络道德行为。

我们进一步考察了青少年网络道德的性别及年级特点。结果表明，青少年的网络道德不受性别和年级差异的影响。这说明青少年的网络道德不因性别和年级的不同而改变，是稳定的。而且网络道德认知与对网络道德情感和网络道德意向之间呈显著正相关，说明三者之间的变化趋势是一致的。

## 四、网络道德可促进网上亲社会行为

我们考察了青少年的网络道德与网上亲社会行为的关系。结果表明：首先，青少年的网络道德认知与网络道德情感和网络道德意向呈显著正相关，对道德行为的积极情感与网络道德意向呈显著正相关；其次，网龄与网络道德认知、对不道德行为的消极情感和网络道德意向各维度呈显著负相关，与依从型网上亲社会行为及网上亲社会行为的总平均分呈显著负相关，这说明青少年使用互联网的时间越长，网络道德越消极，表现出的网上亲社会行为越少；最后，网络道德认知、网络道德情感和网络道德意向与不同类型的网上亲社会行为均呈显著正相关，也就是说，在网络环境中，青少年网络道德越积极，越有可能表现出亲社会行为。

接下来，我们考察了网络道德认知、网络道德情感和网络道德意向对网上亲社会行为的预测作用。结果显示，网络道德认知和网络道德情感两个变量分别进入了紧急型、情绪型、利他型、匿名型、依从型和公开型网上亲社会行为的回归方程，所有统计指标均达到了显著性水平。对网上亲社会行为总平均分进行逐步回归分析表明，进入网上亲社会行为总平均分的回归方程的显著变量只有网络道德认知和网络道德情感，网络道德意向不能显著预测网上亲社会行为。

然后，我们建构了它们的关系模型（见图 11-3）。从图 11-3 中可以看到，青少年的网络道德认知、网络道德情感对网上亲社会行为的直接预测水平均显著，直接正向预测网上亲社会行为，网络道德意向不能预测网上亲社会行为。

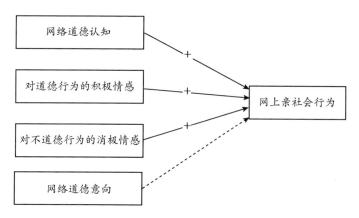

**图 11-3　网络道德与网上亲社会行为的关系模型**

　　青少年对道德行为的情感越积极，表现出的网上亲社会行为水平就越高。但网络道德意向不能预测网上亲社会行为，这与我们的研究假设不一致。本研究在对网络道德意向的界定和认识中，更多强调的是不做违反道德规范的行为倾向，而不是强调表现出帮助他人的亲社会行为倾向，这可能是在本研究中网络道德意向没有直接预测网上亲社会行为的原因。

## 拓展阅读

### 人们的道德取决于什么？

　　多年前，乔纳森·海特博士开始写他的畅销书——《正义之心：为什么人们总是坚持"我对你错"》（*The right mind：Why good people are divided by politics and religion*）。作为一名社会心理学家以及伦理型领导方面的专家，海特在过去几十年里一直致力于道德心理学和道德情感研究。他主要研究这样一个问题——自由派和保守派之间不同的道德价值观，以及两个派别间产生的误解是如何导致了政治两极化和相互之间的不信任的。在丹佛举办的美国心理学会 2016 年年会上，海特畅谈在美国政治、文化中日益增加的不文明和不容异己的行为，他相信，心理学家在解决这一问题上能够做点什么，而且应该做点什么。海特提出了道德基础理论，其中列出了六组道德基础，它们在不同程度上决定了大多数人的道德价值观和道德判断。

①关爱/伤害，是仁慈、友善、关怀等有关价值观的基础。

②公平/欺骗，是正义和权利的基础。

③忠诚/背叛，是爱国主义、对集体的自我牺牲的基础。

④权威/颠覆，是尊重权威和传统的基础。

⑤圣洁/堕落，是追求一种高尚的生活方式的宗教观念的基础。

⑥自由/压迫，是追求自主、反抗压迫的基础。

总的来说，海特认为，自由派的道德观念主要偏向关爱/伤害、公平/欺骗和自由/压迫这三组道德基础，而保守派的道德世界观则更多基于全部六组道德基础。因为每个派别都难以理解其他派别的道德观，所以他们经常把对方妖魔化。

不管是在他写的书里，还是在他的公共演讲中，海特都鼓励人们去接触和尝试理解那些与他们对立的派别的观点。出于同样的目的，他也想鼓励其他心理学家参与到这些问题的解决中。"在我们的政治事务中，在校园里，在种族之间，这都是一个十分紧迫的全国性问题。"海特表明，"心理学家应该处于解决这个问题的最前线，不断学习研究，找出应对措施，让事情朝好的方向发展。"

作者：利·瓦恩曼（Lea Winerman）

译者：余泳蓝、谢笑春、王兴超、雷雳

# 五、总结

## （一）研究结论

综上所述，通过对青少年网上亲社会行为及其与网络道德之间关系的研究，我们可以得出以下结论。

①青少年在网络环境中表现的亲社会行为类型由高到低依次为：紧急型、利他型、情绪型、匿名型、依从型、公开型，青少年的网上亲社会行为水平较高。

②女生比男生表现出更多的利他型网上亲社会行为；青少年的利他型、情绪型、匿名型、依从型和公开型网上亲社会行为在年级上有显著的线性变化趋势。

③青少年的网络道德较积极，网络道德认知、网络道德情感和网络道德意向之间存在显著正相关。

④青少年的网络道德认知和网络道德情感对网上亲社会行为有正向预测作用，即青少年的网络道德越积极，表现出的网上亲社会行为就越多。

## (二)对策建议

根据本研究的结果，我们对如何提升青少年的网络道德、增加其网上亲社会行为提出以下建议。

首先，不必过分担心网络会弱化青少年的道德认知和道德情感，青少年对网络环境中的道德规范还是有比较清醒的认识的。学校和社会可以进一步加强对青少年道德认知和道德情感的教育，提高他们的认知水平，促使其产生更积极的网络道德情感体验，培养青少年积极的网络道德意向。

其次，鉴于青少年的网上亲社会行为水平随年级的升高而下降，学校应该加强中学生的道德教育，积极开展集体活动和专题讨论，提高其道德认知和道德情感水平，进而促使其在网络中做出理性的亲社会行为。同时我们也应该注意到，青少年在网络空间所表现出来的亲社会行为的类型和特点与其现实生活中的亲社会行为有所不同。

最后，社会各界应该积极建构健康的网络文化，形成有规范约束的网络道德氛围，为青少年创设良好的互联网使用环境。

# 第十二章　青少年的网上偏差行为

**开脑思考**

1. 在上网时我们时常会看到一些人污言秽语、火气冲天，他们在现实生活中就是这样的人吗？还是网络空间起到了一定的作用？

2. 青少年在网络上浏览与性有关的东西，算不算行为不端？这些东西到底对青少年的成长和发展有何影响？

3. 你听说过有人在网络中上当受骗吗？人们在网上上当受骗是什么原因造成的？

**关键术语**

网上偏差行为，网络道德，网上过激行为，网络欺骗

## 第一节　问题缘起与背景

### 一、虚拟世界为偏差行为提供新场所

为什么要探讨青少年的网上偏差行为？它与青少年的网络道德之间有何关系？这一问题的背景又是怎样的？

互联网的普及与发展为人们生活的方方面面提供了全新的环境，互联网已经形成了一个虚拟的社会。有学者指出互联网是一个混乱的地方（Levinson & Surratt，1999），在互联网社会容易出现偏差行为（Goulet，2002），而且网络中的偏差行为给互联网用户带来了很大的

困扰(雷雳，李冬梅，2008)。已经有很多研究者关注到了网络环境中的偏差行为(Ybarra & Mitchell，2005；Caspi & Gorsky，2006；Denegri-Knott & Taylor，2005)，并以此探讨网络对社会产生的消极影响。

网上偏差行为的判定通常是把它的行为结果和与之类似的现实偏差行为进行类比(Denegri-Knott & Taylor，2005)，然后确定这种行为是否属于网上偏差行为。有人认为，网上偏差行为只是拓展了偏差行为的研究范围，是偏差行为新的表现形式(Schuen，2001)。网上偏差行为的表现形式多种多样(张胜勇，2003；Denegri-Knott & Taylor，2005)，李冬梅、雷雳和邹泓(2008)的调查结果表明，青少年的网上偏差行为主要的表现形式包括网上过激行为、网络欺骗行为、视觉侵犯等。

网络中存在很多违反道德规范的偏差行为，因此近年来社会各界对网络道德建设越来越关注。国内外已经有很多研究对虚拟世界的道德和伦理进行了理论上的探讨(Rogers，2001；Teston，2002；杨礼富，2006；Lawson & Comber，2000)，但关于网络道德表现的实证研究还很少。

青少年正处于人生观、价值观形成又尚未确立的时期，思想极易受到其他负面现象的影响和冲击(雷雳，2009)。在混乱的网络环境中，他们更可能表现出过激、欺骗等网上偏差行为(雷雳，李冬梅，2008)。

由于网上偏差行为发生环境的特殊性，其与现实生活中的偏差行为和道德的关系有所不同。虽然人们在网络中会遵守一些道德规范和规则，但是由于没有人与人直接的面对面的接触，人们的道德意识就会减弱，野蛮行为就会增多。

在此令人感兴趣的是，青少年的网络道德特点与其网上偏差行为之间有何关系。

## 二、网上偏差行为的界定：暂且无共识

偏差行为，也称"越轨行为""异常行为""偏离行为"。对于偏差行为到底是什么，不同的研究者从不同的角度进行了解释和说明。从心理学角度定义的偏差行为，主要指的是消极行为、反常行为，是指由个体的遗传因素和心理状态引起的违反规范的行为，这种行为是对规范行为、规范状态的偏离，是适应不良的表现（Knott，2005；Vazsonyi，2003；沙莲香，1995）。

在互联网心理学的研究中，网上偏差行为是出现较早、研究又相对较少的一个领域。在关于以计算机为媒介的交流和互联网文化的研究中，学者发现有些用户的在线行为充满了自私和敌意。从以计算机为媒介的交流中的过激行为到欺骗、发送垃圾邮件和广告、虚拟强奸、网络犯罪、下载盗版资料，许多在线行为都被贴上了"偏差行为"的标签（Knott，2005）。

虽然有很多证据表明网上偏差行为确实存在，但是如何理解网上偏差行为的概念仍然存在争议。到目前为止，网上偏差行为没有一个公认的定义，判断某种行为是否是网上偏差行为的唯一标准就是通过把这种行为结果和与之类似的现实偏差行为进行类比（Knott，2005），然后确定这种行为是否属于网上偏差行为。

研究指出，对网上偏差行为的界定因采用的研究方法的不同而异（Knott & Taylor，2005）。网上偏差行为的研究方法主要有两种：绝对取向和相对取向。绝对取向处于宏观水平，研究互联网文化过程。从这个视角出发，某种行为之所以被认为是偏差行为，是因为它不符合人们的期望。网上偏差行为是指个体不能适应正常的互联网生活而产生的有违甚至破坏互联网规范的偏差行为。相对取向则处于微观水平，研究以计算机为媒介的人与人之间的交流过程，把偏差行为纳入社会结构，把"谁的期望和规范"考虑在内。

无论是绝对取向还是相对取向，网上偏差行为的界定都涉及一个重要的概念——互联网规范。从绝对取向的研究方法来看，网上偏差行为主要是指有违或者破坏一般互联网规范的行为；从相对取向的研究方法来看，网上偏差行为主要是指有违或者破坏某些人的互联网规范的行为。对于派生关系而言，首先是有了既定的社会规范，然后才可能出现偏离这一规范的现象。因此，要对网上偏差行为进行界定，首先就要清楚地界定互联网规范。但是到目前为止，没有一个被公众认可的共同的互联网规范；同时，某些人、某个团体认可的互联网规范对于另一些人、另一个团体来说，可能恰好就是违反规范的行为。

不过，有研究者认为网上偏差行为只是拓展了偏差行为的研究范围，是偏差行为新的表现形式（Schuen，2001）。因此，只要参考偏差行为就可以直接对网上偏差行为进行定义。但是网上与现实生活中的道德、规范和文明存在差异，网上偏差行为是否只是现实生活中的偏差行为的另外一种表现形式还有待进一步研究。

在此，我们认为，网上偏差行为是个体不能适应正常的互联网生活而产生的有违甚至破坏互联网用户期望的行为。

## 三、网上偏差行为形形色色，花样翻新

网上偏差行为的表现形式多种多样，在研究者所考察的 11 种网上消极经历中，网上偏差行为就占 8 种（Mitchell et al.，2005）。有研究者认为，青少年在虚拟社区的偏差行为可以分为撒谎、冲动、暴戾、淫逸、黑客入侵、网上交友与网上聊天（何小明，2003）。也有研究者认为网络成瘾、互联网焦虑、互联网恐惧和互联网孤独也属于网上偏差行为的表现形式（张胜勇，2003）。我们认为，网上偏差行为比较典型的有以下几种类型。

### (一)网上过激行为

在网上偏差行为研究中最受关注的就是网上过激行为（Lee，

2005；Reid et al.，2005；Douglas，2001；Alonzo & Aiken，2004；Joinson，2003）。最初的过激行为是指能激怒人的口头语言和书面语言，后来被用于表示互联网上的消极行为或反社会行为（Joinson，2003）。但是由于缺少对过激行为的明确定义，因此研究者对这个词的理解也是仁者见仁，智者见智。有研究者认为，网上过激行为是指由去抑制引起的，敌意的，使用亵渎、淫秽或侮辱性词语伤害某人或某个团体的行为（Alonzo & Aiken，2004）。还有研究者认为，网上过激行为是一种网上人与人之间或团体之间的，以书写语言为形式的，用来激怒、侮辱或伤害他人的行为（Garbasz，1997）。

在互联网心理学研究领域，还有三个概念和网上过激行为的意义比较相近，即网上骚扰、网络暴力和网络欺凌行为。

网上骚扰是在网上对他人故意的、明显的攻击，如对他人进行粗鲁的、下流的评价或者故意使他人尴尬（Finkelhor et al.，2000；Mitchell，2004）。它与发送令人讨厌的、淫秽的、恐吓的或者骂人的邮件有关（Ellison & Akdeniz，1998）。网上骚扰包括在公共信息论坛上张贴私人信息，从而给个体招致各种各样的令人厌烦的在网上和实际生活中的骚扰。网上骚扰也包括模仿受害者的姓名、以受害者的名义进行网上偏差行为，损害受害者的名誉和破坏商务关系的行为。另外，网上骚扰也包括邮件中、聊天室里等以文字形式呈现与性有关的内容的暴力行为（Williams，2006）。

网络暴力是指个体对他人或者社会团体有害的暴力网络活动（Wall，1998）。网络暴力不会在受害者身体方面有直接的表现，但是受害者可以感受到这种活动的暴力性，并导致长期的心理创伤。

网络欺凌行为包括个人或团体通过使用信息和交流技术发布伤害他人和诽谤他人的帖子等方式进行的以伤害他人为目的的蓄意的、重复的和敌意的行为（Besley，2006）。网上过激行为、网上骚扰、网络暴力和网络欺凌行为都包括通过互联网进行的以文字为主要表达方式的对互联网其他用户的伤害行为。但是网络欺凌行为的内涵更丰富，不仅包括通过互联网对他人的伤害行为，而且包括通过手机短信等方式对他人的伤害行为。另外，网络欺凌行为的研究对象主要是儿童和青少年，而网上过激行为、网上骚扰和网络暴力的针对群体更为普遍。

## (二)网络欺骗

网络欺骗是网络和现实生活中都存在的一种活动。欺骗是指"骗人的行为"，即隐藏真实、表现出虚假。它包括蓄意地改变身份，从而有利于获得期望的结果或者达到某种状态的目的。互联网用户的欺骗行为的目的主要是后者。

欺骗是网上偏差行为的一种重要表现形式，有的欺骗是完全的欺骗，这些互联网用户把自己隐藏在面具背后(如改变自己的性别)(Matusitz，2005)。还有一些欺骗行为是高技巧性地对自己网上身份的操作，这和现实生活中自我表露的不断调整有直接关系。欺骗不仅体现在网恋或者个人与个人的网上接触中，而且也会发生在论坛、聊天室中。

互联网是一个可以尝试不同身份和个性的地方，在大型多人在线角色扮演游戏中，互联网用户改变性别的现象经常发生(Lea & Spears，1995)。女性在网上把自己说成是男性，去体验更多的权力感；男性把自己说成是女性，想获得更多的关注。男性和女性在网上使用的语言各有特点：女性更容易道歉、更愿意使用能加强语气的副词和带有强烈情绪色彩的词汇；男性使用的词语更粗俗、更愿意使用长句子(Thomson & Murachver，2001)。那些在网上对性过于感兴趣的"女性"，在现实生活中更可能是男性(Curtis，1997)，其动机可能是希望获得他人的注意。另外，网络欺骗行为可能与信任有很大关系(Joinson，2003)。除了改变性别之外，还有人编造自己的经历来引起他人的关注。

## (三)网络侵犯

网络侵犯是指黑客侵犯其他互联网用户的私人空间。例如，早期的"乌托邦"(Utopians)是黑客中的一种重要类型(Young，1995)，是指那些具有攻击性和破坏性的黑客运用自己的知识对他们的目标（可能是个人，也可能是组织）造成伤害，但是他们认为这种行为是对社会有益的。

有人把黑客分为四种（Wall，2001）。一是蓄意传播病毒的黑客。这些病毒通过网络传播，使电脑的某种或某些功能瘫痪，从而给用户造成恐慌。但是如果付钱给他们的话，这些病毒就可以被消灭。二是蓄意操纵数据的黑客，如在网页上，按照黑客的希望，这些网页就会代表某个个人或机构，但是这些网页不是真正的个人或机构的网页。三是网络间谍。这类黑客通过计算机网络破译代号和密码，他们的主要目的就是获取一些机密信息。四是网络恐怖主义者。这类黑客采用各种方式对某个部门进行攻击，令整个部门处于停滞状态，从而破坏商务活动甚至是经济活动。

### (四)网络盗窃

网络盗窃可以分为两类（Wall，2001）：一是指对智力财产的挪用，如复制或复录音乐音像制品并在网上传播。1998年，美国制定了《千禧年数字版权法》用来规范网络盗窃行为，但是它并不能完全保证所有者的权利。于是，在2002年，美国又提出了《伯尔曼议案》，这个议案认为版权所有者可以通过违反法律的方式来保护自己的资产。例如，如果版权所有者发现自己的资料未经同意就被下载，就可以以黑客的形式对下载自己资料的用户进行攻击。二是指对虚拟财富或者虚拟身份的盗窃，如盗取QQ号、盗取网络游戏财富等。

### (五)视觉侵犯

在聊天室、论坛等交流平台中还有一种比较常见的网上偏差行为——灌水和刷屏。灌水是指以几乎无内容、无意义的文字、字符这种简单的形式回答发帖者，如回答"顶""不错""好""强"等。每个帖子都灌，整个屏幕的帖子全是某个人的回复，这就是刷屏，是灌水的一种极端的表现形式。刷屏也指将同一段内容反复复制，不停滚动在聊天窗口或者聊天室里。

除了上述的网上偏差行为之外，发送垃圾邮件、促进不当话题等也是网上偏差行为的表现形式。

## 四、网络道德或为偏差行为的止泄阀

关于网络道德与网上偏差行为的关系，目前还很少见到相关的研究，我们先以现实中的相关研究为依据来做推理。现实生活中关于道德心理成分与偏差行为的关系研究，显示了道德认知、道德情感和道德意向与偏差行为是否有密切关系。

道德认知加工对攻击行为有很大影响。国内一项研究显示攻击性儿童和亲社会儿童的社会信息加工过程存在不同：攻击性儿童具有敌意的归因倾向、破坏关系的目标定向和对攻击性反应做积极评价的特点；而亲社会儿童则表现出友善的归因倾向、加强关系的目标定向和对亲社会行为做积极评价的特点（寇彧，谭晨，马艳，2005）。

国内外也有一些研究关注了移情与攻击行为的关系。研究发现，移情能力与攻击行为呈反向关系，即高攻击行为青少年的移情能力低（Eisenberg，Losoya，& Spinrad，2003；陈英和，崔艳丽，耿柳娜，2004）。

道德意向越积极，越不可能出现偏差行为，反之，则越可能出现偏差行为。积极的网络道德态度在网络世界中体现为互联网用户对网上社会规则所蕴含的道德规范或倡导精神的认可。如果个体同意、认可这些规则和要求，并且愿意表现出符合道德规则的行为，那么他们出现偏差行为的概率就小（李冬梅，2008）。从一项对网上偏差行为的调查研究中，我们可以了解到，青少年认为道德品质差是导致网上偏差行为出现的重要原因（Li & Lei，2008）。

由于网上偏差行为发生环境的特殊性，网上偏差行为、现实生活中的偏差行为与道德的关系有所不同。研究者指出，互联网是一个充满自由、没有障碍和约束的地方。正如前面提到的，虽然人们在网上会表现出遵守道德和规则，但是由于没有人与人直接的面对面的接触，人们的道德意识就会减弱，野蛮行为就会增多。例如，在现实生活中，盗版是违法的，但是一项调查显示，67％的用户在下载盗版软件时认为这是一种正常的行为，并没有考虑是否侵权的问题。有研究者指出这种行为和现实的入室行窃在道德上是等价的，都应该受到谴责（Knott & Taylor，2005）。然而，大多数互联网用户并没有把这种行为和入室行窃等同起来。

# 第二节　上网特点与对策

## 一、网上偏差行为聚焦过激色情与欺骗

我们调查了青少年的网上偏差行为（雷雳，李冬梅，2008）。结果表明，网上过激行为是青少年最突出的网上偏差行为的表现形式，占62.8％；其次是浏览色情信息，占 40.1％；接下来是欺骗，占23.8％。其他的网上偏差行为依次为黑客行为、促进不当话题、窃取他人身份、发送垃圾邮件、刷屏和灌水（见表 12-1）。

表 12-1　网上偏差行为的种类及其百分比

| 网上偏差行为 | 网上过激行为 | 浏览色情信息 | 欺骗 | 黑客行为 | 促进不当话题 | 窃取他人身份 | 发送垃圾邮件 | 刷屏 | 灌水 |
|---|---|---|---|---|---|---|---|---|---|
| 百分比 | 62.8％ | 40.1％ | 23.8％ | 14.4％ | 8.4％ | 6.8％ | 2.6％ | 1.6％ | 1.3％ |

在网上偏差行为研究中最受关注的就是网上过激行为。在本次调查中，研究对象认为网上过激行为是网上偏差行为的突出表现形式，如"骂人""说脏话""散布谣言伤害他人"等。

在本次调查中，浏览色情信息主要是"过度使用"和"形成了一种错误的性兴趣"。欺骗是在本次调查中网上偏差行为排在第三的表现

形式。研究对象在这方面的典型回答是"骗人"和"改变自己的性别"。

黑客行为是网上偏差行为比较重要的表现形式。研究对象指出的黑客行为主要是发送病毒，对他人电脑进行攻击的行为。在本次调查中，几乎没有提到利用计算机技术进行诈骗或者窃取他人信息的黑客方式。促进不当话题是指互联网用户针对不当话题进行的讨论，并对其有不良的影响，如讨论"如何制造炸弹"等。窃取他人身份是网上盗窃行为的一种表现形式，个体通过个人计算机技术假装以其他互联网用户的身份进行活动，给受害者造成不良影响。调查表明窃取他人身份主要表现为盗窃 QQ 号或网络游戏身份。另外，研究对象指出网上偏差行为也包括灌水和刷屏。

在调查中，我们也询问了研究对象是否有过网上偏差行为，和以往研究一致，调查发现男生的网上偏差行为显著多于女生。

## 二、网上网下多因素促发网上偏差行为

我们调查了网上偏差行为产生的原因，其原因可以分为四个方面：与互联网有关的个体因素、互联网环境因素、个体因素和现实环境因素（见表 12-2）。其中，网上偏差行为产生的原因中与互联网有关的个体因素居多。

**表 12-2　青少年的网上偏差行为的原因及其百分比**

| 总体原因 | 具体原因 | 详细原因 |
|---|---|---|
| 与互联网有关的个体因素 | 互联网使用动机 | 发泄（11.6%） |
| | | 好玩、恶作剧（11.6%） |
| | | 好奇（10.9%） |
| | | 无聊（9.5%） |
| | | 寻找刺激（2%） |
| | | 学习计算机知识（0.7%） |
| | 网络伦理道德观 | 道德品质（21.7%） |

续表

| 总体原因 | 具体原因 | 详细原因 |
|---|---|---|
| 互联网环境因素 | 网络自身特点<br>网络规范和管理 | 网络匿名性(25.2%)<br>网络管理不严格(5.4%) |
| 个体因素 | 心理健康<br>自我概念 | 个人心理健康问题(17.2%)<br>自制力差(8.8%)<br>自卑(1.4%) |
| 现实环境因素 | 人际关系<br>社会支持<br>压力 | 人际关系不良(4.1%)<br>缺少关心和支持(2.7%)<br>压力过大(2.7%) |

首先，在对网上偏差行为产生影响的因素中，与互联网有关的个体因素是非常重要的因素。其中，互联网使用动机是网上偏差行为产生的最重要的原因，人们因为在现实生活中受到挫折，所以想在网上发泄的占11.6%；认为网上偏差行为产生的原因是好玩、恶作剧的占11.6%；认为由于好奇产生网上偏差行为的占10.9%；除此之外，还有无聊等原因。在网络伦理道德观方面，21.7%的人认为网上偏差行为的产生是因为个人的道德问题，如"没有道德""个人品质太差"。

其次，青少年认为在互联网环境因素中，网络匿名性是产生网上偏差行为的主要原因(25.2%)，除此之外，还包括网络管理不严格(5.4%)。

再次，个体因素主要包括心理健康和自我概念。17.2%的人把网上偏差行为产生的原因归结为个人心理健康问题，如"心理变态""心理有毛病"。在自我概念方面，自制力差、自卑等是产生网上偏差行为的重要原因。

最后，现实环境因素主要包括人际关系、社会支持、压力，如缺少他人关心、不善于与人交往导致的人际关系不良、压力过大等，这些也是网上偏差行为产生的原因。研究表明，与老师、同学接触少以及学习成绩差的学生的网上偏差行为更多(Daniel，2005)。

综合起来，青少年网上偏差行为产生的原因可以从以下几个方面来认识。

首先，在互联网媒介层面，网上偏差行为的产生是由于网络自身的特征(如匿名性)。其次，在互联网团体层面，社会认同理论认为网上偏差行为的产生是由于网上某团体的行为标准就是偏差行为，因此作为团体的一员，必须表现出网上偏差行为。再次，在互联网个体层面，网上偏差行为的产生是由于个体在互联网上的公我意识减弱，私我意识增强。最后，在个体与互联网交互作用层面，我们可以从个人—情境交互作用的角度来解释网上偏差行为，把网络的特点与个体的目标、动机和需要等综合起来，探讨它们对自我意识和责任感的影响，这样可能会更加完整、有效地解释网上偏差行为。

调查结果发现，青少年网上偏差行为出现的原因涵盖了上述理论中的部分内容，而且包括上述理论中没有提到的个体的心理健康状态、自我概念、网络伦理道德观，以及现实生活中的人际关系与社会支持。

从调查结果中我们能够看到，互联网使用动机可能是预测网上偏差行为的一个重要因素。许多研究者也提出，互联网使用动机是网上偏差行为的一个重要原因(Curtis，1997；Joinson，2003；Alonzo & Aiken，2004；Caspi & Gorsky，2006)。如果青少年的互联网使用动机是发泄、寻找刺激、恶作剧等，那么就可能出现网上偏差行为。如果个体上网的动机是寻找学习资料或搜索信息，那么出现网上偏差行为的可能性就会更小。

## 三、青少年网上偏差行为表现仅露端倪

我们考察了青少年网上偏差行为的表现水平(马晓辉，雷雳，2010)。结果表明，在 5 点计分量表中，网上偏差行为各维度的平均分均为 1～2 分，这说明青少年出现网上偏差行为的情况不是很严重。

为了进一步了解青少年的网上偏差行为状况，我们把平均分为1～2分(包括2)的被试称为低分组，2～4分(不包括2和4)的被试称为中分组，4～5分(包括4)的被试称为高分组。结果发现，对于网上过激行为、网络色情行为和网络欺骗行为，高分组人数所占的比例很小(仅有0.2%)；但是仍然有不少青少年的网上过激行为(18.4%)和网络欺骗行为(11.7%)处于中分组，他们出现网上过激行为和欺骗行为的频率在"偶尔"到"经常"之间(见表12-3)。

表 12-3　青少年网上偏差行为的分组状况

| 分组 | 网上过激行为 | 网络色情行为 | 网络欺骗行为 | 网上偏差行为(总) |
|------|------|------|------|------|
| 低分组($1 \leqslant M \leqslant 2$) | 81.4% | 97.3% | 88.1% | 92.4% |
| 中分组($2 < M < 4$) | 18.4% | 2.5% | 11.7% | 7.4% |
| 高分组($4 \leqslant M \leqslant 5$) | 0.2% | 0.2% | 0.2% | 0.2% |

本研究结果显示，青少年的网上偏差行为并不严重。经常表现出网上过激行为、网络色情行为和网络欺骗行为的个体分别仅占总人数的0.2%，大多数青少年偶尔或从未出现过网上偏差行为。但需要注意的是仍有18.4%的青少年出现网上过激行为的频率在"偶尔"和"经常"之间；11.7%的青少年出现网络欺骗行为的频率在"偶尔"和"经常"之间。这说明网上过激行为和网络欺骗行为是发生较多的偏差行为。

网上偏差行为可能是青少年发泄现实生活中的压力、表达消极情绪，以及满足心理需要的重要方式。青少年期的各种偏差行为有其潜在的行为功能，能够反映相应的发展任务(雷雳，2009)。

网上过激行为是青少年网上偏差行为重要的表现形式(雷雳，李冬梅，2008)。首先，在使用互联网时，由于可以不暴露自己的真实身份，在对别人进行语言攻击和欺骗的时候不会承受太大的压力，青少年出现过激行为可以在一定程度上发泄他们在现实生活中无法消除的消极情绪。其次，青少年在网络环境中的欺骗行为集中在改变自己的性别和年龄、编造经历、发布虚假信息等方面，这些欺骗包含对自我、他人和社会的探索，而且很多人认为在网络环境中骗人是有趣的。

## 四、男生网上偏差行为的表现明显超女生

我们考察了青少年网上偏差行为的性别特点。结果表明，性别和年级无交互作用，年级在网上过激行为上的主效应显著；性别在网上过激行为和网络色情行为上的主效应显著，男生明显高于女生（见图 12-1）。

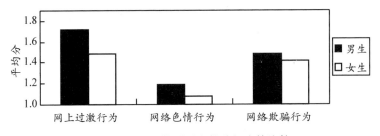

**图 12-1　不同性别网上偏差行为的比较**

网上过激行为作为网上偏差行为的主要表现形式，本研究对其所包含的四个维度的得分情况进行了进一步分析，结果显示（见图 12-2），在攻击性、易怒和冲突上男生均显著高于女生，这说明男生的网上过激行为明显多于女生。

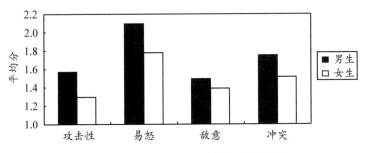

**图 12-2　不同性别网上过激行为的比较**

国内外许多关于偏差行为的研究都发现性别会影响偏差行为，一般来说，男性的偏差行为要多于女性（Goff & Goddard，1999）。在本研究中，对青少年网上偏差行为的性别特征分析表明，男生的网上过激行为（包括攻击性、易怒和冲突）和网络色情行为的发生频率显著高于女生。在现实生活中，男生比女生更容易表现出攻击行为，跟别人发生的矛盾和冲突也更多；女生则相对温和，表达敌意的方式更含蓄。在网络环境中，同样是男生的过激行为比女生多，这与之前的一些研究结果是一致的（Thomson，Murachver，& Green，2001；Williams & Skoric，2005；李冬梅，雷雳，邹泓，2008）。现实社会中的调查结果显示，男生对色情录像带、图片和杂志等更感兴趣（雷雳，2009）。本研究结果表明男生的网络色情行为多于女生，这与其他探讨青少年网络行为的研究结果是一致的（Tsitsika，Critselis，& Kormas，2009；李冬梅，2008）。

## 五、网上过激行为会随年级升高而衰减

如前所述，青少年网上偏差行为的年级差异主要表现在网上过激行为上。我们进一步考察了网上过激行为四个维度的年级变化。结果显示，攻击性、易怒、敌意和冲突在年级上的线性变化趋势均显著。从趋势图（见图12-3）中我们可以看出，青少年的网上过激行为水平随年级的升高而呈下降趋势，高一年级学生的网上过激行为得分显著低于七年级和八年级。这说明青少年的攻击性、易怒、敌意和冲突随着年级的升高而减少，到了高一年级发生质变，高中阶段的网上过激行为明显少于初中阶段。

有研究显示年级和年龄变量也会影响网上偏差行为的表现，高年级的偏差行为要少于低年级（Goff & Goddard，1999；何双海，2007）。本研究结果表明，网络色情行为和网络欺骗行为不受年级的影响，而网上过激行为水平随年级的升高而下降，即年级越高，网上

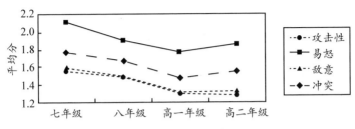

图 12-3  不同年级网上过激行为的变化趋势

过激行为发生得越少，高中阶段的网上过激行为明显少于初中阶段。青少年进入高中后，由于年级的升高，其认知水平、交往能力得到提升，处理人际关系时更加自如（雷雳，张雷，2003）。随着青少年心智成熟水平的提高，他们体验到的愤怒和敌意会越少，更容易控制自己的情绪和行为，因而在网络环境中表现出的过激行为也越来越少。

## 六、积极的网络道德可阻网上偏差行为

我们考察了青少年网上偏差行为与网络道德的关系。结果显示，首先，青少年网络道德认知与网络道德情感和网络道德意向之间呈显著正相关，对道德行为的积极情感与网络道德意向呈显著正相关；其次，网龄与网络道德认知、对不道德行为的消极情感和网络道德意向各维度呈显著负相关，与网上过激行为和网络欺骗行为呈显著正相关，这说明青少年使用互联网的时间越长，网络道德越消极，表现出来的网上偏差行为越多；最后，网络道德认知、网络道德情感和网络道德意向与网上偏差行为均呈显著负相关。

为了了解网络道德对网上偏差行为的预测作用，我们进行了逐步回归分析。结果表明，进入网上过激行为、网络色情行为和网络欺骗行为的回归方程式的显著变量有网络道德意向和网络道德认知，它们反向预测了网上偏差行为。最后我们对网上偏差行为的总平均分进行了多元逐步回归分析。结果表明，进入网上偏差行为总平均分的回归

方程的显著变量为网络道德意向和网络道德认知，它们均反向预测了网上偏差行为，联合预测力达到了 16.4％。

综合起来，我们建构了相应的关系模型（见图 12-4）。从模型中我们可以看到，网络道德意向和网络道德认知直接反向预测网上偏差行为。对道德行为的积极情感和对不道德行为的消极情感均对网上偏差行为无直接的预测效应。

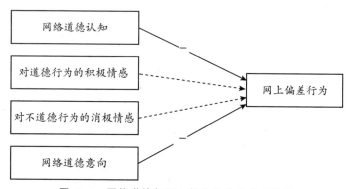

**图 12-4　网络道德与网上偏差行为的关系模型**

首先，对于网上过激行为，青少年能够从认知上判断过激行为是不好的，并表现出积极的道德行为意向，同时他们很反感网络中的过激行为，但是这样的反感情绪并没有阻止他们表现出网上过激行为。这可能与青少年所处的心理发展阶段有关：虽然青少年期的个体情绪调节能力有所增强，但这种能力毕竟有限，而且他们的情绪反应又有易冲动的特点，这可能导致他们在网络中遇到他人的攻击挑衅时，很容易表现出同样的攻击行为予以回击。

其次，网络色情行为可以在某种程度上满足青少年的心理需要，这是一种比较特殊的偏差行为。这种在网络中查看性知识、色情图片或视频的行为与道德的关系可能是复杂的，人们可能倾向于认为下载和浏览色情图片、讨论性话题等行为是不道德的，才出现了网络道德与网络色情行为的负相关关系，以及网络道德认知和网络道德意向对网络色情行为的反向预测作用。因此，情感因素和此类偏差行为的关系不大也是可以理解的。

最后，虽然青少年表现出对网络欺骗行为的厌恶，但是在网络环境中的欺骗行为可以在一定程度上满足他们对自我和他人探索的需要与乐趣。他们在网络匿名的条件下，可以更容易地编造虚假信息欺骗别人并取得成功，在这个过程中产生的新奇感、成就感和兴奋感可能压过了他们对做出不道德行为的羞愧感，因此网络道德情感也没有直接预测网络欺骗行为。

## 拓展阅读

### 你容易受到网络欺骗吗？

手机技术和互联网的快速发展为我们跨越时空的社会交流提供了非常大的便利，但同时也为网络诈骗提供了更多的机会。例如，诈骗者通过发送一封钓鱼邮件，诱导收信人打开邮件中的链接或下载带病毒的附件，盗取个人信息；也可能是进行一段复杂的网恋欺诈，在一段时间内骗取数额巨大的钱财。

对于个体而言，如果遭受网络欺骗，可能会造成巨大的经济损失，甚至是严重的心理创伤。那么在日常生活中，是不是有的人更容易受到网络欺骗的影响呢？有研究者对相关的研究进行了梳理，并提出了一个整合的理论模型来阐释为什么一个人会在网上受骗。

该模型提出了一个预测方程：

网络欺骗的易感性＝个体特质＋当前状态＋当时背景＋影响机制

下面我们来对照一下各个因素，看看你是不是容易受到网络欺骗的影响。

个体特质。低自我意识水平的个体更容易接受他人的劝说及受到他人的影响。

当前状态。如果个体感到非常疲惫，在遇到事情的时候，可能不会认真思考与分析，便仓促地做出决定。

当时背景。如果个体在公司中处于低权力地位，那么他更可能服从权威。当骗子利用权威来诱骗时，他便容易上当。

影响机制。骗子在行骗的过程中，往往会利用一些心理的技术手段。例如，先对你提出一个小要求，等你答应了之后，再一步一步提出更大的要求(登门槛效应)。

那么，我们该如何有效地去应对网络欺骗呢？请牢记，天上不会掉馅饼。

作者：方圆、雷雳

# 七、总结

## (一)研究结论

综上所述，通过对青少年网上偏差行为及其与网络道德之间关系的研究，我们可以得出以下结论。

①网上过激行为、网络色情行为和网络欺骗行为是青少年网上偏差行为的主要表现形式。

②对网上偏差行为产生影响的因素可以分为与互联网有关的个体因素、互联网环境因素、个体因素和现实环境因素。与互联网有关的个体因素主要包括互联网使用动机和网络伦理道德观；互联网环境因素主要包括网络自身特点、网络规范和管理，如网络匿名性、网络管理不严格；个体因素包括心理健康、自我概念等；现实环境因素主要包括人际关系、社会支持、压力，如人际关系不良、缺少他人的关心和支持、压力过大等。

③青少年的网上偏差行为并不严重，男生的网上过激行为和网络色情行为显著多于女生，网上过激行为随年级的升高而减少。

④网络道德意向和网络道德认知对网上偏差行为有反向预测作

用，即青少年的网络道德越积极，表现出来的网上偏差行为越少。

## (二)对策建议

从研究发现中我们可以了解到，网络道德认知和网络道德意向对控制青少年的网上偏差行为有更大的影响。所以加强对青少年的网络道德教育，增强他们对道德规范的认识，对减少网上偏差行为是有帮助的。

网络的匿名性和网络管理的松懈，以及网络伦理道德观的匮乏，也可能会导致青少年出现网上偏差行为。因此，帮助和引导青少年建立正确的网络伦理道德观，加强网络建设，完善网络监管体制，制定网络规范和相应的法律法规，约束网络用户在网上的行为是减少网上偏差行为的重要措施。

现实环境因素和个体因素对网上偏差行为会产生重要影响。那些缺少他人关爱、人际关系不良、缺少社会支持的个体可能会出现网上偏差行为。一些个体因素，如不佳的心理健康状态、低自尊、低自我调节能力，也可能是网上偏差行为的原因。因此，积极预防青少年心理问题的产生，引导青少年建立积极的自我概念，为青少年营造能够更加健康发展的良好环境是防止和控制青少年出现网上偏差行为的首要措施。

此外，我们可以通过提升青少年的网络道德水平，来增强网络亲社会行为，减少网上偏差行为。首先，加强对青少年的网络道德认知教育，促使他们正确认识网络中的道德现象和行为，并培养他们形成积极的网络道德意向；其次，学校和社会应多重视男生的过激行为和色情行为表现，在教育过程中结合性别差异进行专门辅导；最后，社会各界应积极建构健康的网络文化，营造有规范约束的网络道德氛围，为青少年提供良好的互联网使用环境。

# 第十三章　青少年的社交网站使用

**开脑思考**

1. 网络技术的发展为人们的社会交往提供了新的途径，那么人们在面对面交往和网络交往中交谈的内容有什么区别吗？

2. 一些青少年很喜欢网上聊天，他们喜欢聊什么？更喜欢和熟人聊天，还是和陌生人聊天？

3. 通过网络聊天练习获得的社交技能，对青少年现实生活中的人际交往有没有帮助？是有助于他们融入社会，还是使他们与社会疏离？

**关键术语**

社交网站，自我展示，自我保护意识

## 第一节　问题缘起与背景

### 一、青少年社交关系的网络化势不可当

社交网站是一种旨在帮助人们建立社交网络的互联网服务平台，主要目的是提供社交网络服务（Lenhart & Madden，2007a）。通过使用社交网站，用户可以与个人社交网络中的好友分享观点、活动、事件以及兴趣等。

从 2003 年起，各种网络社交服务开始兴起，逐渐吸引了大量的网络用户。到今天，各种社交网站已经在全世界流行。

社交网站与之前的网络媒体相比，主要特点在于社交网站类似于个人主页，这个主页显示与所有好友交流的情况（Boyd & Ellison，2007）。有研究者提到，社交网站是一种集留言、相册、日志、音乐、视频等技术于一体的网络服务形式（Livingstone，2008）。用户在社交网站中的行为，如更新状态、发布新照片和日志等行为都会作为新鲜事出现在好友的首页中，好友通过自己的主页进行回复，从而很容易地达到互动的效果。社交网站中的互动比即时通信更便捷、更有真实感，因而得到了年轻人的青睐。现在很多社交网站的服务均添加了允许用户跟朋友互动的网络小游戏等设置，可以通过游戏加强互动性。

据美国皮尤研究中心（Pew Research Center）2018 年一项对社交网站及因特网使用情况的调查报告结果：18～24 岁青年是美国社交网站的主要用户，而这一群体主要为学生。中国互联网络信息中心发布的调查报告曾指出，社交网站的年轻化特征非常突出，学生群体是社交网站用户的主要组成部分。社交网站的学生用户覆盖了相当高比例的大学生群体，并且随着用户在各年龄层的渗透，有进一步全面渗透各学历学生网民之势。

从目前来看，社交网站在全世界范围内非常流行，青少年群体对交友网站的使用也很普遍。随着现代手机等便携的网络工具的推广，使用互联网社交服务的青少年越来越多。因而，关注青少年对社交网站的使用情况十分必要。

## 二、社交网站的使用方式因性别和人格而不同

从性别来看，关于和朋友的交流，研究显示男女生在自我表露的能力发展方面有显著的性别差异：对于女生来说，无论是在网络中还是在面对面交往中，她们自我表露的水平在 10～11 岁时显著提高，直到青少年中期开始维持比较稳定的水平；男生虽然也有同样的发展趋势，但是他们的发展时间要比女生晚两年（Valkenburg，Sumter，&

Peter，2011）。但无论是男生还是女生，他们都会在社交网站的活动中锻炼自己和朋友表露的能力。

关于网络社交的研究显示，在青少年群体中，女生比男生更喜欢使用网络聊天工具和朋友进行沟通交流（雷雳，柳铭心，2005）。有不少研究发现，在互联网服务使用偏好、频率等方面，男女生均表现出很大的差异性。与男大学生相比，女大学生在社交网站上拥有更多的好友，并且对社交网站所提供的网络服务更为满意（郝若琦，2010）。美国学者对较为年长的青少年群体进行研究的结果显示，女生在社交网站中的表现自我程度比男生高（Goldner，2007）。

美国的一项全民调查结果显示，对于年龄较大的青少年来说，女孩（70%）比男孩（54%）更喜欢使用社交网站。对于女孩来说，社交网站已经成为她们强化现有友谊关系的首选工具；对于男孩来说，社交网站为他们提供了与女孩约会和交新朋友的机会（Lenhart & Madden，2007b）。

总之，从已有社交网络的相关研究来看，不同性别的青少年在现实人际交往中的差异在社交网站的使用中也会有所体现。

很多研究者认为，不同人格类型的网络用户会有不同的网络行为表现（Anolli，Viliani， & Riva，2005；Landers & Lounsbury，2006）。同样使用互联网社交服务，具有不同人格特征的个体可能会有不同的感受。一系列关于青少年人格和互联网服务使用偏好的研究结果显示，外向性和神经质的个体更喜欢使用互联网社交服务，同时外向性和神经质特点也能通过社交焦虑间接预测互联网社交服务使用偏好（雷雳，柳铭心，2005；雷雳，杨洋，柳铭心，2006a；2006b）。

很多研究者提出人格因素会调节用户的使用动机、行为偏好和消极情绪等（Hughes et al.，2012；Zhong，Hardin， & Sun，2011）。关于社交网站的研究显示，大学生的人格特点和自尊水平能够预测他们的社交网站使用及上瘾倾向：高外向性和低谨慎性的大学生更喜欢社交网站，也更容易上瘾（Wilson，Fornasier， & White，2010）。

　　一项对 92 名 13～14 岁青少年的追踪研究显示，青少年期适应良好的个体在 20～22 岁时更喜欢使用社交网站和朋友进行交流。同时，青少年期和青年早期的同伴关系模式、友谊质量、行为适应和他们在社交网站中表现的互动模式和行为问题是一致的（Mikami et al.，2010）。根据研究结果可以判断，人格因素对个体在网络社交中的表现和现实生活中面对面的人际交往的影响是类似的。

　　此外，青少年的年龄、种族、父母受教育程度等因素能影响他们对社交网站的使用（Livingstone & Bober，2004；Livingstone & Helsper，2010）。也有研究者指出，青少年的网络使用能力或者技巧也能影响他们社交网站使用的经历和感受。也有研究显示，网络技巧在人口学变量和网络机会、风险因素之间起到中介作用（Livingstone & Helsper，2010）。

## 三、社交网站成自我认同发展的新平台

　　社交网站的个人主页为青少年提供了一个展示自我的平台，他们可以设定公开自己的信息，可以上传自己喜欢的照片或图片，可以分享自己认为有趣的资源（Debatin et al.，2009；Subrahmanyam & Greenfield，2008）。进入青少年期后，个体会通过各种方式来探索和发展自我认同，社交网站就是他们建立自我认同，寻求安慰，支持他们认知发展、身体成长和情感转移的工具之一。

　　对大学生群体的一项质性研究显示，青年人并不通过使用社交网站进行自我探索，但他们通过使用网络来加强现实生活中形成的自我认同（Mcmillan & Morrison，2008）。英国学者利文斯顿认为"不应该将个体在社交网站中的个人页面上对自己的介绍简单地认为是他们个人的信息。对于社交网站的使用者来说，他们在同龄人的社会网络中的地位比他们所提供的个人信息更重要，社交网站用户所呈现的个人信息是一种对自我地位的建构而不是自画像式的呈现自我"。

有研究认为，青少年社交网站使用和他们的自尊之间存在显著相关，积极的使用结果与高水平的自尊相联系（Valkenburg，Peter，& Schouten，2006）。对于青少年来说，探索外部世界和内部自我是很重要的任务（Erikson，1959），他们通过社交网站可以选择性地表露自我，针对不同的观众进行印象管理，因此使用社交网站服务体现了他们对于自我的探索和认同发展。

## 四、社交网站可以促成新型的同伴关系

进入青春期之后，随着年龄的增长，青少年对于家庭之外的同伴需求逐渐增强，青少年对朋友的自我表露增加，到青春期后期达到高峰。青少年早期是一个十分重要的转折期，这个时期的个体逐渐建立起和同伴的朋友关系，更多地开始从朋友那里获得支持。已有研究显示，与其他活动相比，青少年早期个体更喜欢和朋友聊天（Larson，2002）。和亲密朋友的关系能给他们提供舒适感，以及表达个人观点和感受的机会。由于青少年喜欢和朋友分享很多不想让家长知道的私密想法和感受，因此他们喜欢用私密性较强的工具和朋友交流，如笔记本电脑和手机等（Clarke，2009）。已有研究表明，青少年线上和线下的朋友是有重合的（Livingstone，2006），他们通过社交网站交流的朋友也主要是之前已经认识和熟悉的，因而社交网站被他们用来维持和强化现有的朋友关系，增加自己的社会资本（Ellison，Steinfield，& Lampe，2007；Steinfield，Ellison，& Lampe，2008）。

在之前没有网络的时代，由于搬家或升学等，青少年从一个学校转到另一个学校，他们很少有机会再和之前的朋友见面，彼此的联系会逐渐减少，之前建立的同伴关系会逐渐淡化。他们不得不适应新的环境，认识新的朋友，这个适应过程可能会带给他们很大的压力，有很多研究已经证实了这一点（刘旺，冯建新，2006；Gilman & Handwerk，2001）。而在网络时代，青少年很有可能维持和某个同伴"永远的友谊

关系"，因为网络时代使得他们摆脱了时空的限制，他们可以通过网络，特别是社交网站相互关注和交流。青少年早期个体会经常在社交网站的留言板上表示，要和某个同伴做"永远的好朋友"（Clarke，2009）。而在没有网络的时代，面对面交流、彼此提供情感支持的机会就少得多了。对于新时代的青少年来说，他们对于"友谊"这个概念的认识，与之前相比已经改变了很多。

## 五、社交网站中暴露个人信息易致危险

在社交网站中，青少年都会不同程度地公开自己的个人信息。有研究指出，青少年在社交网站上进行自我表露可能会招来网络性骚扰（Goodstein，2007；Ybarra & Mitchell，2008），进而给他们的身心发展带来消极影响。国外很多社交网站因被认为是青少年虐待的来源之一而备受批评（Thierer，2007）。也有学者认为这种批评并没有得到实证研究数据的支持，只是一种杞人忧天的表现。但一项美国的调查研究显示，社交网站中的个体自我信息、即时通信定位、自己照片的表露行为会吸引陌生人的关注，青少年社交网站中的行为为网络调戏和性骚扰提供了条件（Sharples et al.，2009；Tufecki，2008）。不在父母的监督下上网的被调查者中，甚至有53％的青少年都报告说自己经历过网络性骚扰（Sengupta & Chaudhuri，2011）。所以很多研究者在不断努力为社会各界提出建议，目的在于预防和减少青少年在使用社交网站时受到伤害（Mitchell & Ybarra，2009）。

对于社交网站的隐私信息带来的危险问题，一项追踪研究发现，随着青少年使用社交网站时间的增长，他们在展示个人隐私信息时也变得越来越谨慎。有研究者随机选取了聚友网网站中的2433个青少年个人主页进行内容分析，发现大部分青少年在分享一些网络资源时是经过筛选的（Patchin & Hinduja，2010）。他们在一年之后再次访问这些青少年的主页后发现，他们在发布自己的个人信息方面变得更加

谨慎，有很多人在一年后设定了身份限制，只有部分人才能看到他们的信息。美国的调查也显示，66％的青少年在社交网站上的个人资料并不是针对所有人开放的(Lenhart & Madden，2007b)。我们可以认为，只要引导青少年安全使用社交网站，在网络中适当表露个人隐私，就能减小使用社交网站带来的消极影响。

# 第二节　上网特点与对策

现在中国流行的社交网站有很多个，为了确定青少年使用比较多的社交网站，我们首先对245名青少年进行了预调查(马晓辉，雷雳，2012)。结果显示，在国内现有的比较受欢迎的社交网站中，有97.1％的被试都在使用QQ空间，因此我们选择QQ空间作为青少年最常使用的社交网站进行研究。

## 一、近九成的青少年热衷于使用社交网站

我们通过对青少年使用社交网站的比例进行分析发现，所有接受问卷调查研究的有效被试共有1107名，其中拥有QQ空间的有917人，比例约占82.8％。另有190人没有开通QQ空间，在这190人中有69人报告表示有人人网、开心网或者其他类型的社交网站账户，只有121人没有使用任何社交网站，所以使用社交网站的青少年所占比例约为89.1％，而不使用社交网站的比例仅约为10.9％。这表明社交网站已经成为大多数青少年网民都偏爱的网络服务之一，和国外对于青少年群体的研究结果一致(Hargittai，2007)。

我们通过分析青少年使用QQ空间的频率和时间(见图13-1)发现，20.7％的青少年每天登录QQ空间至少一次，每周都会登录QQ空间的比例达到59％，表明超过半数的青少年每周都会使用社交网站服务。我们将登录QQ空间的频率分为高、中、低三组：高频组每天登

录 1 次或 1 次以上；中频组每周登录 1～6 次；低频组每月登录少于 4 次。我们通过分析不同组别所占的比例发现，40.8％的青少年处于低频组，38.4％的青少年处于中频组，20.8％的青少年处于高频组。

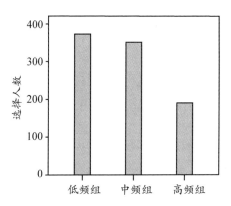

**图 13-1　登录 QQ 空间的频率比较**

我们分析青少年登录 QQ 空间后停留的时间（见图 13-2）后发现，32.4％的人每次在社交网站上停留的时间为 10～20 分钟，10.8％的人每次在 QQ 空间上停留超过 1 小时。将青少年每次登录 QQ 空间的时间分为短、中、长三组：短时组每天登录时间在 20 分钟以内；中间组每次登录时间在 20 分钟到 1 小时；长时组每次登录时间在 1 小时以上。我们通过分析不同组别所占的比例发现，58.7％的青少年处于短时组，30.4％的青少年处于中间组，10.9％的青少年处于长时组。

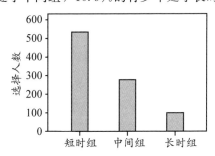

**图 13-2　登录 QQ 空间后停留的时间比较**

## 二、青少年使用社交网站意在自我和人际

我们分析青少年喜欢的 QQ 空间服务（见图 13-3）发现，青少年喜欢的 QQ 空间模块依次为日志（67.4％）、说说（58.3％）、相册（58.3％）和留言板（52.9％），这 4 种类型的 QQ 空间服务选择人数均超过了 50％。选择最少的两种服务模块是秀世界和城市达人，分别占比为 7.2％和 5.8％。其他服务类型的选择人数比例均超过了 10％。

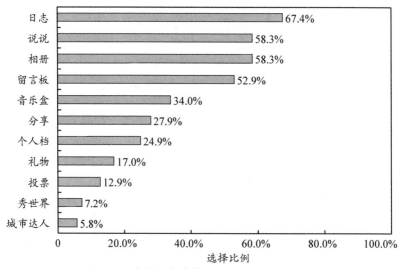

**图 13-3　青少年喜欢的 QQ 空间服务类型排名**

通过分析青少年登录 QQ 空间后经常做的事情的频率（见图 13-4），我们可以看到，青少年登录 QQ 空间后经常做的事情依次为关注朋友动态、回复留言和评论、浏览好友空间、更新说说，这 4 种行为比例均超过了 40％，而更新皮肤和个人形象、分享信息是最少做的事情。这表明青少年使用社交网站的最主要目的是和朋友交流，尝试新鲜事物和分享信息则相对比较次要。

我们通过分析青少年空间的来访频率（见图 13-5）发现，没人访问

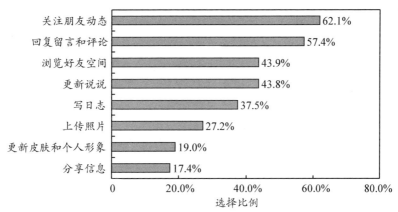

**图 13-4　青少年登录 QQ 空间后经常做的事情类型排名**

的占 1.6%，偶尔有人访问的占 35.9%，经常有人访问的占 39.9%，每天都有人访问的占 21.9%，另有 0.7% 的青少年没有填写该项题目。这表明绝大部分青少年的 QQ 空间是有人访问的，而且有超过 20% 的青少年的 QQ 空间非常受欢迎，每天都有人访问。

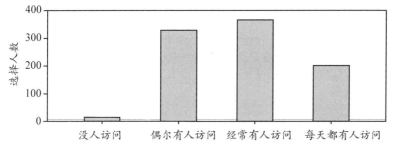

**图 13-5　QQ 空间的来访频率对比**

我们通过分析青少年 QQ 空间内好友或他人留言的情况（见图 13-6）发现，没有留言和评价的占 2.9%，很少有留言和评价的占 46.2%，经常有留言和评价的占 49.4%。这表明九成以上青少年的 QQ 空间有人留言和评价，他们能够通过个人主页得到他人的支持。

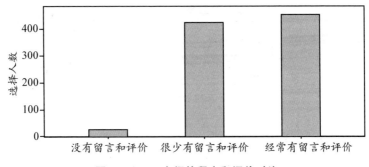

**图 13-6　QQ 空间的留言和评价对比**

## 三、青少年在表露个人信息时有保护意识

我们通过分析青少年对来访者有无限制（见图 13-7）可以看到，有 41.8％的青少年对进入自己空间的人有限制。这表明，近一半的青少年的 QQ 空间如果没有主人允许，其他人不能进入，其他人就无法知晓他们 QQ 空间的内容。

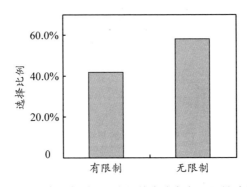

**图 13-7　青少年对 QQ 空间的来访者有无限制对比**

我们对 QQ 空间的来访者的熟悉程度（见图 13-8）进行分析，结果表明，有 54.0％的青少年认识访问自己空间的大部分来访者，另有 18.8％的青少年表示认识全部的来访者，只有 2％的青少年对来访者

全都不认识。这说明青少年的 QQ 空间在很大程度上是被熟识的人访问的。

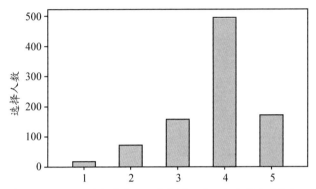

1=都不认识，2=只认识几个，3=认识近一半，4=大部分都认识，5=全都认识

**图 13-8　青少年对 QQ 空间来访者的熟悉程度对比**

我们通过进一步分析青少年 QQ 空间来访者的具体身份发现，92.5％的青少年表示来访者主要是同学和朋友，而陌生人、QQ 好友和家人紧随其后，差别不大。这和上面对 QQ 空间来访者熟悉程度的分析结果基本一致，青少年在社交网站中主要和已经熟识的人进行交流，但同时我们也应该看到，陌生人的比例也超过了 20％，这说明不设访问权限的青少年还是有一定陌生来访者的。

总之，青少年对自己在社交网站中的个人信息有主动保护意识。近半数青少年对自己的社交网站个人主页设置了访问权限，并认识大部分来访者。

## 四、男生更喜娱乐服务，女生则更喜社交服务

女生比男生更喜欢相册和说说，而男生比女生更喜欢音乐盒和城市达人；女生比男生更经常更新说说、上传照片、关注朋友动态、浏览好友空间与回复留言和评论，而男生比女生更经常分享信息。

这表明女生更喜欢使用社交网站的社交服务，而男生更喜欢娱乐服务。国外多项针对大学生的研究结果表明，女性比男性使用社交网站的比例更高（Hinduja & Patchin，2008），女性比男性更喜欢使用社交网站（Hargittai，2007），而且女性更容易过度使用社交网站（Barker，2009）。从总体上说，年轻男性和女性在使用社交网站上会表现出不同的特点（Lenhart et al.，2007c）。关于青少年在社交方面的性别差异的研究显示，男女生在自我表露的能力发展方面有显著差异，对于女生来说，无论是在网络中还是在面对面交往中，她们表露的水平在10～11岁时显著提高，直到青少年中期开始维持比较稳定的水平；男生虽然也有同样的发展趋势，但是他们的发展时间要比女生晚两年（Valkenburg，Sumter，& Peter，2011）。

从性别角色的角度来分析，性别差异源于两个方面的影响，除了先天的生物学原因之外，社会文化因素也起到很大的作用。有研究认为，性别角色源于人类早期的社会分工，在不同的劳动经验中形成了不同的心理行为特点，男性更喜欢从事工具性的活动，而女性更喜欢社交性的活动（俞国良，辛自强，2004）。女性比较热衷于网络社交，国外多项研究结果也证实了这一点。而男性一般比女性拥有更高水平的网络技术，而且更喜欢和技术有关的网络服务（Hargittai & Shafer，2006；Ono & Zavodny，2003），这与很早关于男性更偏好技术和工具性信息，而女性更偏好人际和情感信息的研究结果是一致的（Herring，1994）。

此外，我们通过分析访问权限方面的性别差异发现，女生设置访问权限的比例高于男生，女生比男生更愿意保护自己的个人空间，不想让陌生人查看。我们对 QQ 空间的来访者的熟悉程度进行性别差异检验，结果显示，男女生对来访者的熟悉程度有显著差异，女生比男生更熟悉自己空间的来访者，这与权限设置得出的结果是一致的。国外对大学生和成年人群体的研究结果也是如此，成年的女性更愿意对自己在网络中的个人信息进行保护（Lewis，Kaufman，& Christakis，

2008；Valerie，2009）。这可能与上面提到的性别角色有关，由于社会对女性的角色期待与男性不同，女性在网络中暴露个人隐私信息时也更谨慎，更具有自我保护意识。总之，在青少年群体中，男女性别的差异同样在使用社交网站中有所体现。

## 五、青少年对社交服务的重视随年级升高而升高

首先，我们通过分析不同年级青少年喜欢的 QQ 空间服务的差异情况发现，青少年对说说的喜欢程度随年级的升高而呈上升趋势；而对音乐盒、礼物和秀世界的喜欢程度随年级的升高而呈下降趋势（见图 13-9）。这表明，随着年级的升高，青少年越来越喜欢可以随时发表心情或想法的说说服务，而对音乐盒、礼物和秀世界的兴趣则减弱。

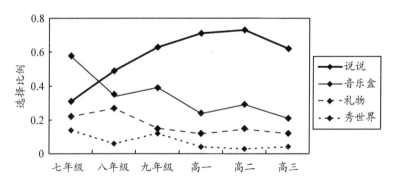

**图 13-9　青少年喜欢的 QQ 空间服务随年级变化的情况**

其次，我们通过对青少年登录 QQ 空间后经常做的事情进行年级差异比较分析发现，随着年级的升高，关注朋友动态、回复留言和评论、更新说说三种行为呈增长趋势，而分享信息、更新皮肤和个人形象两种行为则呈下降趋势。这种结果意味着，到了青少年后期，他们越来越将社交网站作为和朋友交流的工具，而不是娱乐消遣的工具。

## 六、青少年社交网站的使用特点：五彩纷呈

为了详细考察青少年在社交网站中的使用行为表现，我们选了100 名青少年的 QQ 空间，对他们在网站中展现的内容进行了逐个分析，得到了 QQ 空间不同内容被使用的频率和青少年使用社交网站的具体行为情况。从 QQ 空间内服务模块的内容来看，我们可以将青少年的主要使用行为分为人际交流和娱乐消遣两个方面：人际交流方面包含青少年展示自我和与来访者互动的各种形式；娱乐消遣方面包含青少年通过 QQ 空间服务去浏览信息、共享网络资源等形式。

### （一）人际交流方面

首先，从自我展示方面来看，88.3％的青少年主动对自己的 QQ 空间进行了风格化管理，希望自己的个人主页更加绚丽多彩、与众不同，这一结果表明大部分青少年将 QQ 空间作为展示自我的一个地方。

在不设访问权限的青少年的 QQ 空间中，有 93.5％的青少年没有选择自己的照片作为空间头像，这说明他们对暴露本人的真实身份信息很谨慎。对于其他个人信息，分别有 90.9％和 66.2％的青少年选择公开自己的真实性别与年龄信息，还有 66.2％的青少年填写了自己的真实居住地，这几项个人信息的公开能够帮助他们在自己熟悉的地域寻找到年龄相似的同性或者异性朋友。

在个人兴趣爱好方面，有 71.4％的青少年在 QQ 空间中公开了自己感兴趣的链接信息，这些信息包括 QQ 的其他服务、明星主页、运动热点新闻等，是青少年通过 QQ 空间进行娱乐消遣和获取相关信息的体现。

从相册的分析结果中我们可以看到，27.3％的青少年对访问相册的人进行了身份限制，只有符合他们期望的人才能看到他们上传的照片。49.4％的青少年在相册中展示了自己的照片，且 44.3％的青少年

上传了自己家人或者同学的照片，这说明近一半的青少年在相册中展示自己的真实生活。以上结果是对不设置访问权限的青少年空间的调查结果，我们可以推测，在设置了访问权限的空间内出现自己和熟人照片的概率不会低于公开的 QQ 空间。

有 42.9％的人使用了秀世界的服务，这也是青少年展示自我的一种方式。国外一项对脸书的内容分析研究结果也表明，有 8％的人在年龄问题上作假（Hinduja & Patchin，2008），45％的个人主页是用户自主定义的，也就是经过个性装扮的。

其次，允许青少年自我展示的同时也能进行人际交流的服务内容如下。关于日志情况，青少年 QQ 空间内的日志数量差异很大，最少的一篇都没有，最多的高达 431 篇，而平均每人发表的日志数量约为 49 篇。在这其中，原创日志所占的平均比例为 32％，也就是说青少年的大部分日志并不是自己写的，而是分享和转载的其他网友的。这种情况也导致了日志的被评论率不高，有 20.8％的青少年的日志从来都没有人评论过，而 79.8％的 QQ 空间里出现过他人的评论，对于青少年来说，那些分享和转载的日志更多的是一种存储感兴趣的信息的方式，并非展示自我和与他人交流的方式，因此少有人评论也很正常。

所有的青少年都发表说说，我们统计说说的被评论率时发现，85.7％的青少年发表的说说会有熟人进行评论，也就是说绝大多数青少年通过发表说说和回复评论来和好友交流。

最后，主要属于人际信息交往的服务方面如下。从 QQ 空间的留言板内容的分析结果来看，几乎所有的空间都会有人留言，从内容上看，留言的人大部分是青少年熟悉的朋友和同学。

我们调查的所有青少年都使用了礼物功能，即便没有送出过礼物，最少的也收到过 2 份礼物。可见通过 QQ 空间互送礼物是非常普遍的行为，可以促进青少年和朋友的情感交流。

33.8％的青少年使用了城市达人的服务，目的在于通过这种方式认识更多的朋友。

### (二)娱乐消遣方面

首先，我们通过对 QQ 空间中的音乐盒内容进行分析发现，有 40.3％的青少年选择了自己喜欢的音乐信息，这表明近半数的青少年通过 QQ 空间的音乐盒欣赏音乐，他们比较偏好网络音乐服务。

其次，青少年比较热衷于分享网络资源，我们访问的 80.5％的青少年的 QQ 空间都有自己的分享链接，他们比较喜欢通过分享来了解新信息、学习新知识；青少年经常参与网络投票活动，在我们的分析对象中有 68.8％的人都参与过网络投票活动，但绝大多数人只喜欢参与他人发起的投票活动，通过这种投票活动可以获得乐趣、获取新信息。

当然，这里对 QQ 空间服务类型的两种分类只是相对的，因为很多人际交流的行为也包含了娱乐成分，很多娱乐消遣的行为也存在人际交往的成分。利文斯顿(2008)提到，社交网站是一种集留言、相册、日志、音乐、视频等技术于一身的网络服务形式，对社交网站使用的研究会涉及各种技术的影响，但往往无法明确区分具体是哪一种技术形式在发生作用，它们的影响是混在一起的。因此，我们只是为了便于归纳青少年在 QQ 空间内的使用行为，才进行这种分类，但在做结论时不能太过绝对。

### 拓展阅读

#### 社交媒体上越投入，实际生活中越孤独

你可能认为使用脸书、推特、照片墙会让你和朋友更加亲近，但有研究表明事实可能恰恰相反。

一项发表在《美国预防医学杂志》(*American Journal of Preventive Medicine*)上的研究结果显示，在社交媒体上花费的时间越多，使用频率越高，年轻人被社会孤立的风险就会增加。

主要研究者布里安·A. 普里马克(Brian A. Primack)说："我

们天生都是社会动物，但现代生活倾向于划分我们而不是让我们团结起来。虽然社交媒体似乎提供了填补这种社会空白的机会，但我认为这项研究表明，这可能不是人们所希望的解决方案。"

从2014年开始，普里马克和他的团队对超过1700名年龄为19～32岁的美国人的社交媒体使用情况进行了调查，并使用PROMIS（patient-reported outcomes measurement information system）——一种标准的评估工具，测量了他们所感知到的社会孤立。

在控制社会和人口统计变量后，普里马克的团队发现，每天使用社交媒体超过两小时的人与每天使用不到半小时的同龄人相比，感知到的社会孤立的概率是其两倍。那些每周访问社交媒体网站58次或以上的参与者，与每周访问网站少于9次的参与者相比，感知到的社会孤立的概率增加了三倍。

虽然研究人员不确定参与者在使用社交媒体之前是否孤独，或者社交媒体的实际使用是否触发了一些负面情绪，但他们认为社交媒体可能会通过各种方式促进感知到的社会孤立，包括加强羡慕和嫉妒，减少在现实生活中与亲人的互动。

"我不怀疑某些人以特定的方式使用社交媒体想寻求舒适感和社会意识，"普里马克在发布中说，"但是，这项研究的结果只是提醒我们，总的来说，使用社交媒体往往与增加社会孤立相关，而不是减少社会孤立。"

研究结果支持以往研究，过度的社交媒体使用与较差的心理健康存在联系。

为了限制社交媒体的使用，美国心理学会建议偶尔使用"排毒技术"，关注当下的每时每刻，关闭消息通知，在驾驶时不要使用手机，以及其他一些实用的小贴士。

译者：郭瑾瑾、雷雾

# 七、总结

## (一)研究结论

综上所述，通过对青少年社交网站使用的研究，我们可以得出以下结论。

①社交网站已经成为大多数上网青少年都在使用的网络服务之一，近九成青少年是社交网站的用户，近半数青少年的社交网站主页比较受欢迎。

②青少年在社交网站中的行为主要集中在自我展示和人际交往方面。

③青少年对自己在社交网站中的个人信息有主动保护意识。

④青少年女生更喜欢使用社交网站中的社交服务，而男生更喜欢工具性的服务；在暴露自己的个人信息时，女生比男生更谨慎。

⑤随着年级的升高，青少年越来越喜欢社交性质的网络服务，越来越不喜欢娱乐性和工具性的网络服务。

## (二)对策建议

根据研究结果，青少年在社交网站中表现自我的内容很多会涉及情绪、情感，以及生活中遇到的各种问题。有研究者对大学生群体在社交网站中表达的消极情绪进行研究后提出，社交网站可以为社会各界提供一种新的途径，帮助我们了解和鉴别学生是否面临抑郁症等心理健康问题(Megan et al.，2011)。脸书开发出一种可以在网上报告自杀信息的控件，通过一个网址链接，让出现自杀倾向的用户直接同相关咨询者交谈，尝试通过这种方式帮助这些人(Keiper，2011)。因此，关注青少年心理健康的机构和网络服务提供者可以相互协作，通过监控社交网站中的内容，为减少青少年的心理问题和自我伤害行为贡献自己的力量。

在学校教育方面，由于社交网站被青少年广泛使用，学校可以设置专门的社交网站主页发布消息，和学生加强沟通，为青少年提供一个沟通平台和途径；可以借助网络为学生提供网上咨询服务，及时解决学生在各方面遇到的问题。同时，学校方面还应该加强健康使用网络的引导教育，可以通过讲座和讨论等形式，加强青少年的网络安全教育，提高他们辨别信息的能力和保护个人隐私的安全意识，引导他们正确认识网络的作用；还应该多组织娱乐活动，增加青少年在课余时间互动的机会，引导青少年健康使用网络。

在家庭教育方面，在社交网站被青少年越来越多使用的情况下，很多父母如果对网络社交不熟悉，对孩子在网络中展示的内容毫不知情，也无法监控孩子的网络行为，这就很不利于父母和孩子的沟通。此时，父母和孩子的沟通及教育方式的调整就显得尤为重要。在网络使用的监管中，家长不能简单地禁止和限制孩子使用网络。随着手机等便携上网工具的普及，这种限制和禁止也变得越来越困难。为了让青少年更健康地使用网络社交服务，家长应积极与孩子进行沟通和互动，尽量多了解孩子在社交网站上的表现，对他们提出指导性意见，引导他们健康使用社交网站服务。另外，我们虽然从研究中可以看到近半数青少年对自己在网络中暴露的个人信息有保护意识，但是仍然有一些人对陌生来访者不设任何权限。家长应该适度监管孩子使用网络的行为，教育他们保护好个人隐私信息，避免被骚扰和伤害现象的出现。

青少年首先应该培养良好的自制能力，学会有效管理自己的时间，适度使用互联网服务。虽然社交网站也能让青少年丰富知识、开阔眼界和提高能力，但是网络毕竟是虚拟的世界，青少年也需要真实的生活经验来进行学习。在社交方面，青少年需要通过多种渠道提高自己的人际交往能力。通过社交网站进行的只是虚拟的交往，不能替代真实的人际交往，所以青少年需要努力处理好现实生活中的人际关系。

# 第十四章　青少年的移动社交

**开脑思考**

1. 移动社交已成为青少年的一种生活方式。随着移动互联网和移动智能设备的普及，不使用移动社交的青少年常见吗？

2. 移动社交是对青少年现实社会交往的补充还是取代？

3. 移动社交会成瘾吗？沉迷于移动社交的青少年与其他青少年有何不同之处？他们在其中想要的是什么？

**关键术语**

移动社交，幸福感，孤独感，友谊质量，自我认同，睡眠质量，抑郁，焦虑

## 第一节　问题缘起与背景

### 一、移动社交已成新的社交方式

网络社交已经成为人们生活中不可或缺的一部分。随着社交媒介技术的快速发展，在较多发达国家，大部分人都在使用社交媒介进行网络社交。例如，有研究指出，四分之三的美国成年人一直在线，甚至更多的青少年表示他们也是这样的，而且几乎所有的互联网用户都说他们上网的主要目的就是进行网络社交(Jones & Fox, 2009)。那么，什么是网络社交？青少年如何进行网络社交？网络社交会给青少

年现实中的社会交往带来哪些影响呢？

　　网络社交是在互联网或虚拟环境中的社会交往，是伴随互联网的诞生和迅速发展而产生的一种新型人际交往方式。网络社交的定义有广义和狭义之分，广义的网络社交是指互联网的使用行为，狭义的网络社交的概念有很多。被大多数研究者接受的网络社交的定义为：网络社交是一种以文本、虚拟图像为主要交流符号，通过社交网络进行信息沟通的交往方式（卜荣华，2010；贺金波等，2014；Okdie et al.，2011；Yen et al.，2012）。随着科技的发展，狭义的定义出现了新的变化。由于移动智能设备的进一步完善和移动互联网的普及，人们开始使用手机、平板电脑进行网络社交。因此，网络社交不再单纯以计算机为媒介了。移动社交就是移动网络社交，是指在移动互联网的背景下，人们使用移动设备进行的社会交往。移动社交也是一种网络社交，它的实质是没有变化的，主要是指人们在虚拟空间中的社会交往，与现实的人际交往相对，是移动互联网背景下的网络交往。

　　移动设备，如手机和平板电脑，已经成为我们生活的重要组成部分。我们很难想象没有它们的情景。以前，人们需要公共电话来安排与朋友聚会的时间和地点。现在随着科学技术的发展，智能手机出现了。手机除了打电话之外，还成为具有多种功能的手持式计算机。今天的手机和传统电脑功能上的差异变得越来越不清晰。唯一的区别就是手机几乎总是在手上，并允许用户在几乎任何时间、任何地点与一系列的服务和网络相连接。例如，今天的手机允许用户打电话、发信息、发电子邮件、开视频会议、刷微博、进行社交网络互动、上网冲浪、观看及分享视频和图片、玩游戏以及使用一系列驱动应用程序软件。伴随着访问网络的移动设备的日益普及，通过移动设备进行的社会交往越来越频繁，需求也越来越强烈。移动社交已经显著改变了青少年的生活方式，并成为青少年生活中不可分割的一部分。

## 二、移动社交关乎幸福感

　　幸福感可以被看作一个抽象的、完全个性化的概念，其含义似乎在不断变化。因此，幸福感很难被操作化和测量。无论如何测量，网络社交和幸福感之间似乎都有着密切的联系。研究者对网络社交与青少年的主观幸福感进行了研究。结果发现，网络社交与主观幸福感之间存在显著正相关，而且男生从网络社交中获得的益处要比女生多（Wang & Wang，2011）。还有研究者探讨了西班牙青少年使用社交网站（Tuenti）对心理幸福感的影响，并考察了自尊和孤独感的作用。结果发现，青少年使用 Tuenti 的强度与社交网站上的社交程度呈正相关，在 Tuenti 上的社交与青少年感知到的幸福感呈显著正相关（Apaolaza et al.，2013）。这种关系不是直接的，而是以自尊和孤独感为中介的。研究者也对某些社交网站与青少年的幸福感和社会自尊进行了研究。结果发现，青少年使用这些网站的频率对社会自尊、幸福感有着间接的影响（Peter，Valkenburg，& Schouten，2006）。社交网站的朋友数量、青少年收到的关于他们个人资料反馈的频率和语气（积极或消极）都会影响幸福感。对个人资料的积极反馈会增强青少年的社会自尊和幸福感，消极反馈则会降低他们的社会自尊和幸福感。

　　对中国留学生进行的研究发现，社交网站的使用强度无法预测个体感知的社会资本和幸福感（Guo，Li，& Ito，2014）。社交网站使用的影响会因它的服务功能而有所区别。社交网站被用于社交和信息功能时会提高个体感知的社会资本与生活满意度的水平。社交网站被用于娱乐休闲功能时则无法预测感知的社会资本，但会提高个体的孤独感水平。该研究认为个体用社交网站来随时获得信息和联系，有益于他们社交网络的构建和增强幸福感。对在美国的韩国留学生和中国留学生的研究发现，与其他被试相比，使用脸书的学生表现出较低水平的文化适应压力和更高水平的幸福感。传统社交网站的使用则与文化适应压力呈正相关。其中个体差异，如人格、在美国的时间、学业成就压力和英语能力都具有一定的解释力（Park，Song，& Lee，2014）。

## 三、移动社交与孤独感的关系

孤独感是青少年心理健康发展的一个重要标志。幼年时的孤独感被认为是低生活健康状况的预测指标。一些理论认为互联网的使用与更低水平的孤独感和幸福感有关，而其他理论则认为互联网的使用会增强孤独感。

一方面，互联网提供了与同学、家人或有共同兴趣的陌生人联系的充足的机会。匿名性和不同步沟通的可能性也会影响沟通的控制感进而促进亲密关系的发展（Valkenburg & Peter，2011）。

另一方面，互联网的使用可能会导致线下互动减少。在网络中发展的都是一些肤浅的关系和较弱的社会联系（Subrahmanyam & Lin，2007）。取代假设认为，网络交往会影响青少年现实生活中的交往，青少年有可能会用网络中的友谊代替现实社会中的友谊，用网络中形成的弱人际联结取代真实生活中的强人际联结。网络交往使他们逃避现实，不去与现实中的人交往，而一味地沉迷于网络。这也是青少年网络成瘾的原因之一。但是，研究者对 190 名青少年进行了问卷调查，发现网络交往和现实友谊质量之间并不存在显著相关，网络交往和自我表露并不能预测现实友谊质量，并且自我表露在网络交往和现实友谊质量之间不起中介作用（Wang & Wang，2011）。

研究者探讨了有孤独感的人如何使用和感知脸书。研究者发现：孤独的人在脸书上的朋友更少，脸书好友和离线好友的重叠更少；孤独感与沟通行为呈负相关，与表露行为的相关并不显著；孤独的人往往有较少的积极自我表露，而有较多的消极自我表露；虽然孤独的人认为脸书有利于自我表露和社会联系，但是与其他人相比，他们的使用满意度更低(Jin，2013)。研究者还发现：与其他人相比，孤独的人会更多地使用互联网和电子邮件，更有可能利用互联网获得情感支持；孤独的人的社交行为在网上被加强；孤独的人更可能报告交到网友，并提高对网友的满意度；孤独的人更可能使用互联网来调节负面情绪，并报告互联网的使用干扰了他们的日常工作(Morahan-Martin & Schumacher，2003)。

但是，也有研究者发现，玩网络游戏与青少年的社交能力和孤独感没有直接的关系，而是有间接的关系。玩网络游戏会变换很多不同的交往对象，这样会导致他们社交能力的提高和孤独感的减弱(Visser，Antheunis，& Schouten，2013)。研究者采用实验法对在脸书上发布状态更新与孤独感的关系进行了研究。结果发现，用实验诱导增加状态更新行为会减弱孤独感，而孤独感的减弱是由于被试感觉每天与朋友的联系变得更多了，而发帖对孤独感的影响与朋友直接的社交反馈(响应)相独立(große Deters & Mehl，2013)。还有研究者研究了大一新生的脸书使用和孤独感之间的相互关系。结果发现，脸书的使用强度对孤独感有积极的影响，但脸书的使用动机对孤独感没有产生任何影响，同时孤独感既不影响脸书的使用强度也不影响脸书的使用动机(Lou et al.，2012)。

一项对脸书的使用与孤独感之间关系的元分析研究(Song et al.，2014)回答了两个主要问题：①使用脸书是增强还是减弱了孤独感？②谁是因谁是果，是脸书让它的用户孤独(或减弱孤独)，还是孤独的人(或不孤独的人)使用脸书？首先，研究人员在使用脸书和孤独感之间的正相关关系中观察到了显著的总体平均效应，也就是说，脸书和孤独感之间确实存在正相关关系。在因果研究中，研究者发现，害羞和缺乏社会支持导致了孤独感，且这反过来又导致了脸书的使用。孤独的人可能会从互联网社交应用上获益。然而，还需要更多的研究来考察使用脸书的实际影响。

国内也有研究者对社交媒介与孤独感之间的关系进行了研究。雷雳和马利艳(2008)对初中生生活事件、即时通信和孤独感之间的关系进行了考察。结果发现，生活事件带来的主观压力能够显著正向预测孤独感，即时通信能够显著负向预测孤独感，客观压力不能预测孤独感，但能够通过即时通信间接地影响个体的孤独感。黎亚军、高燕和王耘(2013)考察了青少年网络交往与孤独感之间的关系。结果发现，与交往对象是否熟悉在网络交往与孤独感的关系中起到了调节作用。对于交往对象主要是陌生人的青少年而言，网络交往与孤独感的相关不显著；而对于交往对象主要是熟悉人的青少年而言，网络交往对孤独感具有显著的负向预测作用。进一步的分析表明网络交往通过同伴关系的完全中介作用影响孤独感。

　　网络社交与孤独感的关系非常复杂，一个人孤独感的强弱会影响他的社交媒介的选择和使用情况，反过来，社交媒介的使用也会对人的孤独感产生影响，两者是相互影响的关系。网络社交与孤独感关系的复杂之处还在于，关于网络社交对孤独感的影响，不同的研究有不同的结果。以上研究就证明了这一点。这也许和研究中所使用的研究工具、数据的收集方式等有关，但更重要的一点是在网络社交和孤独感之间可能还有很多中介和调节变量需要我们在以后的研究中予以考虑。这些变量也许会改变两者的关系。

## 四、移动社交也牵涉其他情绪

　　除了孤独感、幸福感之外，网络社交还会对青少年的哪些情绪产生影响呢？研究者采用社会心理学的方法来探索使用脸书对情绪的直接影响(Sagioglou & Greitemeyer，2014)。结果发现，脸书上的活动会对人的情绪状态产生消极影响，在脸书上活动的时间越长，产生的消极情绪就会越多。与控制组相比，脸书上的活动会导致情绪恶化。进一步的研究表明，这种影响是以使用者感觉没有做任何有意义的事情为中介的。既然使用脸书有这么多的消极结果，那么为什么还有这么多的人每天使用脸书呢？研究者认为，这可能是因为人们犯了情感预测错误，他们希望使用脸书之后会感觉更好，而事实是他们的感觉更糟。

对脸书中的社会联系进行的研究（Grieve et al.，2013）表明，脸书的社会联系与离线的社会联系不同。脸书的使用为在网络环境中发展和保持社会联系提供了机会，并且脸书的使用与较低的抑郁与焦虑、更高的生活满意度相关。研究者对博客圈中的友谊进行了研究（Tian，2013），发现与低社会焦虑的个体相比，高社会焦虑的个体通过博客会交到更少的朋友，与已存在的朋友交往更少，与现有朋友的关系质量较低，但与通过博客认识的新朋友的关系质量较高。博主的社会焦虑水平越高，他们越会更主动地通过博客结交新朋友，会在博客上表露更亲密的信息，就会有更多的新朋友和更高质量的新友谊。

研究者采用实验法研究了与一个不认识的同龄人进行网络交往是否有利于从急性厌恶的社会排斥影响中恢复，与年轻的成年人相比，青少年这样做的好处是否更多（Gross，2011）。结果表明，与陌生同伴的即时通信比孤独地打游戏能更大程度地恢复自尊，先前被排斥的青少年和年轻的成年人都能感知到关系的价值。网络交往还能使青少年更大程度地减少负面影响，但是年轻的成年人不会。青少年使用即时通信作为缓解情绪的一种手段。研究者认为，对于青少年来说，即时通信是一种合法的、可用的并且可自由选择的工具，可用于与同龄人沟通来疏导负面情绪并得到社会支持和建议（Dolev-Cohen & Barak，2013）。他们的研究结果显示，即时信息会话显著地提高了苦恼的青少年的幸福感。此外，被试的内向、外向水平调节了他们感知到的情绪缓解的程度，内向的被试从即时通信中获得的益处要多于外向的被试。

也有研究者对大一新生的网络交往进行了研究，发现尚未形成高品质的校园友谊的大一学生与远方的朋友进行的网络交往可以起到代偿作用（Ranney & Troop-Gordon，2012）。网络交往可以预测低质量现实友谊的学生的抑郁和焦虑，而且当抑郁的时候，低质量现实友谊的学生会更频繁地通过电脑与远方的朋友交流。因此，在大学的最初几个月里，一个重要任务可能是学习如何利用计算机和其他在线技术获取关系支持，而脱离关系可能会损害心理健康和学校适应。

　　研究者采用经验抽样法来研究社交媒介的使用是否会导致青少年抑郁，即一种被称为"脸书抑郁"的状态（Jelenchick，Eickhoff，& Moreno，2013）。结果显示，在年龄较大的青少年样本中，社交网站的使用与临床抑郁之间并不相关。还有研究者探讨了脸书和面对面的支持对大学生抑郁症的影响（Wright et al.，2013）。结果显示，人际动机预测增强了面对面和以计算机为中介的沟通能力，增加了面对面和脸书支持的社会满意度，并降低了抑郁的分数。

　　总之，网络社交与使用者的情绪之间存在紧密的关系，但是两者的关系会受到很多中介因素的影响。网络社交对使用者情绪的影响存在复杂性和多元性，还需要很多实证的研究来进行深入探讨。

# 第二节　上网特点与对策

## 一、移动社交表现为三大类

### (一)青少年的移动社交行为

　　青少年的移动社交行为有很多，我们（雷雳，王伟，2015）首先通过文献分析、开放式问卷调查等方法选取青少年具有代表性的 22 种行为构成初测问卷并进行施测，其次进行项目分析、探索性因素分析以及复测后的验证性因素分析，最后进行信效度的检验等一系列标准化的程序。结果发现，青少年使用移动社交媒介的行为可以归为三类：人际交流与展示、信息获取与分享和乐趣获得与休闲。人际交流与展示指的是青少年在移动社交媒介上与好友的互动交流，对好友的

状态、说说、照片等的留言与评价，以及自我的展示行为。信息获取
与分享指的是青少年在移动社交媒介上看到的好文章、获得的知识，
以及对好文章的分享和传播。乐趣获得与休闲指的是在移动社交媒介
上的游戏、娱乐行为以及对一些感兴趣的公众号的关注行为。

### (二)青少年移动社交行为的特点

首先，从总体来看(见图 14-1)，青少年的移动社交行为处于中等
水平，人际交流与展示行为最多，乐趣获得与休闲行为最少。这说明
对于青少年来说，在移动社交中的主要行为是交流互动与展示自己，
之后是信息获取与分享行为，而为了娱乐消遣的行为最少。这也符合
社交媒介的特点。

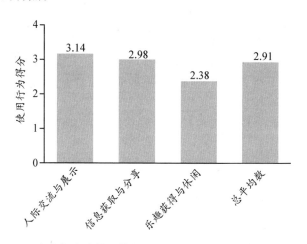

**图 14-1　青少年移动社交媒介使用行为各类别平均分和总平均分**

其次，从青少年移动社交行为的性别差异来看，在人际交流与展示
行为上存在显著的性别差异，女生的得分高于男生。这说明与男生相
比，女生在移动社交中更喜欢展示自己，更喜欢与好友交流互动。这一
结果与传统网络社交的特点一致。研究者(Moore & McElroy，2012)对
脸书的研究发现，与男性相比，女性有更多数量的好友，并会发布更多
的照片和关于自己的帖子。在乐趣获得与休闲行为上，男生的得分显著

高于女生。这说明男生比女生更喜欢在移动社交中进行消遣娱乐，这也比较符合男生爱玩的特点。在信息获取与分享行为上不存在性别差异，这说明男女生在对待信息上是一致的。这一结果也与对大学生网络安全感的研究结果基本一致（吕玲，周宗奎，平凡，2010）。

我们发现，在这三类行为上都存在显著的年级差异（雷雳，王伟，2015）。在人际交流与展示行为上，七年级学生的得分最低，并且与其他三个年级学生的差异显著。这个现象产生的原因有很多，其一可能是因为七年级学生刚从小学升入中学，还处在适应阶段，更关注的是实际生活的人际交流，所以他们在移动社交中进行交流与展示的行为会减少。其二，刚升入中学的青少年在此阶段最重要的任务是归属感的建立，而不是展示自己。当归属感建立之后，接下来的任务才是展示自己。所以，四个年级存在显著的线性变化趋势（见图14-2）。随着年级的升高和年龄的增长，青少年慢慢开始学会利用移动社交媒介表现自己，和同学、好友借助工具来进行互动交流。在信息获取与分享和乐趣获得与休闲行为上，依然是七年级学生的得分最低，而八年级学生的得分最高。这也许是因为八年级学生的升学压力较小，课业负担较小，他们有更多的时间进行移动社交，所以他们的使用行为要比其他年级的学生都多。

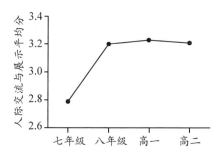

**图 14-2 人际交流与展示行为的年级发展趋势**

## 二、四种移动社交媒介使用动机

动机是指引起和维持个体活动，并使活动朝向某一目标的内部动力。任何行为的背后都隐藏着深刻的动机。它是个人需要的满足和社会的补偿，网络社交也不例外（迟新丽，2009）。那么，青少年进行移动社交的动机又有哪些呢？青少年移动社交媒介使用动机是否会因性别和年龄的不同而存在差异呢？

### （一）青少年移动社交媒介使用动机的结构

自我决定理论认为，如果要理解人类的动机，就需要思考胜任、自主和关系三种内在的基本心理需要。这三种需要也为内部动机和外部动机的内化提供营养和支持（Deci & Ryan，2000；Reis et al.，2000；刘丽虹，张积家，2010）。自我决定理论中的需要概念涉及以前的需要理论，强调需要是心理成长、完整性和幸福的必要条件。我们以自我决定理论为理论基础，编制了青少年移动社交媒介使用动机问卷，通过探索性因素分析和验证性因素分析确定了青少年移动社交媒体使用动机的结构主要包括四个方面：自我表现、自我放松、能力提升和关系建立（雷雳，王伟，2018）。其中，自我表现是指青少年使用移动社交媒介展示自己的生活，从而达到建立自己的形象、引起好友的关注和提升自己的地位的目的；自我放松是指青少年使用移动社交媒介缓解学习压力，放松心情，排解无聊时光；能力提升是指青少年使用移动社交媒介获得信息，学到新的技术和知识，从而达到提升自己的目的；关系建立是指青少年使用移动社交媒介与好友交流思想、感情，与好友保持联系，关注和了解好友动态。

我们所抽取的四个维度与自我决定理论中的三种基本需要相一致（雷雳，王伟，2018）。抽出的四个维度与开放式问卷的调查结果基本吻合。与开放式问卷的结果不同的是，本问卷并没有抽取出外在动机。也许是因为很多外在的原因都有着内在的本质，所以最后都被归到这四个因素当中了，抑或是因为题目不具有代表性而被删除了。但是，我们仍然不能忽视使用移动社交媒介的外在动机。

有研究者发现，信息、社交、娱乐和整合是美国大学生使用脸书的主要动机（Ellison，Steinfield，＆ Lampe，2006）。也有研究者指出，人们加入虚拟社区主要是为了寻找信息及获得社会支持、友谊和娱乐，而在这些原因中，获得社会支持、友谊是核心的动机（Ridings ＆ Gefen，2004）。一项对美、韩两国大学生的研究发现，两国大学生使用社交网站的主要动机包括寻找朋友、获得社会支持、娱乐、获得信息和便利。虽然两国大学生的动机相似，但由于文化的差异，侧重点是不同的。韩国大学生更注重获得自己已存在的社交关系的社会支持，而美国大学生更注重娱乐（Kim，Sohn，＆ Choi，2011）。我国学者通过对互联网和社交网站的使用动机的总结发现，娱乐、社交和获得信息是我国用户使用微信的主要动机（Che ＆ Cao，2014）。但是，这些研究主要集中于大学生和普通用户，青少年的使用动机是否有自己的独特性，这些研究并没有提及。

我们通过探索发现的四种移动社交媒介使用动机基本上包括以上内容（王超，雷雳，2018）。关系建立包括社交，因为青少年使用移动社交媒介就是为了建立某种关系；能力提升包括获得信息，信息的获得实际上就是能力的提升；自我放松包括娱乐。但是，青少年移动社交媒介使用动机的内涵远远不止社交、信息和娱乐，还包括对自己的展示、渴望得到好友的关注、学习之余的放松以及对知识的渴求等。这些是青少年所独有的，也是符合青少年的心理社会性发展的典型动机。青少年期是一个比较敏感的时期，青少年渴望被关注，他们的学习压力又是巨大的，他们希望在学习之外有一个平台能放松自己。所以，青少年有着不同于其他群体的使用动机。这些也正是我们所编制的青少年移动社交媒介使用动机问卷里面所包含的内容。

## （二）青少年移动社交媒介使用动机的特点

我们还对青少年移动社交媒介使用动机的特点进行了研究，发现在青少年使用移动社交媒介的动机中，自我放松的得分最高，然后依次为关系建立、能力提升和自我表现（见图14-3）。自我放松的得分最高也说明青少年的课业压力很大。他们急需寻找放松自己、减轻学习压力的地方，而移动社交媒介的出现正好满足了他们的这一需要。关系建立处在第二位，这也说明青少年需要同伴交流、互动，需要人际联系，渴望从同学、好友那里获得支持。自我表现还不是这一阶段青少年最重要的使用动机。

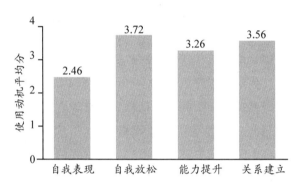

**图14-3　青少年移动社交媒介使用动机各维度平均分**

此外，从性别和年级差异来看，青少年在使用动机上并不存在显著的性别差异。但是在年级上，七年级学生在自我表现上的得分最低，并且显著低于其他三个年级。这也许是因为七年级学生的年龄偏小，他们更单纯地使用移动社交媒介去联系同学、好友以及去放松休闲，并没有通过移动社交媒介来表现自己。所以，在四个使用动机的维度中，自我表现的整体得分最低，而且没有超过平均值。这也说明，自我表现并不是他们最重要的动机，但随着年龄的增长，这种动机会越来越强。所以在自我表现维度上，线性趋势非常显著。在自我放松维度上，高一学生的得分最高，并且与七年级学生的差异显著。这也许是因为从初中升入高中，课程难度增加，学业压力越来越大，高一学生特别需要缓解压力，暂时远离学习。随着学生对高中学习和生活的适应，这种动机会有所下降。

## 三、移动社交预测友谊质量

移动社交除了具有传统网络社交的特点之外，还有着自己独特的特点，如随时随地性、便捷性等。它的特点让网民在任何时间、任何地点都能与朋友互动，关注好友的动态，增加与好友之间的联系。这些特点可以让网民与好友之间的关系更紧密，但是这些特点是否会让好友有一种被监视、不自由的感觉，从而对他们的友谊产生影响呢？有研究者认为，新的信息和通信技术对青少年友谊的发展、维持与表现有着显著影响(Green & Singleton，2009)。手机是一个关键点，通过它，同龄人之间的社会性别、社会关系可以被观察到。通过新的移动网络技术，友谊关系被转变并被重新配置。在移动互联网的时代，我们如何交朋友；移动互联网给友谊带来了怎样的影响，是好的还是坏的；这都值得每个人去思考。

我们对移动社交媒介使用行为与友谊质量之间的关系进行了一系列研究(王伟，王兴超，雷雳，等，2017；雷雳，王伟，2015)。结果表明，青少年移动社交媒介使用行为与友谊质量之间存在显著的正相关。通过自然分组的方法，我们比较了移动社交媒介使用组和不使用组。差异检验的结果显示，移动社交媒介使用组与不使用组的青少年在友谊质量上存在显著差异，移动社交媒介使用组显著高于不使用组。这说明使用移动社交媒介的青少年的友谊质量更高。对移动社交媒介使用行为和友谊质量进行的结构方程模型(见图 14-4)分析发现，移动社交媒介使用行为能够显著正向预测友谊质量。

这些研究结果验证了我们的研究假设，也证明了一个事实：移动社交媒介的使用对青少年的友谊质量有着正向的、积极的影响。这个结果与对传统社交媒介的研究结果相同。有研究者发现，孤独地使用互联网的方式(如网上冲浪)并不会对社交联系和幸福感产生积极的影响，但与现有的朋友进行网络交往则有利于社交联系和幸福感

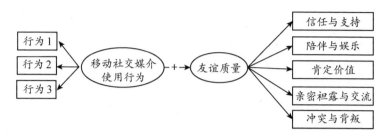

**图 14-4 移动社交媒介使用行为影响友谊质量的结构方程模型**

(Valkenburg & Peter，2007；2009)。

我们还发现，性别在移动社交媒介使用行为与友谊质量之间起调节作用，而且移动社交媒介使用行为对男生友谊质量的影响要显著大于女生(雷雳，王伟，2015)。这个结果与瓦尔肯保和彼得的研究结论相同(Valkenburg & Peter，2009)。他们也发现，与女生相比，男生在与现实中的好友进行的网络交往中受益更多。

我们还发现，青少年移动社交媒介使用行为对友谊质量的影响是通过网络社会支持的中介作用和网络自我表露、网络社会支持的链式中介作用起作用的(王伟，王洪超，雷雳，等，2017)。也就是说，移动社交媒介使用行为会影响青少年的网络自我表露和网络社会支持，移动社交媒介使用行为可以促进青少年的网络自我表露，也可以让青少年更容易获得社会支持。网络社会支持直接影响友谊质量，即得到的网络社会支持越多，友谊质量越高，这与以往的研究结果一致(Hajli，2014)。网络自我表露则通过网络社会支持对友谊质量产生影响。这个结果和针对大学生的研究结果相同(余苗梓，李董平，王才康，等，2007；韩笑，2010)。综上，青少年的友谊质量会受到很多因素的影响，移动社交媒介使用行为、网络自我表露以及网络社会支持都会对青少年的友谊质量产生积极的影响。

移动社交媒介是移动互联网和移动智能设备相结合的产物。它最大的特点就是便捷性和伴随性。它可以让青少年随时随地表露自己的所见所想，也可以让青少年非常便捷地获得来自好友的支持。这些自我表露和获得的社会支持提升了好友之间的友谊质量，使好友之间的关系更加密切。在移动社交媒介的使用过程中，青少年自我表露的程度越深、范围越广、频率越高，得到的来自好友的社会支持越多，与好友之间的友谊质量也就越高。

## 四、过度使用移动社交使身心受害

我们每个人的时间都是有限的，把大量时间花费在虚拟空间中，势必会对我们的身心健康产生影响。现如今，移动设备的频繁使用在青少年群体中日益普遍。这种趋势使更多的青少年沉迷于虚拟世界，不能自拔。手机等移动设备的过度使用会影响个体的记忆、注意等心理过程，还会产生更为严重的后果，如头痛、头昏和失眠等（Khan，2008；郑小小，胡津津，许健，2009）。移动社交媒介是移动互联网和移动智能设备的结合。移动社交媒介的过度使用对青少年睡眠质量的危害更大。

我们探讨了移动社交媒介的过度使用对青少年睡眠质量的影响，并考察了孤独感和焦虑在其中的作用（王伟，李哲，雷雳，等，2017）。结果显示，移动社交媒介的过度使用、孤独感和焦虑都与青少年的睡眠质量有着显著的负相关。移动社交媒介的过度使用越严重，孤独感越强烈，焦虑水平越高，青少年的睡眠质量就越差。此外，孤独感和焦虑在移动社交媒介的过度使用与睡眠质量之间起多重中介作用。也就是说，青少年过度使用移动社交媒介会让他们产生孤独感和焦虑等消极情绪，而这些消极情绪会导致青少年的睡眠质量下降。

虚拟中的社交互动会让人们远离彼此。过度的网络社交会导致幸福感减弱，孤独感增强。虚拟空间中的互动会减少现实中的互动，但虚拟空间中的肤浅的社会联系无法取代现实生活中的联系，这势必会导致青少年产生孤独感。大量研究发现互联网、移动智能设备的过度使用或成瘾是产生孤独感的重要原因（Ye & Lin，2015；姜永志，白晓丽，2014）。社交媒介的过度使用也会让青少年产生更多的焦虑情绪。青少年有着更多的使命，他们首要的任务是学习，当他们把大量的时间浪费在虚拟空间中时，内心的压力、焦虑等就会上升。所以，手机依赖、网络成瘾等会让青少年更加焦虑、抑郁和孤独。青少年的焦虑、抑郁和孤独也会让他们的睡眠质量下降。我们的研究也进一步证明了已有的研究结论。

## 拓展阅读

### 男性会在社交媒体上分享东西，而不是与你分享

他们不会亲自向你表达想法，而是和自己的脸书好友和推特追随者分享。

假如你们安静地坐在沙发上看电视，当你花一些时间偷看你的推特时，你会发现你认为最重要的那个人已经在他的推特世界里发表了他对《纸牌屋》的个人想法，即使他什么都没对你说。

毫无疑问，与女性相比，男性对于自己的想法和感受更加寡言，但社交媒体为一些男性创造了天堂，让他们可以在线表达自己。从关系的角度来看，这件事有利有弊。女性可以通过社交媒体来更多地了解她们的伴侣在想什么。但当这些感觉被传播给脸书好友和推特追随者时，自己的隐私又该如何被保护呢？

皮尤研究中心的数据表明，社交媒体已经愈发渗入关系中。在调查中，74％的夫妻表示网络以一种积极的方式影响他们的关系。根据女性媒体中心的报告，女性比男性更可能使用社交媒体（比例分别为71％与62％）。然而，心理学家和研究者发现了一个有趣的现象：女性愿意与他人面对面地分享自己的想法，但男性不大可能做这样的事。

迈阿密大学的博士爱娃·布切尔（Eva Buechel）研究了人们为什么会在网上分享信息。结果发现，体验到社交焦虑的男性和女性更需要一个博客或社交媒体账户，这同需要表达消极情绪并寻求帮助

是一样的。布切尔说："社交焦虑的女性会通过不同的沟通渠道分享信息，如面对面或通过博客；男性会对博客表现出强烈的偏好。"内向的个体在网上分享想法比在现实中分享更加容易。

一些研究表明，男性越来越可能在线分享他们有创造力的工作，如书法、音乐或艺术。在2008年的一项研究中，近2/3的男性表示他们将自己的工作放到网上，而只有1/2的女性会这么做。

当然，女性更擅于表达自己的感觉。"女性通常拥有亲密的友谊，这使得她们在需要倾诉时，可以很容易找到一个朋友，"布切尔说，"男性的友谊不同，他们发现很难在需要人倾听并寻求安慰时找到一个朋友。"

这种友谊动力学使男性对于在数码生活之外的现实生活中表达自己感到更加忧虑。"当男性发信息、发邮件或通过其他技术渠道交流时，他们会感受到更少的威胁，更可能分享他们的想法和感受，因为他们不需要实时地面对面对处理另一个人的反应。"洛杉矶心理学家塞斯·梅耶斯（Seth Meyers）博士说。

一名28岁的纽约软件工程师安德森拥有3个推特账户，相比于脸书，他更倾向于在推特上分享更加私人的信息。"我不想让那些很了解我的人更了解我，我想要另一些人知道这些信息。"

一名28岁的纽约商业房地产金融员工本恩每天会发50条推特。他向已经交往了一个月的女朋友展示了自己的推特，而且他不久前刚将他们的第一次约会放了上去。

"网上联系给男性提供了安全的错觉，即使这经常使他们在随后的约会中让女性感到沮丧。'为什么当我们真的在一起时，他会不一样，变得更加内敛了呢？'"梅耶斯说。

尽管喜欢面对面与伴侣交流的女性会感觉到沮丧，但社交媒体还是提供了一个中间点。47岁的巴斯比是系统程序员，也是美国莫瑞州立大学的讲师。他说："男性不是非常好的交流者。""很多次，当我在教室里不知所措时，我就开始口吃。我必须冷静下来。一个受控制的环境能让我拥有更多的自信。"

一名23的伦敦社交顾问杰西卡·里奇斯说她经常发推特的男朋友非常擅于交流。通过他的推特浏览他每天的活动、想法和感受，她感觉自己与男友更加亲密了。"当我想念他或好奇他在干什么的时候，我会更规律地看他的推特。"

一些男性希望与数百人交流，包括朋友和陌生人，但他们似乎不能与躺在身边的人交流。这是令人沮丧的事。

作者：亚历山德拉·西弗利（Alexandra Sifferli）

译者：邢亚萍、雷雾

## 五、总结

### （一）研究结论

综上所述，通过对青少年移动社交的研究，我们可以得出以下结论。

①青少年移动社交的行为包括三个维度：人际交流与展示、信息获取与分享和乐趣获得与休闲。在这三种行为中，青少年的人际交流与展示行为最多，而乐趣获得与休闲行为最少。此外，女生更喜欢人际交流与展示行为，而男生的乐趣获得与休闲行为更多。

②青少年使用移动社交媒介的动机主要包括四种：自我表现、自我放松、能力提升和关系建立。在四种动机中，青少年的自我放松的得分最高，自我表现的得分最低。青少年在自我表现和自我放松上存在显著的年级差异。青少年移动社交媒介使用动机不存在显著的性别差异。

③移动社交媒介使用行为与青少年友谊质量之间存在显著的正相关，并且移动社交媒介使用行为可以正向预测友谊质量。自然分组的结果也显示，移动社交媒介使用组青少年的友谊质量显著高于不使用组。性别在移动社交媒介使用与友谊质量之间起调节作用。

④移动社交媒介使用对青少年友谊质量的影响有两条主要路径。第一条是移动社交媒介使用行为影响青少年的网络社会支持，再通过网络社会支持影响友谊质量。第二条是移动社交媒介使用行为影响网络自我表露，网络自我表露再通过网络社会支持影响友谊质量。网络自我表露和网络社会支持在移动社交媒介使用行为和友谊质量之间起链式中介作用。

⑤睡眠质量与移动社交媒介过度使用、孤独感、焦虑这三个变量存在显著的负相关。移动社交媒介过度使用、孤独感、焦虑这三个变量相互间存在显著的正相关。孤独感和焦虑在移动社交媒介过度使用对睡眠质量的影响中起多重中介作用。移动社交媒介过度使用对青少年睡眠质量的直接效应不显著，移动社交媒介过度使用通过孤独感和焦虑间接影响青少年的睡眠质量，还通过孤独感—焦虑中介链对睡眠质量产生间接效应。

## (二)对策建议

第一，本研究发现青少年移动社交的主要行为之一是信息获取与分享，而他们使用移动社交媒介的主要动机之一是能力提升。如果他们在移动社交媒介上获取的信息是错误的或不健康的，那么使用移动社交媒介不仅无法提高他们的能力，而且会对他们的身心健康造成很大危害。他们使用移动社交媒介的另一个动机是自我表现。青少年在移动社交媒介上展示自我和进行人际沟通时，会涉及很多情绪、情感和生活中的隐私问题。这就涉及移动网络安全的问题。我们要保护青少年的隐私和个人信息，保护他们不被社会中别有用心的人伤害，给他们提供安全的环境，使他们自由地与好友交流互动。所以，我们要为青少年营造健康的、安全的移动网络环境和移动社交环境，让青少年能够在这个平台上自由交流和获取足够的信息，让他们能够安全地、有效地提升自己的能力，让他们能够快乐地展示自己。因此，政府监管部门应该对移动社交媒介上的信息进行监督和审查。政府相关部门还有责任和义务对移动社交媒介上公开发表的信息进行把关，把不健康的信息屏蔽掉。

第二，本研究发现移动社交媒介的使用可以提高青少年之间的友谊质量，使用移动社交媒介的青少年比不使用的青少年的友谊质量更高。所以，我们建议学校、家长可以鼓励青少年适当使用移动社交媒介，而不是一味禁止。移动社交媒介已经成为青少年普遍的交往工具，禁止使用反而会影响青少年之间的关系，并让不使用的青少年成为另类，被其他的青少年孤立。

第三，本研究发现自我表露也会影响社会支持和友谊质量。适当地表露自己可以让青少年在移动社交媒介上获得更多的支持，并且提高友谊质量。青少年可以在移动社交媒介上表露自己，展示自己的生活。但是，青少年要注意把握分寸，知道如何在移动社交媒介上表露自我。表露不当也许会伤害友谊。青少年应该认识到移动社交媒介只是一种工具，可以让我们与好友、同学之间的联系更加便捷，但是它不能替代我们与好友、同学的现实交往。青少年可以为好友在移动社交媒介上提供信息、情感和工具性支持。这样有利于提高青少年与好友的关系质量。

第四，我们要高度重视青少年移动社交媒介的使用情况，监督他们移动社交媒介的具体使用情况，对青少年移动社交媒介的使用时长加以限制。本研究已发现过度使用移动社交媒介会让青少年的孤独感和焦虑增强，从而影响他们的睡眠质量，因此有必要限制青少年使用移动社交媒介的频率和时间。此外，我们还要禁止青少年睡前使用移动社交媒介。大量研究早已发现，睡前使用移动设备（如手机、平板电脑等）会让大脑过度兴奋，并产生抑制睡眠的激素，所以睡前使用移动社交媒介对青少年的睡眠质量危害很大。已有的研究和本研究都发现，消极情绪（如焦虑、抑郁和孤独感等）会影响青少年的睡眠质量，所以临床医生有必要对有睡眠质量问题的青少年的消极情绪进行疏导，让青少年能够尽快从消极情绪中恢复，这样有助于提高青少年的睡眠质量。

# 第十五章　青少年的学习适应性与上网

**开脑思考**

1. 学习是青少年的主要日常任务。新一代的青少年成长于网络背景之下，经常上网也成了他们的日常。那么，上网对青少年的学习有何影响？

2. 基于互联网的教育形式或者学习形式，如慕课等，对于青少年来说是否是一种补充，并有助于他们的学习？

3. 随着网络学习，甚至是移动学习的发展，未来人们还有必要到学校去上课吗？传统教育模式会消失吗？

**关键术语**

教育信息化，学习适应性，上网行为，网络成瘾

## 第一节　问题缘起与背景

### 一、学习生活伴随互联网乃必然趋势

为什么要探讨青少年的上网行为与其学习适应性的关系？这一问题的背景又是怎样的？

随着互联网的普及和发展，教育信息化已经成为不可回避的发展方向。互联网的广泛使用是人类社会不可逆转的发展趋势。毫无疑问，21 世纪将会是互联网的世纪。仅仅因为互联网可能会对少年儿童造成负面影响，就简单地禁止他们对互联网的使用，是不理智的，也

是难以办到的。本研究的目的在于，探讨小学高年级学生和初中生互联网使用行为的特点及与学习适应性的关系。我们希望通过本次研究，为家长、学校和社会正确引导与控制少年儿童的互联网使用，充分发挥互联网使用对少年儿童的积极影响，最大限度地减少或避免互联网使用对少年儿童的消极影响以及促进其健康成长提供心理学依据。

## 二、学习适应性可促学习及心理健康

学习适应性指的是什么？它对中小学生的发展又有何作用？

首先，对学习适应性进行界定之前，我们可以先看看什么是学习。学习是指个体因经验而引起的行为、能力和心理倾向的比较持久的变化。这些变化不是成熟、疾病或药物引起的，也不一定表现出外显的行为（施良方，1994）。对学生的学习适应性研究较早的国家是日本，其中影响较大的是教育心理学家辰野千寿。他提出了学习适应性的概念，认为学习适应性是儿童超越学习情景中的障碍的倾向（辰野千寿，1986），并编制了学习适应性测验。

自 20 世纪 50 年代以来，国内研究者对学生的学习适应性做了许多研究。有研究提出学习适应性是指主体根据环境及学习的需要，努力调整自我以达到与学习环境平衡的行为过程（冯廷勇，李红，2002）。陈晓杰（2004）认为学习适应性是当个体周围的学习环境和学习对象、内容发生改变时，个体为避免学习效能下降而主动克服困难，改变自身，以期取得良好学习效能的一种能力。关于学习适应性的定义，国内学者大多援引周步成等人的表述：它是个体克服困难、取得较好学习效果的倾向，即学习适应能力，其主要因素涉及学习态度、学习技术、学习环境和身心健康等方面。

总之，学习适应性的内容包括学习热情、学习时间、学习方式、学习效率、学习计划、听课方法、读书和记笔记的方法、学习技术、应试方法、家庭环境、学校环境、朋友关系、独立性、毅力及身心健康等十几种因素。从大的方面来看，我们又可将其分为学习态度、学习技术、学习时间、学习环境和身心健康等。

从学习适应性的功能来看，一方面，学习适应性可以促进学业进步。良好的学习适应性是学生取得学业进步的重要保证，学习适应性对学生的学习成绩具有不容忽视和低估的影响。学习适应性的测量可以检验出学生在各个学习环节上的漏洞，据此促进学习指导、改善学习方法、及时地予以调节，促进学习成绩的提高。戴玉红(1997)的研究证实，学习适应性和智力对小学生的学习成绩有着大致相同的显著影响。刘衍玲(2001)的研究从作用机制上揭示了学习适应性对中等水平小学生的学习成绩具有直接影响，而对其他学生的学习成绩的影响较为间接。因此，加强对学生学习适应性的指导，不失为提高教学质量的可行途径。

另一方面，学习适应性有助于维护心理健康。学习适应性是学生心理素质的重要成分，探讨学习适应性各因素的影响，可以直接或间接地做好维护学生心理健康的工作。宋广文(1999)的研究指出，学习适应性强的中学生的心理健康水平较高。他们没有明显的身体不适感，能够摆脱无意义的思想、冲动和行动，没有明显的不自在与自卑感，没有突出的情感障碍，不会神经过敏，能较好地控制脾气，思维不偏执等。学习适应性状况的改善能促进学生的人格发展。培养学生的学习适应性理应成为学校心理健康教育的重要内容。

## 三、上网与学习适应性关系并非单纯

互联网对青少年的影响具有双面性。网络为他们提供了交流沟通、展示自我、获取知识的渠道；但网络的过度使用又会影响他们正常的生活和学习，甚至导致社会适应不良、人际交往技能低下等不良后果(Morahan-Martin & Schumacher，2003)。

研究者发现，青少年学生主观报告的互联网对于他们日常生活的负面影响主要体现在学习和生活规律上，如造成学习成绩下降、睡眠和饮食不规律等(Chou et al. , 2000)。

在现今的许多国家和地区，网络已成为综合网络教学的首要工具。科尔的研究表明，学生通过参加一项名为"第五维度"的课后互联网使用指导计划，学习对互联网的适当应用，可以提高阅读、数学和计算机水平(Cole, 1996)。心理学家研究了计算机游戏对青少年认知过程的影响。在计算机网络环境中的个人角色扮演游戏往往是在视觉化的环境中，要求玩家对一系列信息符号进行解码，尽快做出决定并完成任务。研究者发现，经常玩电脑和网络游戏的青少年在空间表征、视觉注意等方面有所发展，这取决于青少年玩的是哪一种游戏。然而，没有证据支持网络游戏对于发展青少年长期的认知技能有促进作用。

巴伯的调查结果却表明，86%参与调查的教师、图书管理员和电脑管理员认为，网络的使用根本没有对提高学生的成绩产生作用(Barber, 1997)。他们认为网上信息过于杂乱无章，而且与学校课程和教材毫不相干，无助于学生在标准化测试中取得更好的成绩。扬所做的一份调查显示，58%的学生报告网络的过度使用会导致学习兴趣减弱，成绩下滑，并使逃课现象日益增多(Young, 1996)。究其原因，不难得出结论：网络的过度使用侵占了学习时间，削弱了学习兴趣，破坏了学习习惯，降低了学习效率，从而影响了学习成绩。

萨布拉玛妮安认为，在学校和家庭中使用互联网，可以加强老师和家长之间的联系，提高学生的自尊心和学习动机，并有助于促进多动症儿童和其他有学习障碍的儿童的学习活动(Subrahmanyam, 2001)。唐斯认为，教师可以充分利用计算机网络发展学生的探索性学习能力、问题解决技能、记忆、想象力和团体精神(Downes, 1999)。

国内学者在上网对学习活动影响的问题上有不同的观点：大多数教育工作者和家长都认为学生很容易被网络吸引，上网占用了学习时间，削弱了学习兴趣，破坏了学习习惯，会导致学习成绩下降等。也有学者认为，互联网使用基本上不影响学生的学习活动(卜卫，郭良，2001)。上网的与未上网的学生在学习成绩、是否担任社会工作、做作业时间长短、课外学习时间长短等方面没有显著差异；学习成绩下降和上升的学生人数大致一样，上网对大部分学生没有影响。

# 第二节 上网特点与对策

## 一、上网历史已不短，上网娱乐较突出

根据调查结果，我们对青少年互联网使用行为的基本特点进行了分析（张新风，雷雳，2007）。

首先，从中小学生上网的比例与网龄来看，分析结果显示 71.3％的研究对象上过网（见表 15-1）。

表 15-1 研究对象上网的年级分布比例

| | 五年级 | 六年级 | 七年级 | 八年级 | 九年级 | 合计 |
|---|---|---|---|---|---|---|
| 上网占比 | 51.4％ | 70.9％ | 79.4％ | 85.0％ | 88.7％ | 71.3％ |

在本次调查中，上网男生占男生总人数的 74.2％，上网女生占女生总人数的 68.5％。二项分布检验结果表明，男生的上网比例高于女生的上网比例，两者差异显著。

中国互联网络信息中心对网民的定义为平均每周使用互联网至少 1 小时的 6 周岁及以上的中国公民。本次调查显示小学高年级每周使用互联网至少 1 小时的网民占高年级学生总人数的 35.3％，初中网民占学生总人数的 70.7％。这说明初中学生甚至小学生都已经成为互联网使用的重要群体，相关的职能部门、教育工作者和家长必须做好对中小学生互联网使用的监管和引导工作，其中男生的上网比例更高，尤其应予以关注。

此外，本次调查数据显示，研究对象平均上网历史时间为 2.54±1.71 年，最长的达 8 年以上。小学高年级学生网龄在 5 年以上者约占

小学高年级上网总人数的 17.01％，初中学生网龄在 5 年以上者约占初中上网总人数的 23.45％（见图 15-1 和图 15-2）。

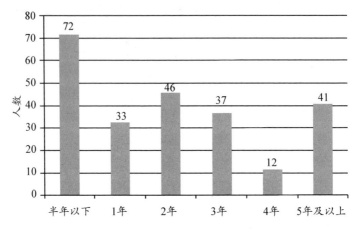

**图 15-1　小学高年级上网学生不同网龄的人数分布**

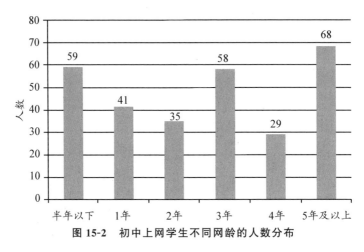

**图 15-2　初中上网学生不同网龄的人数分布**

这提示我们，随着互联网的普及，使用者向低龄化发展的趋势明显，其中相当一部分互联网使用者的初次触网时间为小学入学前。初中生和小学生的自控能力及是非判断能力仍然有限，加之精力充沛，对周围世界充满了好奇与求知的欲望，然而我国现阶段各大网站的网络安全、健康管理还未形成科学机制，不少网络游戏层次低下，对于未成年人的成长大为不利。互联网"早早"走进了孩子的世界，这对我们如何引导孩子健康、安全、文明地使用互联网提出了严峻的考验。计算机知识教育应该从娃娃抓起，上网的引导与监管工作也应该从娃娃抓起。

其次，从中小学生的上网时间与频率来看，小学高年级学生每次上网时间平均为 $45.67\pm47.41$ 分钟，初中生每次上网时间平均为 $80.51\pm64.57$ 分钟；小学高年级学生每周上网时间平均为 $2.08\pm3.22$ 小时，初中生每周上网时间平均为 $3.85\pm4.53$ 小时；小学高年级学生每周上网次数平均为 $2.24\pm1.72$ 次，初中生每周上网次数平均为 $2.44\pm1.77$ 次。中小学生上网时间与频率的年级分布情况见表 15-2。

表 15-2　中小学生上网时间与频率的年级分布情况

| 年级 | 每次上网时间/分钟（M±SD） | 每周上网时间/小时（M±SD） | 每周上网次数/次（M±SD） |
|---|---|---|---|
| 五年级 | $45.39\pm64.98$ | $1.81\pm2.54$ | $2.10\pm1.56$ |
| 六年级 | $47.66\pm57.58$ | $2.40\pm3.69$ | $2.43\pm1.99$ |
| 七年级 | $72.23\pm58.62$ | $3.22\pm3.56$ | $2.37\pm1.23$ |
| 八年级 | $82.50\pm62.00$ | $3.91\pm4.63$ | $2.44\pm1.97$ |
| 九年级 | $93.29\pm66.69$ | $5.31\pm5.53$ | $2.53\pm2.10$ |

再次，从中小学生的上网目的来看，花费时间和精力最多的是娱乐性目的，约占研究对象总人数的 52.5%；其次是社会性目的，约占 26.9%；最后是学习性目的，约占 20.5%。中小学生上网目的的年级分布情况见表 15-3。

表 15-3　中小学生上网目的的年级分布情况

| 年级 | 社会性目的 | 学习性目的 | 娱乐性目的 |
|---|---|---|---|
| 五年级 | 17(15.2%) | 39(34.8%) | 56(50.0%) |
| 六年级 | 29(22.5%) | 30(23.3%) | 70(54.2%) |
| 七年级 | 26(26.0%) | 17(17.0%) | 57(57.0%) |
| 八年级 | 35(36.5%) | 13(13.5%) | 48(50%) |
| 九年级 | 36(38.3%) | 10(10.6%) | 48(51.1%) |

中小学生上网花费时间和精力最多的是娱乐性目的，这可能会让很多老师和家长感到失望。对这些学生而言，与其说互联网是学习的工具，不如说互联网是娱乐和交往的工具。

最后，研究者考察了中小学生上网行为的性别及年级差异，结果发现不同性别的学生在网龄、每周上网时间和每周上网次数上未表现出显著差异，而在每次上网时间上有显著差异，男生平均每次上网时间显著长于女生。

研究者将研究对象分为小学和初中两组，统计检验结果表明，小学组和初中组学生在每次上网时间和每周上网时间上存在显著差异，表现出随年级的增长而增长的趋势；而在网龄和每周上网次数上未表现出显著差异。

## 二、上网对学习适应性未有明显影响

我们考察了青少年上网与否与其学习适应性之间的关系。结果（见表15-4）表明，小学非上网组与上网组在学习适应性各因素上未见显著差异。也就是说，上网并未成为小学生学习适应性的影响因素。

**表 15-4　小学非上网组与上网组在学习适应性上的差异**

| 项目 | 非上网组($M\pm SD$) | 上网组($M\pm SD$) | 差异 |
|---|---|---|---|
| 学习适应性总分 | $117.53\pm25.12$ | $111.14\pm21.98$ | 不显著 |
| 学习热情 | $13.73\pm3.68$ | $12.76\pm3.50$ | 不显著 |
| 学习计划 | $11.70\pm4.17$ | $11.34\pm4.24$ | 不显著 |
| 听课方法 | $12.72\pm3.55$ | $12.13\pm3.55$ | 不显著 |
| 分量表1总分（学习态度） | $38.73\pm10.06$ | $36.15\pm9.93$ | 不显著 |
| 分量表2总分（学习技术） | $12.36\pm3.70$ | $12.57\pm3.64$ | 不显著 |
| 家庭环境 | $12.04\pm3.37$ | $11.53\pm3.26$ | 不显著 |
| 学校环境 | $13.37\pm3.43$ | $12.61\pm3.39$ | 不显著 |

续表

| 项目 | 非上网组（M±SD） | 上网组（M±SD） | 差异 |
|---|---|---|---|
| 分量表3总分（学习环境） | 25.55±6.08 | 24.04±5.48 | 不显著 |
| 独立性 | 11.52±2.77 | 11.66±2.03 | 不显著 |
| 毅力 | 14.45±3.97 | 14.40±3.58 | 不显著 |
| 心身健康 | 12.89±4.09 | 12.09±3.31 | 不显著 |
| 分量表4总分（心身健康） | 39.09±8.20 | 38.10±6.70 | 不显著 |

初中非上网组与上网组在学习适应性各因素上也不存在显著差异（见表15-5），即上网也并未成为初中生学习适应性的影响因素。

表15-5　初中非上网组与上网组在学习适应性上的差异

| 项目 | 非上网组（M±SD） | 上网组（M±SD） | 差异 |
|---|---|---|---|
| 学习适应性总分 | 107.22±23.40 | 105.23±20.22 | 不显著 |
| 学习热情 | 12.69±3.73 | 12.15±3.38 | 不显著 |
| 学习计划 | 10.69±3.76 | 10.33±4.17 | 不显著 |
| 听课方法 | 11.57±3.41 | 11.14±3.02 | 不显著 |
| 分量表1总分（学习态度） | 35.36±10.54 | 33.64±9.93 | 不显著 |
| 分量表2总分（学习技术） | 11.64±3.74 | 11.90±3.28 | 不显著 |
| 家庭环境 | 11.05±3.40 | 11.00±3.07 | 不显著 |
| 学校环境 | 12.56±3.45 | 12.33±3.49 | 不显著 |
| 分量表3总分（学习环境） | 23.47±6.88 | 23.28±5.44 | 不显著 |
| 独立性 | 11.02±2.67 | 11.47±2.08 | 不显著 |
| 毅力 | 13.62±4.97 | 13.43±4.22 | 不显著 |
| 心身健康 | 11.32±4.18 | 11.36±3.84 | 不显著 |
| 分量表4总分（心身健康） | 36.11±8.95 | 36.28±7.01 | 不显著 |

综合上述结果，我们可以看到小学非上网组与上网组、初中非上网组与上网组在学习适应性各因素上均未见显著差异。也就是说，上

网并未成为小学生和初中生学习适应性的影响因素，或者说使用网络并不必然导致对学习的不良影响。

## 三、网络成瘾者学习适应性存在缺陷

我们对网络成瘾边缘组与正常使用组学生在学习适应性上的差异进行了检验。结果表明，网络成瘾边缘组与正常使用组学生在学习适应性总分、学习热情、学习计划、学习态度、毅力和心身健康总分上存在显著差异，在学习技术和学习环境（家庭环境、学校环境）等方面未有显著差异（见表15-6）。

表 15-6　网络成瘾边缘组与正常使用组在学习适应性上的差异

| 项目 | 正常使用组<br>（$M \pm SD$） | 网络成瘾边缘组<br>（$M \pm SD$） | 差异 |
|---|---|---|---|
| 学习适应性总分 | 108.73±21.96 | 83.50±065 | 显著 |
| 学习热情 | 12.67±3.42 | 7.50±2.12 | 显著 |
| 学习计划 | 11.24±4.07 | 5.50±0.71 | 显著 |
| 听课方法 | 12.06±3.48 | 9.00±1.41 | 不显著 |
| 分量表1总分（学习态度） | 35.88±9.57 | 22.00±6.54 | 显著 |
| 分量表2总分（学习技术） | 12.21±3.89 | 11.00±1.41 | 不显著 |
| 家庭环境 | 11.32±3.28 | 11.53±0.71 | 不显著 |
| 学校环境 | 12.45±3.46 | 8.51±2.12 | 不显著 |
| 分量表3总分（学习环境） | 23.68±5.44 | 20.3±1.412 | 不显著 |
| 独立性 | 11.42±2.12 | 10.51±0.75 | 不显著 |
| 毅力 | 13.81±4.07 | 7.45±3.54 | 显著 |
| 心身健康 | 11.99±3.39 | 7.54±3.54 | 不显著 |
| 分量表4总分（心身健康） | 37.14±7.07 | 30.43±0.707 | 显著 |

但是，随着网络成瘾程度的提高，网络成瘾会对学习适应性造成

显著影响。网络成瘾边缘组在学习适应性总分、学习热情、学习计划、毅力上均比正常使用组学生差，而在学习技术和学习环境等方面未有显著差异。

按照学习适应性测验指导手册的解释，网络成瘾边缘组学生的学习适应性整体水平显著低于正常使用组学生，在学习过程中不能根据学习条件的变化积极主动地进行身心调整，难以克服可能遇到的种种困难，从而难以取得较好的学习效果。这些特点具体表现为以下几个方面。

①学习态度欠佳，学习动力不足。这类学生不能明确学习的意义，学习动机不强，缺乏学习热情，存在明显的"被动学"或"厌学"表现。

②学习策略失调。这类学生不能很好地制订和执行学习计划，不能合理安排学习时间。

③心身健康欠佳。网络成瘾边缘组学生的心身健康总体水平较低，存在较多的心理困扰或心理障碍，在学习时常感到体力不支、头昏脑涨。成功的学习所必需的毅力等心理品质在他们身上也表现得不明显。

## 四、网龄长及网络成瘾者学习适应性受损

研究者考察了互联网使用基本行为、网络成瘾程度与学习适应性的关系。结果发现，互联网使用基本行为中的网龄和每次上网时间、网络成瘾程度与学习适应性的一些因素呈显著负相关。每周上网时间、每周上网次数与学习适应性不存在显著相关。

根据相关分析的结果，将与学习适应性相关的网龄、每次上网时间和网络成瘾程度分别作为预测变量，进行逐步多元回归分析，考察研究对象互联网使用对其学习适应性的影响。结果显示，在与网络成瘾相关的学习适应性因素中，只有网龄和网络成瘾程度两个因素进入

了回归方程，这两个因素能联合预测学习适应性9.4%的变异量。

这提示我们，随着网龄的增长和网络成瘾程度的加深，学生会出现越来越多的学习适应问题，给学生的主导活动——学习带来越来越多的不良影响。社会、学校和家庭都应重视并采取积极对策，尤其是针对网龄较长的学生，做好引导和管理工作，努力避免网络成瘾，从而保证学生顺利完成学习任务。

综合来看，互联网使用基本行为与学习适应性的关系大概可以通过下面的图形象地表现出来（见图15-3）。互联网使用基本行为以及网络成瘾程度可能会影响学习适应性。

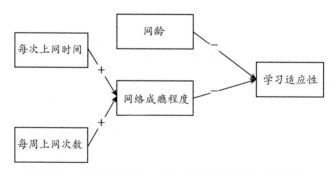

**图15-3 互联网使用基本行为与学习适应性的关系模型**

我们的研究表明互联网使用基本行为中的每次上网时间和每周上网次数可通过网络成瘾程度间接影响学习适应性，网龄和网络成瘾程度可直接影响学习适应性。网龄长、网络成瘾程度高的少年儿童在学习活动中会表现出更多的适应不良，而学习是学生的主导活动，是对学生进行社会评价的主要指标，所以学习的不顺利对学生心理的影响是巨大的。宋广文（1999）的研究指出，学习适应性强的学生的心理健康水平较高，学习适应性不强的学生则表现出较多的心理问题。因此，教育工作者和家长都应重视并采取积极对策，引导学生合理上网，避免网络成瘾，充分发挥互联网对学生学习的促进作用，通过改善学习适应性状况来促进学生的心理健康。

**拓展阅读**

### 学海无涯，手机做伴

当你在长辈面前举起手中的手机或平板电脑时，有没有人曾语重心长地对你说："有玩手机的时间干点什么不好呀！"如果下次再发生类似的情况，你也许可以理直气壮地回应："我是在学习啊，移动学习！"

移动学习（mobile learning）是一种在形式上依赖技术的学习方式。人们可以在各种环境下，按照意愿或要求使用移动便携设备，进而实现获取信息、学习讨论、完成课程等学习过程。移动学习需要移动便携设备的支撑，具有时间和空间的灵活性，其形式多样且人性化，可以满足不同群体的需要。如果这个概念让你有些摸不着头脑，那看看下面这些例子也许会让你醍醐灌顶。通过手机与他人交流讨论，从而获取知识或解决问题；使用网络搜索引擎搜集资料、获取新信息；根据自身的需要找到相应的应用软件进行某一方面知识的学习；甚至学生在上课过程中使用手机等对大屏幕上的内容进行拍摄记录，在外语课上使用手机查生词……这些都是移动学习的形式。

移动学习的形式如此多样，那么人们是根据什么做出是否要进行移动学习的决定的呢？总的来说，对移动学习操作难度的预期和人们认为移动学习对自己有没有帮助，共同影响人们会不会进行移动学习以及进行哪种形式的移动学习。此外，人们的自我效能感（也就是对于完成移动学习有没有信心）、别人会怎样看待自己进行移动学习的行为、移动学习所依托的技术的兼容性也会影响个体做出是否进行移动学习的决定。

移动学习具有跨环境的特性，这一点既给人们提供了便利，又对移动学习的效果提出了挑战。移动性导致人们处于不断变化的学习环境中，接收到的视听觉刺激也在不断变化。在这种情况下，人们更易受到外界的影响而分心，导致学习效果不佳。还有更重要的一点，由于移动学习是依托手机等智能设备实现的，因此人们在学习时很容易受到设备上其他信息的干扰，人们甚至会频繁地主动查看手机上的信息、逛网店、更新朋友圈……这样的行为同样会导致学习效率低下。

总的来说，移动学习的确丰富了我们的学习生活，也让我们能更加容易地贯彻"活到老、学到老""终身学习"的精神。在当今时代，"学海无涯苦作舟"这句名言也许可以改写为"学海无涯'机'做伴"。

作者：孟男、雷雳、王兴超

## 五、总结

### (一)研究结论

综上，通过对青少年学习适应性与上网之间关系的研究，我们可以得出以下结论。

①互联网使用者的低龄化发展趋势明显，初中生甚至小学生已经成为互联网使用的重要群体。在小学高年级学生及初中生中，许多人上网的时间已经不短，而且，他们上网娱乐的倾向较为明显。

②上网并未成为小学高年级学生和初中生学习适应性的影响因素。但是，随着网络成瘾程度的提高，上网会对学习适应性产生显著影响。

③网龄和网络成瘾程度对学习适应性具有一定的预测作用，即上网时间较长者以及表现出网络成瘾倾向者，其学习适应性都可能会受到损害。

### (二)对策建议

儿童和青少年上网花费时间与精力最多的是娱乐性目的，这可能会让很多老师和家长感到失望。儿童和青少年合理的上网目的应该是学习知识与了解世界，因而，在加强对学生上网目的的教育的同时，教师、家长和网络管理人员应及时、有效地对学生网络活动内容的选择进行引导、筛选和监控；介绍健康、优秀的网站，让学生学会利用网络来开阔视野、开展研究性学习，避免沉迷于网络游戏和聊天交友。

另外，对于学生的网上聊天应加强文明、道德与安全教育。互联网站要严格执行国家法律法规，大力开发传承民族优秀文化、弘扬爱国主义精神的网络文化产品，致力于创建绿色网上空间，把好的精神食粮提供给儿童和青少年，把美好的精神世界展现给他们。

当然，我们也应该注意到，上网本身并未成为小学高年级学生和初中生学习适应性的影响因素。我们不必"谈网色变"，想当然地认为只要他们一上网，肯定就没好事。我们要擅于分析青少年的成长需要，引导他们善用互联网，使之成为他们成长和发展的助推器。

# 第十六章　青少年与网络音乐

**开脑思考**

1. 我们可能会看到一些青少年几乎随时随地都戴着耳机听音乐。网络音乐是如何吸引青少年的呢？

2. 网络的普及为青少年的音乐喜好带来了什么影响？除了能够更快捷、更方便地听到新歌曲之外，是否给他们的人际关系带来了改变？

3. 一些青少年喜欢独自享受音乐的乐趣，伴随音乐进入自己的世界。这对青少年的成长来说，是福还是祸呢？

**关键术语**

网络音乐，音乐欣赏，音乐信息，音乐社交，人格

## 第一节　问题缘起与背景

### 一、网络音乐让青少年情有独钟

为什么要探讨青少年的网络音乐使用呢？这一问题的背景又是怎样的呢？

网络音乐活动作为一种新兴的娱乐方式，受到越来越多的青少年的欢迎。如何正确引导，关乎青少年的身心健康发展。所以，加强对网络音乐的研究十分必要。

关于互联网服务与人的心理发展之间的关系研究，可大概分为两

种：一是从微观入手，将单一的互联网服务项目作为研究对象，如聊天室服务、网络购物服务等；二是着眼于宏观，根据各种互联网服务项目之间的共同点和差异点，将互联网服务项目分为几个大类，如社交类服务、娱乐类服务等。目前国内外的研究大多从宏观上进行分类，如雷雳、杨洋（2006）根据中国互联网络信息中心发布的《第14次中国互联网络发展状况统计报告》中的相关内容，编制了青少年互联网服务偏好问卷。研究者通过因素分析提出了四个因子，分别命名为"信息"（如浏览网页、搜索引擎等）、"交易"（如网络购物、短信服务等）、"娱乐"（如网络游戏、多媒体娱乐等）和"社交"（如聊天室、QQ等）。该研究认为这种对互联网宏观上的分类可以说是一种纵向的分类，关注的是互联网使用的形式，而暂不考虑互联网使用的内容。例如，同样是搜索信息，搜索学习资料和娱乐信息就有很大不同，从内容角度来看，完全可以把后者放入娱乐服务中。

随着互联网的发展，数字音乐出现了。这使得青少年能更加方便、快捷地接触音乐。在线听音乐成了青少年热衷的一项网络服务。

人类社会从什么时候有了音乐，已无从考查。音乐以流动的音响为物质手段，诉诸听觉，塑造出鲜明的音乐形象，以表达思想感情。它是反映现实社会生活的时间艺术，或者叫作听觉艺术。一些青少年对音乐有极大的兴趣，并会花大量的时间在音乐上。一方面，青少年有很强的好奇心。他们追求时尚潮流，而音乐早已成为一种时尚的象征和品位的标志。另一方面，当青少年面对生活和学习上的压力、困惑，不知如何应对时，就会时常沉浸在音乐中寻找刺激和发泄口。音乐已经成为大多数青少年生活中不可或缺的一部分。因此，青少年的心理发展和生活状态势必会受到音乐的影响。互联网的发展和数字音乐的出现，使得青少年接触音乐更加方便、快捷。并且在资源丰富的网络上，关于音乐的活动也不再局限于简单的歌曲，而是融入了互联网的特点，如在线作曲、音乐社区等。

令人感兴趣的是青少年在互联网上的音乐活动有何特点，与其人格及孤独感等有何关系。

## 二、网络音乐经济、快捷又丰富

什么是网络音乐使用呢？它又有何特点呢？

在以往互联网娱乐服务的分类中，一般关于音乐的活动只涉及网络音乐。其实，在信息丰富的网络中，关于音乐的内容不仅仅有歌曲和乐曲，还有很多音乐论坛、音乐社区和在线作曲等关于音乐的网络活动。马登调查了从2000年到2003年的互联网使用变化情况（Madden，2003）。结果表明，在美国的在线娱乐服务中，年轻人对各项娱乐服务的使用情况如下：大约3/4的互联网使用者搜索自己感兴趣或业余爱好的信息；自2000年3月起，没有特定的原因也浏览有趣网页的用户增加了44%；在2000年到2002年期间，下载音乐的用户增加了71%。由这项调查可知，用户经常使用的网络音乐活动包括搜索音乐信息、浏览音乐网页和在线听音乐。

结合中国青少年的互联网使用情况和互联网新功能的发展来看，近来以音乐为中介形成的一些QQ群或者论坛吸引了一些追星的青少年，上述马登的调查报告也显示使用这项服务的青少年有增加的趋势。所以，我们可以认为网络音乐使用的概念包含搜索音乐信息、浏览音乐网页、在线听音乐和参加音乐聊天室这四项服务内容。

网络音乐与传统音乐相比，有其自身的优势。

首先，网络音乐具有经济性。传统的音乐产品经过层层环节进行价值增值，而网络音乐依托互联网这一载体就可以直接通过软件公司在网上流通。网络音乐的成本大大低于传统的唱片、磁带等音乐产品。

其次，网络音乐方便、快捷。用户只要点击相关的网站，就可以随时欣赏自己喜欢的歌曲。

再次，网络音乐的种类相当丰富。无论是老歌还是新歌，无论是古典音乐还是流行音乐，各个时代、各种风格的音乐产品都应有尽有。

最后，网络音乐的活动形式多样，不仅包括在线听歌、下载音乐等形式，而且包括搜索关于音乐或者歌手的信息、参加音乐论坛等形式。

## 三、网络音乐的使用更能调节情绪

研究者以青少年为研究对象，运用访谈法和调查法，提出了音乐调节情绪的模型(Saarikallio & Erkkilä，2007)(见图16-1)，为音乐调节情绪的研究提供了理论基础。从图16-1中可以看到，青少年通过听、演奏、唱等音乐活动，可以达到情绪改变和情绪控制的目的。

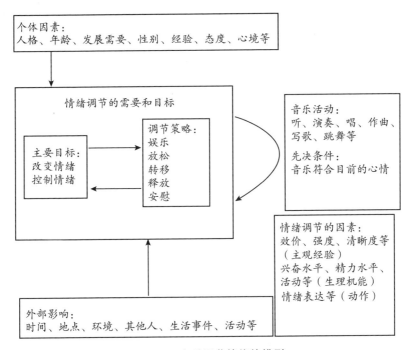

**图 16-1　音乐调节情绪的模型**

在关于音乐调节情绪的研究中，音乐和孤独感的关系是一个热门的话题。除此之外，音乐还被应用于孤独症及抑郁症的临床治疗中。研究者对音乐治疗孤独症这方面的研究进行了总结，发现音乐疗法已被广泛应用于孤独症的社交异常、行为异常、交流异常的治疗中，并且取得了显著效果（Accordino，Comer，& Heller，2007）。研究者使用音乐技术对有抑郁症状的 14 岁和 15 岁的青少年进行了为期 10 周的治疗（Bret，1999）。被试被分为实验组和控制组：实验组接受 10 周的音乐治疗；而控制组前 8 周进行认知行为训练，后 2 周接受音乐治疗。结果发现，两组研究对象的抑郁得分都显著降低了，同时，实验组的抑郁得分要显著低于控制组。这表明使用音乐技术比非音乐技术治疗抑郁症更加有效。

从音乐方面的研究来看，音乐可以使人心情愉快，表现出积极情绪（张敏，2007）。从互联网与孤独感的关系来看，研究者发现，孤独感得分高的个体更可能使用互联网娱乐服务（Whitty & McLaughlin，2007）。当个体出现消极情绪时，互联网能够提供安全的、放松的环境。互联网上的音乐服务更能缓解个体的消极情绪，这是因为网络音乐的情感、内容、风格都很丰富，聆听者可根据自己的心情选择不同的风格和歌手。因此，网络音乐与传统音乐相比，调节情绪的功能更强大。

## 四、影响网络音乐使用的因素

青少年为何会对网络音乐情有独钟、爱不释手，这可以从网络音乐使用的特点和青少年这一群体的特点来分析。

从网络音乐使用的特点来看，网络音乐使用包含搜索音乐信息、浏览音乐网页、在线听音乐和参加音乐聊天室。从内容上来看，网络音乐丰富多彩，既包括音乐，也包括社交、娱乐信息。从使用效果上来看，网络音乐方便、快捷，互联网的更新速度快，最新的资讯总在第一时间出现，青少年只要轻轻点击，各种需要就会被满足。从经济上来看，网络音乐省钱省时，青少年不用跑到音像店、书店去寻找专辑，也不必花很多钱去购买。

从青少年的特点来看，研究者认为喜欢音乐的人很多，但青少年似乎更易受到音乐的影响，这与青少年本身的特点有很大关系（Anastasi，2005）。

首先，青少年处于成长和发展的关键阶段，需要去感受、体验，只有这样才能学习新的东西。音乐恰好提供了这样一种渠道。音乐有很强的感染力。青少年在自己喜欢的音乐中寻找情感寄托，不断体验和成长。

其次，与成人相比，青少年有更多的时间去搜集和欣赏音乐，这是一个重要的前提条件。青少年的时间比较自由，除了上课之外，有很多课余时间。这使得青少年有精力去搜集他们感兴趣的音乐及歌手资料。

再次，随着青少年的不断成熟，他们在情绪和思想上逐渐走向独立，对父母不再言听计从。这导致青少年与家庭的关系比儿童期更加紧张，再加上学习上的困难和同伴交往中的人际压力，使得青少年更倾向于借助音乐释放这些消极情绪。

最后，青少年通过音乐可以加入某一同伴团体，获得友谊和归属感。通常一个团体的成员有共同的音乐偏好，如共同喜欢某一歌手或组合。这种团体有自己的标志，有一定的组织性，会定期举行一些活动来支持他们的偶像。

值得注意的是，青少年的人格特征也是影响其网络音乐使用的重要因素。以往研究大多从宏观层面把网络音乐放入互联网娱乐服务中。例如，雷雳和柳铭心（2005）研究了青少年的人格特征与互联网娱乐服务使用偏好的关系，提出互联网娱乐的形式很丰富，大致可以分为非交互性（如多媒体娱乐）和交互性（如网络游戏）两类。前者主要是对网络资源的利用，外向性和高开放性的青少年更喜欢寻求、使用、接受新的娱乐形式。因此，他们更可能积极主动地使用互联网来获取更多的资源，使生活更加丰富。

研究者研究了大五人格和狭义的人格特质与网络使用的关系。结果表明，责任心和工作驱力与娱乐服务的使用时间呈显著负相关。也就是说，高责任感和工作驱力强的个体在网上进行娱乐活动的可能性较小（Landers & Lounsbury，2006）。还有的研究结果表明神经质和互联网娱乐服务使用偏好之间存在边缘显著负相关的关系。也就是说，高神经质的个体使用互联网娱乐服务的可能性很小（Swickert et al.，2002）。

# 第二节 上网特点与对策

## 一、青少年网络音乐使用首推音乐欣赏

我们考察了青少年网络音乐使用①的基本特点（尹娟娟，雷雳，2011）。结果发现，在"从未使用"至"总是使用"的 5 级评分中，青少年使用最多的是音乐欣赏，其次是音乐信息，最后是音乐社交（见图 16-2）。

从本研究的结果中可以看出，青少年经常使用的网络音乐服务是音乐欣赏和音乐信息。音乐欣赏主要是在线听歌、下载音乐等活动。青少年喜爱音乐，以前只能听磁带、听唱片和看电视。随着互联网的发展，网络音乐逐渐取代了传统的音乐形式，在互联网上听歌、下载音乐已经成为青少年聆听音乐的新方式。

很多青少年都有自己喜欢的歌手、音乐风格。在无聊或者情绪低

---

① 青少年网络音乐使用的几个方面的含义如下。"音乐信息"包括搜索歌手的信息、浏览音乐新闻和图片、浏览音乐排行榜等活动，青少年从这些活动中获得音乐的一些娱乐信息。"音乐社交"包括参加网络音乐聊天室、参与音乐社区和论坛等活动，青少年通过参与这些服务，结交朋友、获得友谊和归属感。"音乐欣赏"包括在互联网上下载音乐、在线听歌等活动，主要与音乐本身有关。

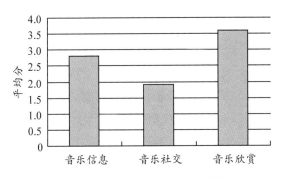

**图 16-2　青少年网络音乐使用的描述**

落时可能就会使用音乐信息，一方面可以了解相关的娱乐信息，另一方面可以打发时间、调节情绪。

音乐社交是青少年较少使用的一项服务，这可能是因为互联网中关于社交服务的活动并不局限于网络音乐使用，还存在其他的一些社交途径，如 QQ 聊天、电子博客、电子邮箱等，而且它们使用起来更方便、更直接。所以，青少年使用音乐社交更少一些。

## 二、对网络音乐使用，男女有别、长幼不同

研究青少年网络音乐使用在性别和年级上是否存在差异的结果表明，只有音乐欣赏维度上的性别和年级的交互作用达到了显著性水平（见图 16-3）。对男生来说，七年级的音乐欣赏显著低于高一年级和高二年级；而不同年级的女生在音乐欣赏上没有显著差异。

从生理发展的角度来说，女生的发育会早于男生。对于处在青春期的青少年来说，男女生的一些心理特点和行为表现差异比较明显。女生发育成熟得早，由此带来的烦恼和挑战也会比男生来得早，因此，她们会寻求一些方式调节这些不安的情绪（Halle，2003），如通过听音乐、倾诉等方式对不良情绪进行排解。女生的音乐欣赏从七年级到高中并无显著差异。

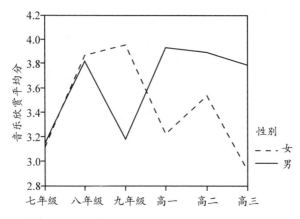

**图 16-3　音乐欣赏维度上的性别和年级的交互作用**

对于男生来说，七年级时刚刚步入青春期，烦恼和消极情绪都会来得相对晚一些。随着年龄的增长和烦恼的增多，他们也会借助音乐调节消极情绪。所以随着年级的升高，男生会越来越多地使用音乐欣赏。

对网络音乐使用的性别和年级的方差检验表明，在性别方面，音乐信息、音乐社交和音乐欣赏都没有显著差异。

青少年在音乐信息、音乐社交和音乐欣赏方面都没有显著的性别差异，说明男女生网络音乐使用的频次相当。郝传慧（2008）的研究发现性别并不影响青少年的互联网服务偏好水平。随着互联网的不断发展，互联网提供的服务种类越来越多，多样化的服务越来越能满足青少年不同的需求和偏好。也就是说，无论是男生还是女生都能在互联网中找到自己感兴趣的音乐活动。因此，在网络音乐使用上可能存在使用内容的不同，但使用的频次是没有差异的。

在年级方面，音乐信息、音乐社交和音乐欣赏的年级差异都达到了显著性水平，七年级学生的音乐信息使用水平显著低于八年级、九年级、高一年级和高二年级；七年级学生的音乐社交使用水平显著低于九年级、高一年级和高二年级；七年级学生的音乐欣赏使用水平显著低于八年级、高一年级和高二年级。

进一步考察音乐信息、音乐社交和音乐欣赏的年级发展趋势，结果表明，青少年的音乐社交随着年级的升高而增多，其线性趋势显著（见图 16-4）。

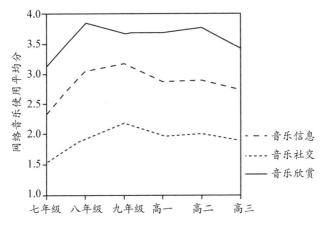

**图 16-4 不同年级学生网络音乐使用的变化趋势**

音乐信息、音乐社交和音乐欣赏的年级主效应都达到了显著差异。三种服务都有明显的相似特点。七年级学生的网络音乐使用水平都显著低于高年级学生。七年级的青少年刚刚进入初中这个新的阶段，对学习、师生关系、同伴关系等，他们还没有完全适应。此外，他们比小学阶段面临更多的压力源，承受更大的压力。因此，他们更可能到网上进行音乐活动。同时，参加网络音乐活动也是社交的需要，熟知最新的娱乐资讯和音乐信息可以为青少年找到共同话题，为青少年带来友谊和优越感。七年级学生与高三年级学生相比，三种服务的使用都没有显著差异。到了高三年级，青少年面临着工作和毕业的双重压力，时间也不像之前那么充裕，因此网络音乐使用的时间会有所减少。

## 三、人格和网络音乐使用、孤独感

研究者考察了青少年人格、网络音乐使用和孤独感之间的关系。

结果表明，网络音乐使用中的音乐社交与孤独感相关显著，且与人格的有关维度都存在相关关系；网络音乐使用和人格可能对孤独感有预测作用；人格的有关维度成分与孤独感存在显著相关。

为了进一步了解人格对网络音乐使用、孤独感的预测作用，研究者进行了多元逐步回归分析。鉴于上述的年级差异，为了考察年级对网络音乐使用的影响，年级变量也被加入了。

分析结果表明：其一，人格中的开放性、宜人性、外向性和年级对音乐信息的联合预测力达到了 8.3％；其二，开放性、宜人性、外向性和年级对音乐社交的联合预测力达到了 4.9％；其三，开放性、责任心、外向性和年级对音乐欣赏的联合预测力达到了 8.3％。这些关系可以通过图 16-5 形象地反映出来。

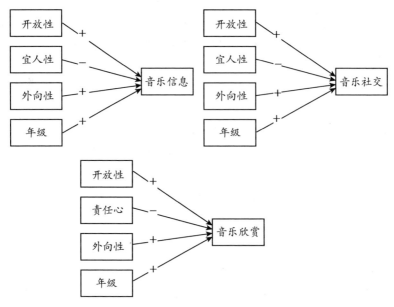

**图 16-5 青少年人格与网络音乐使用的关系模型**

在人格、网络音乐使用、年级对孤独感所做的多元回归中，进入回归方程式的显著变量共有 4 个。人格中的神经质、外向性、音乐欣赏和音乐信息对孤独感的联合预测力达到了12.7%。其中，外向性的预测力最佳，为7.6%。

也就是说，高外向性的个体孤独感的体验会少一些，而高神经质的个体体验到的孤独感会更强烈。这与之前的研究(Cheng & Furnham，2002)结果一致。研究同时发现，经常使用音乐欣赏的个体体会到的孤独感会较少，而使用音乐信息反而会增加孤独感(见图16-6)。

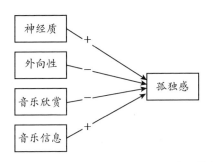

**图 16-6　青少年人格、网络音乐使用与孤独感的关系模型**

外向性表示人际互动的数量和密度、对刺激的需要以及获得愉悦的能力。高外向性的青少年一般健谈、主动、活泼、乐观，他们的朋友会比较多，社会活动也比较丰富，也能及时排解消极情绪。因此，孤独感的体验相对会少一些。高神经质的青少年具有易情绪化、易冲动、依赖性强、易焦虑和自我感觉差的特点。在现实生活中，他们容易产生社交焦虑、孤独，对社会支持的感知性较弱，因此，高神经质的青少年的孤独感也会增加。

音乐不仅是人类娱乐休闲的附属品，而且能缓解人的压力、调节消极情绪。经常听音乐能愉悦人的身心，达到放松的目的。随着互联网的发展，网络音乐出现了，它具有内容的丰富性、使用的便利性和经济性等特点，受到了青少年的喜爱。音乐欣赏能够减少青少年的孤独感。

需要引起注意的是，青少年过多地使用音乐信息会增加孤独感。网络音乐可能会暂时给青少年提供一个回避的场所，起到缓解孤独感的作用，但是在离开网络回到现实后，其消极情绪依然存在。还有一个原因是青少年过多地把时间用于互联网，与现实世界的接触势必会减少，与亲人、朋友的沟通少了，孤独感自然会增加。

## 四、网络音乐使用可调节人格和孤独感

我们考察了青少年网络音乐使用对人格与孤独感之间的关系的调节作用，具体反映在以下几个方面。

第一，音乐信息可使高外向性的青少年减少孤独感。

本研究考察了网络音乐使用对人格和孤独感之间的关系的调节作用，结果表明音乐信息对外向性和孤独感的调节作用显著。使用音乐信息越频繁，高外向性的青少年体验到的孤独感越少。相反，越不使用音乐信息，高外向性的青少年体验到的孤独感越多。

外向的青少年比内向的青少年更加坦率、活跃、合群、热情并且具有更多的积极情绪，喜欢参加各种活动。因此，一般来说，外向的青少年要比内向的青少年对社会信息和资源感兴趣，他们的求知欲也更强烈。

网络音乐信息本身具有更新快、数量多、便捷的特点，浏览各种音乐网页可以达到转移注意力、放松心情、缓解孤独的目的。互联网上关于音乐的一些最新资讯可以为青少年的社交提供工具和渠道。特别是对于外向的青少年来说，在与别人的交往中，他们往往表现得更活跃、更积极，而一些最新的娱乐信息恰恰是青少年经常讨论的话题。这样音乐信息就为高外向性的个体提供了一个表现的平台，间接地缓解了他们的孤独感。

第二，音乐社交可使高外向性的青少年减少孤独感。

本研究考察了网络音乐使用对人格和孤独感之间的关系的调节作用，结果表明音乐社交对外向性和孤独感有显著的调节作用。使用音乐社交越频繁，高外向性的青少年体验到的孤独感越少；相反，越不使用音乐社交，高外向性的青少年体验到的孤独感越多。

音乐社交包括参与互联网上的论坛、社区和聊天室等。扬的研究发现，互联网使用者以计算机为媒介彼此进行交流可以形成网上的社会支持，经常访问某个聊天室、新闻组、论坛能够建立亲密感和归属感（Young，1997）。由于互联网具有匿名性和易进入性等特点，因此网上社交成了青少年热衷的社交方式。克劳特等人提出了富者更富模型，认为那些社会化良好、外向以及得到社会支持较多的个体能够从互联网使用中得到更多的益处（Kraut，2002）。外向的青少年可以运用互联网社交服务来结交新朋友，或者加强他们与其支持网络中的他人的联系，从而获得更多的支持系统。富者更富模型可以很好地解释音乐社交对外向性和孤独感的调节效应。

青少年产生消极情绪后，可以到网上论坛/讨论组、校友录上寻求帮助。虽然这种网上支持会让青少年产生一种归属感，有效地缓解生活事件带来的压力，但是网上社交的种种益处可能会驱使青少年在遇到压力时不断地到互联网上寻求情绪的宣泄，当他们沉迷于网上社交时就可能导致网络成瘾（郝传慧，2008）。所以，青少年在使用音乐社交时也要谨慎，控制上网的时间，做到合理有效地使用互联网。

第三，音乐欣赏可使神经质的青少年更加孤独。

本研究考察了网络音乐使用对人格和孤独感之间的关系的调节作用，结果表明音乐欣赏对神经质和孤独感的关系有显著的调节作用。使用音乐欣赏越频繁，神经质的青少年体验到的孤独感越多；使用音乐欣赏越少，神经质的青少年体验到的孤独感越少。

神经质的青少年之所以使用音乐欣赏越频繁就越孤独，可能与所听音乐的风格有关。研究者考察了人格和音乐偏好之间的关系，结果发现不同人格特征的人偏好不同类型的音乐（Zweigenhaft，2008）。神经质的个体一般偏好弱拍音乐和传统音乐，而且偏好这种类型音乐的个体在焦虑上的得分较高。

音乐欣赏作为一种调节情绪的手段，不仅与人格特征有关，而且与音乐风格有关。青少年在日常生活中，可以根据自己的性格特点选择相应的网络音乐使用方式。

第四，音乐欣赏可使高外向性的青少年减少孤独感。

本研究考察了网络音乐使用对人格和孤独感之间的关系的中介效应，结果表明音乐欣赏对外向性和孤独感的关系有中介作用。外向性通过音乐欣赏影响孤独感。也就是说，高外向性的青少年使用音乐欣赏越频繁，体验到的孤独感越少。

高外向性的青少年活跃、富有表现力，对音乐等文体类活动比较感兴趣。通过使用音乐欣赏，青少年可以达到放松心情、缓解孤独感的目的。这是因为音乐本身对情绪具有调节的功能。研究者以青少年为研究对象，提出的音乐调节情绪的模型（见图 16-1）对这一过程进行了很好的说明（Saarikallio & Erkkilä，2007）。

## 拓展阅读

### 影响音乐欣赏品味的 5 种因素

你喜欢什么样的音乐？如果你觉得说清楚这个问题很困难，英国剑桥大学的心理学家杰森·伦特弗洛（Jason Rentfrow）博士会告诉你对于这个问题，有很多人和你一样。大多数人感觉自己偏好的音乐是各种音乐类型或流派的综合，但是从长时间的角度来看，并非如此。根据伦特弗洛博士及其同事的研究，人们在自己的音乐偏好选择过程中，有 5 种因素在发挥作用。

在第一个研究中，研究者让 706 名被试在 52 首歌中进行挑选，并在 9 点量表上评估自己对所选歌曲的喜欢程度。描述性分析统计显示，有 5 种未知的因素在主导着人们的音乐偏好。这并非一般意义上的音乐类型所能概括的。在进一步的研究中，研究者招募了音乐专家对这 5 种因素进行命名，结果是这样的：圆润柔和的、朴素含蓄的、复杂精致的、强烈热情的和现代的[1]（mellow, unpretentious, sophisticated, intense and contemporary, MUSIC）。举个恰当的例子来说：一个喜欢圆润柔和、朴素含蓄的音乐的人可能会喜欢听布莱德·派斯里的歌曲，而另一个喜欢朴素含蓄、复杂精致的音乐的人则愿意听贝拉·弗莱克演奏的班卓琴[2]乐曲。这两位音乐人都被认为是乡村音乐的代表。

伦特弗洛博士认为，这5种因素和大五人格因素一样都是普遍存在的，这5种因素可以为今后的研究提供依据。研究者可以据此来探讨不同年龄个体的音乐偏好。

这项研究结果同样可以被应用到实际生活中，如你可以根据自己喜欢的音乐类型构建音乐库，并据此来推荐新音乐人。另外，下次有人问你喜欢什么样的音乐时，你就能够根据这5种音乐类型给出如方程式般准确的答案了。

注：

[1]现代音乐，从流行年代上来看，主要指的应该是爵士风格的音乐，一种起源于非洲的音乐形式，乐曲风格特别，节奏一般以鲜明、强烈为主。

[2]班卓琴，又称五弦琴，有一个圆形的琴身、一个很长的琴颈以及五条琴弦。演奏时可以使用手指或拨片。班卓琴经常出现在拉格泰姆音乐、蓝草音乐以及传统的爵士乐之中。

作者：丁费尔德（Dingfelder）

译者：马晓辉、雷雳

# 五、总结

## (一)研究结论

综上，通过对青少年网络音乐使用的研究，我们可以得出以下结论。

①青少年人格中的外向性和开放性显著正向预测音乐信息，宜人性显著反向预测音乐信息。外向性、开放性的青少年更喜欢通过互联网收集与音乐有关的信息，而宜人性人格的青少年则较少使用音乐信息。

②青少年人格中的开放性和外向性显著正向预测音乐社交，宜人性显著反向预测音乐社交。外向性、开放性的青少年更喜欢通过互联网进行与音乐有关的社交活动，而宜人性人格的青少年则较少使用音乐社交。

③青少年人格中的开放性和外向性显著正向预测音乐欣赏，责任心显著反向预测音乐欣赏。开放性的青少年更喜欢通过互联网欣赏音乐，而有责任心的青少年则较少使用音乐欣赏。

④音乐欣赏显著反向预测孤独感，音乐信息显著正向预测孤独感。经常通过互联网欣赏音乐可减少青少年的孤独感，但是青少年如果更喜欢通过互联网收集与音乐有关的信息则可能增加孤独感。

⑤音乐信息和音乐社交对外向性与孤独感的关系有显著的调节作用，音乐欣赏对神经质和孤独感的关系有显著的调节作用。

⑥音乐信息和音乐欣赏在外向性与孤独感的关系中起中介作用。

### (二)对策建议

青少年对网络音乐使用的表现并不仅仅局限于音乐欣赏。鉴于互联网的特点，青少年可以围绕音乐在互联网上收集相关信息、展开人际交往，这些对青少年而言并非坏事。只不过家长、老师和关心青少年成长的人士有必要注意到，不同人格特征的青少年对网络音乐使用的着重点不同，相应的影响也就不同。尤其要关注沉迷于网络音乐信息使用的青少年，因为这一类的青少年比较容易体验到更多的孤独感。

网络音乐使用对青少年人格和孤独感的关系有调节与中介作用，也就是说网络音乐使用不仅可以调节人格和孤独感的关系，而且人格会通过网络音乐使用对孤独感产生影响。这就提醒广大教育者，互联网娱乐服务对青少年并非一无是处，合理有效地使用可以缓解青少年的消极情绪，达到娱乐和放松的目的。网络音乐使用对不同人格特征的个体的情绪有不同的影响。广大教育者在选择网络音乐使用的服务时要考虑到青少年的性格特点，有针对性地选择适合青少年的网络音乐。

# 第十七章　青少年与网络购物

**开脑思考**

1. 网络购物在人们的生活中越来越普遍。在选择了自己想要购买的商品准备下单时，什么因素会对购买决定产生影响？

2. 对青少年而言，他们在网络购物时更喜欢选择什么类型的商品？他们主要考虑的是够酷够炫，还是经济实用？

3. 如果要避免买到质量不好的商品，在网络购物时应该注意哪些方面？什么风险值得警惕？

**关键术语**

网络购物，风险知觉，主观规范，金融风险，心理社会风险

## 第一节　问题缘起与背景

### 一、网络购物正方兴未艾

为什么要探讨青少年的网络购物意向呢？这一问题的背景又是怎样的呢？

第三次科技革命深刻地影响了人类生活的各个方面，在经济上的表现就是"新经济"的出现。在它的影响下，人类经济生活的很多方面都发生了变化，尤其表现为新的交易方式的出现。随着互联网的普及

和发展，电子商务逐渐成为一种不可或缺的交易方式。它在许多方面极大地提高了经济效率，而作为其主要形式之一的网络购物也日渐繁荣。网络购物作为一种购物方式，具有省时、方便等优点，极大地扩展了市场的规模，拉动了消费，增加了潜在的就业机会。网络购物在我国已经取得了良好的发展。

目前中国的网民群体以年轻人为主，学生网民群体占据了重要地位。作为使用互联网的重要群体，他们的行为更值得我们关注。

青少年是网络使用的重要群体。基于青少年自身的特点，他们的网络购物行为有别于成年人。现有的对青少年的网络购物行为的研究很少，大部分研究结论都来自对成年人的研究。

在此令人感兴趣的是，青少年的网络购物意向与一些重要影响因素之间的关系。

## 二、网络购物意向有赖于网店产品及服务

关于网民的网络购物意向与产品及服务的关系已经有一些研究。成功的网上销售基于商家产品和服务种类的市场化。商家的特点包括商店的大小、名声、门户数量等。产品的特点包括产品类别、价格、品牌等。有研究者探讨了消费者认识到的商店的大小和名声对商店信任、感知风险、态度、购买意愿的影响，发现消费者对商店的信任与商店的大小和名声呈正相关，高的信任感水平会降低网络购物所感受到的风险，他们更乐意专门在这家商店买东西（Jarvenpaa，Tractinsky，& Vitale，2000）。

研究者通常从产品价格、购买频率、实体性以及信息量几个维度划分产品，探讨其对购物意向的影响。对网上产品类别的研究发现，低价、常用、无形、信息含量大并且高度不同的产品更利于网上销售（Phau & Poon，2000）。隐私担忧和产品卷入对低价、常用的可视性商品（如书籍）的购买态度有显著影响；网站安全知觉、隐私担忧和产

品卷入因素对价格昂贵且不常购买的实体产品(如电视游戏系统)的购买态度有显著影响；产品卷入对低价、常买的非实体产品(如电子报纸和杂志)的购买态度有显著影响；个人对信息技术革新的接受、网站安全知觉以及产品卷入对高价、不常购买的非实体产品或服务(如计算机游戏)的购买态度有显著影响，互联网自我效能感和隐私担忧对其影响不显著(Lian & Lin，2008)。

从购物网站的特点来看，网站质量与消费者对网络购物的选择密切相关，高质量的网站界面能够激起消费者更多的积极情绪，而带有积极情绪的购买经历能导致一些重要的结果，如增加停留在该站点的时间、消费支出的增加以及非计划型购买行为的增加(Jones，1999)。

此外，购物的社会层面对激起积极情绪有重要作用(Jones，1999)。研究发现，社会性丰富的描述和图片对知觉到的网站的有用性、信任及趣味性有积极影响，能使消费者产生更积极的网络购物态度(Hassanein & Head，2007)。

## 三、网络购物意向亦受消费者特征的影响

从消费者的个人特征来看，具有无线生活风格的人会自发地光临网络购物站点(Bellman，Lohse，& Johnson，1999)。这类消费者将互联网作为收发邮件、工作、阅读新闻、搜集信息和娱乐的工具。他们习惯使用网络的其他服务，导致其自然而然地使用网络的购物渠道。互联网的使用以及网络购物方式的采用都会受物质资源的影响。不接触网络的人没有网络购物的客观条件；有机会接触网络的人在网络购物经历中对渠道和技术的熟悉度增加，倾向于更频繁地进行网络购物。

消费决策风格对消费者的购买决策具有其不能意识到的心理强制作用。这种心理强制作用会在根本上支配消费者的决策行为。研究发现，具有便利导向和冲动习惯的消费者更倾向于网络购物，但是时间

意识对它的影响不显著(Sin & Tse，2002)。也就是说，网络购物的消费者更看重商品购买的便捷性，也更容易在情绪的激发下做出购买决策。由于网络购物的订货支付与商品配送存在时间差，因此电子商务没有传统购物一手交钱一手交货的零时间感觉，但这不是他们主要关心的问题。

相比而言，网络购物的消费者更看重挑选和决策前环节的便利性。偏爱体验产品的消费者更倾向于回避网络购物，因为网络购物没有让他们体验到传统购物的现场感。这与只将图片作为感知觉的信息来源有很大关系，而传统购物可以有触觉等其他感觉渠道的信息来源。

娱乐导向的消费者将网络购物视为休闲方式。有的研究显示两者之间存在显著正相关，也有的研究显示相关不显著(Swaminathan，Lepkowska-White，& Rao，1999；Donthu & Garcia，1999)。网络购物一方面是因为购物便捷，另一方面也不能完全排除制作精美的界面给消费者带来的休闲享受。对价格意识和品牌意识的研究没有发现这种导向的消费者有偏爱网络购物的倾向。

考虑到性别上存在的消费决策风格的差异，研究者研究了男性和女性的网络购物决策，发现差别仍然存在，并且在品牌意识和新奇意识上差异显著。在网络购物决策中，男性更看重品牌，女性则更关注产品的新奇和流行程度(Yang & Wu，2007)。性别对网络购物的影响显著。

对消费决策风格和网络购物态度行为的研究意味着，如果网络购物的优势与消费者的决策风格等因素相匹配，那么将使消费者增加网上购买行为。

消费者对新信息技术运用的接受和使用程度及自我效能感也是网络购物重要的影响因素。网络购物是购物行为与信息技术结合的产物，人们对网络购物的使用在很大程度上受到对新信息技术运用的接受和使用程度及自我效能感的影响，与人们对计算机技术及互联网技术的接受程度有关。

研究者发现有用知觉对消费者网络购物态度的形成有显著的正向

影响(Agarwal & Prasad，1999；Dishaw & Strong，1999；Moon & Kim，2000；Venkatesh，2000)。关于好用知觉的研究结果并不一致，两者的先导因素包括信息质量(Lin & Lu，2000)、乐趣(Teo，Lim，& Lai，1999)以及风险(Lee，Park，& Ahn，2001)。

自我效能感是知觉到的行为控制的重要方面，自我效能感的提高能增加对新信息技术运用的接受和使用程度。这是因为人们在使用新信息技术时觉得更舒服，产生的焦虑感更少，从而增强好用知觉。网络自我效能感积极影响个体对于网络活动的接受程度(Eastin，2002；O'Cass & Fench，2003)。研究者认为自我效能感对网络购物意向有很大影响，并且不存在文化差异(Choi & Geistfeldyng，2003)。

## 四、信任及风险知觉对网络购物极为关键

研究者对影响网络购物信任的因素进行了探索，用个性、态度、经验、知识和知觉五类因素对网络购物的信任进行了问卷调查，发现知觉因素是网络购物态度最主要的决定因素。这说明消费者对网络购物的信任并不是非理性的，而是依据知觉经验做出判断(Walczuch & Lundgren，2004)。

从对网络信任研究的综述中我们发现，对信任有9种操作定义，分别涉及整体、网上店铺、电子供应商、网络购物、店铺、卖方、互联网服务提供者、零售商以及银行方面。如此繁多的定义是因为信任是基于特定的情境的(Krauter & Kaluscha，2003)。从总体来看，对信任的研究可分为两类，一是对网络购物这一特殊渠道的认可，二是对特定商家的信任。这可能使得与信任有关的研究成果出现含糊不清的情况。例如，有研究者提出了有用知觉、好用知觉、对网上店铺的信任以及风险知觉影响网络购物态度的模型，结果只发现风险知觉与网络购物态度和信任之间存在负相关(Heijden，Verhagen，& Creemers，2003)。但是其他研究者却发现有用知觉、好用知觉、对网

上店铺的信任都与网络购物态度存在显著正相关(Gefen，Karahanna，&
Straub，2003)。

　　风险知觉普遍被认为是消费者由于担心使用某种产品或服务可能带
来不好的结果而产生的不确定的感受。在网络购物的框架下，风险知觉
是使用网络服务寻求想要的结果时可能的损失感受(Featherman &
Pavlou，2003)。风险知觉在很多情况下都会被唤醒，如不舒服或焦
虑(Dowling & Staelin，1994)、认知失调(Festinger，1957；Germunden，
1985)等。网络购物的风险知觉可以分为两类：产品与服务的风险知觉
和网上交易过程中的风险知觉(Lee et al.，2001)。网络购物的风险知觉
具体可以体现在七个方面(Featherman & Pavlou，2003)(见表 17-1)。

表 17-1　网络购物的风险知觉构成要素

| 风险知觉构成要素 | 定义描述 |
| --- | --- |
| 表现风险 | 产品并未像设计或宣传的那样好用，因而未能获得预期的益处的可能性 |
| 金融风险 | 金钱损失及机会成本 |
| 时间风险 | 消费者为搜寻、交易或学习而付出的时间成本 |
| 心理风险 | 对消费者的平静心情或自我知觉的负面影响；自尊的丧失 |
| 社会风险 | 在社会或团体中地位丧失的风险 |
| 隐私风险 | 对个人信息丧失控制的风险 |
| 一般风险 | 对风险知觉的一般度量 |

　　风险知觉与消费者的网络购物意向之间有非常紧密的关系。研究指
出，消费者是否选择网络购物的关键因素是风险知觉(Thompson，
2002)。大多数研究者发现风险知觉与网络购物态度、意向和行为之间存
在负相关(Jarvenpaa，Tractinsky，& Vitale，2000；Heijden et al.，2003)。

　　影响消费者风险知觉的因素有很多，如人口统计学变量、网络经
验、产品特点等。有研究指出，消费者的风险知觉因年龄与网络经验
而异(Bhatnagar & Ghose，2004)。随着消费者年龄的增长，他们不

断积累的经验与知识使得他们在购物时更加偏好选择固定的品牌，也使得他们更自信，从而降低了产品风险。消费者丰富的购物经验提高了他们的产品搜索效能，并相应地降低了他们的风险知觉（Zhou，Dai，& Zhang，2007）。但也有一些研究发现，不断积累的网络购物经验不仅没有减弱消费者的风险知觉，反而还提高了它（Pires，Stanton，& Eckford，2004）。

此外，有研究表明风险知觉还存在性别差异。研究者选取了不同年龄段、不同性别的研究对象，运用问卷法和情境实验研究了性别、风险知觉等变量之间的关系，发现女性的风险知觉高于男性（Garbarino & Strabilevitz，2004）。

风险知觉对网络购物意向的影响也可能受到产品种类的调节（Zhou，Dai，& Zhang，2007）。相对于低卷入商品来说，消费者在购买高卷入商品时的风险知觉更高，而消费者过去愉快的购买经验与低卷入商品的风险知觉呈负相关（Pires，Stanton，& Eckford，2004）。

## 五、网络购物意向与主观规范关系紧密

主观规范指的是个体做出或不做出某种行为时感觉到的社会压力（Ajzen，1991）。影响主观规范的因素有两个方面：一是个体所认为的他所看重的群体对于他是否应该采取某种行为的看法，即规范信念；二是个体依从群体的意愿。其中，参照群体可以是消费者的家人、朋友或大众媒体。

参照群体通过主观规范施加影响，主观规范的影响源于不同的参照群体。研究者将参照群体的影响划分为信息性影响、功利性影响和价值表现性影响三个维度（Park & Lessig，1977）。贾鹤等人（2008）从动机、导向、过程、表现和结果五个方面对这三个维度进行了剖析（见表17-2）。

表 17-2　参照群体影响各维度的动机、导向、过程、表现和结果

| 维度 | 动机 | 导向 | 过程 | 表现 | 结果 |
|------|------|------|------|------|------|
| 信息性影响 | 规避风险 | 获得满意的产品 | 内化 | 从他人那里搜寻信息；观察他人的消费决策 | 提升消费决策能力与知识 |
| 功利性影响 | 从众 | 建立满意的关系 | 顺从 | 通过消费选择来迎合群体的偏好、期望、标准和规范 | 赢得来自参照群体的赞扬；避免受到来自参照群体的惩罚 |
| 价值表现性影响 | 提升自我：心理隶属 | 获得心理满足 | 认同 | 通过消费选择来与自己所向往的群体建立联系，并与自己所否定的群体或想要避开的群体进行区别 | 强化自我表达；提升自我形象；表达对参照群体的喜爱之情 |

主观规范的影响是网络购物意向的重要前因。研究者发现，主观规范对消费者网络购物意向的影响显著。在研究中，研究者区分了不同的参照群体，结果发现家庭对个体的影响不及媒体，朋友的影响不显著（Limayem et al.，2000）。

一项针对校园中笔记本电脑购买的研究以 156 名大学生为研究对象，运用纸笔调查，考察社会动机、知觉动机对他们网上购买笔记本电脑意向的影响。结果表明，来自朋友的意见能显著影响个体的购买行为（Faucault & Scheufele，2002）。

还有研究显示，主观规范对消费者网络购物意向的影响存在性别差异，主观规范对女性网络购物意向的影响大于男性（Garbarino & Strabilevitz，2004）。

# 第二节　上网特点与对策

## 一、曾经网络购物的青少年会"得寸进尺"

我们考察了青少年网络购物意向的基本情况（王勍，雷雳，

2009)，对不同性别、不同年级的青少年网络购物意向的得分进行了描述统计。男女生的网络购物意向见图 17-1。

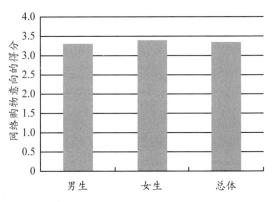

**图 17-1　男女生的网络购物意向**

我们还考察了青少年的网络购物经历与他们网络购物意向之间的关系，分别对有和没有网络购物经历的青少年的网络购物意向的得分进行了描述统计（见图 17-2）。

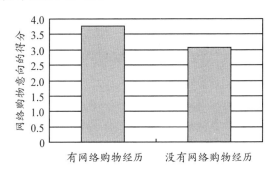

**图 17-2　不同网络购物经历的青少年的网络购物意向**

青少年在网络购物意向上是否存在性别、年级和网络购物经历的差异，研究结果显示，只有网络购物经历的主效应显著。这说明网络购物经历不同的青少年在网络购物意向上存在显著差异，有网络购物经历的青少年在网络购物意向上的得分显著高于没有网络购物经历的青少年，即有网络购物经历的青少年的网络购物意向水平显著高于没有网络购物经历的青少年。

究其原因，可能是在本研究中青少年的网络购物经历都比较愉快，因而增强了他们的自我效能感、有用知觉和好用知觉。有研究者认为自我效能感对网络购物意向有很大影响(Choi & Geistfeld，2003)。研究指出，有用知觉影响消费者的购买行为，好用知觉通过有用知觉间接影响购买行为(Gefen & Straub，2000)。由此可见，自我效能感、有用知觉和好用知觉的提高增强了青少年的网络购物意向。

另外，虽然年级在网络购物意向上的主效应不显著，但事后检验分析的结果显示，八年级学生的网络购物意向平均分与高一、高二年级存在显著差异，八年级学生在网络购物意向上的得分显著高于高一、高二年级学生的得分，略高于七年级学生的得分(见图 17-3)。

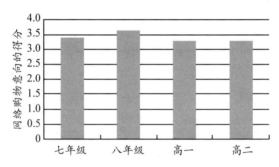

**图 17-3　不同年级学生的网络购物意向**

青少年期最主要的特征之一就是个体开始了对自我的探索。在这个过程中，青少年会认识到自己的多重角色并为此感到困惑。青少年为了给人留下深刻的印象，为了尝试新的行为和角色，还会表现出虚假的自我(雷雳，张雷，2003)。网络购物作为一种时尚的购物方式，更可能满足青少年尝试新的行为和角色以及追逐时尚的心理。研究发现，14～15 岁的青少年能够认识到自己不同角色之间的不一致，并且对这些矛盾感到更加困惑(Damon & Hart，1988)。选择网络购物对于青少年来说或许是对新角色的一种尝试，因而带有对自我进行探索的意味。

## 二、风险知觉与主观规范的影响背道而驰

　　为了考察青少年网络购物意向、风险知觉及主观规范之间的关系，研究者以网络购物意向为因变量，采取逐步回归的方法进行了回归分析。自变量包含主观规范和风险知觉。其中，主观规范这一变量包含三个维度：信息性影响、功利性影响和价值表现性影响；风险知觉这一变量包含六个维度：金融风险、隐私风险、省时知觉、费时知觉、一般风险和心理社会风险。共计九个变量作为自变量。

　　结果显示，金融风险、省时知觉、费时知觉、一般风险和功利性影响五个自变量对网络购物意向有显著的预测作用。其中，金融风险、省时知觉、费时知觉与一般风险可以反向预测网络购物意向，功利性影响可以正向预测网络购物意向。

　　这当中值得关注的是青少年对时间的关注，省时知觉与费时知觉这两个与时间有关的变量全部进入了回归模型。这或许是由于中学的学习比较紧张，青少年在购物方式的选择上更多地考虑到它对于时间的占用。具有无线生活风格和时间被限制的人更倾向于网络购物（Bellman et al.，1999），青少年恰好符合这两个特征，这也能解释他们的网络购物意向为何与时间如此息息相关。

　　功利性影响指的是个体为了迎合参照群体的期望、规范等做出的消费选择。功利性影响对网络购物意向有显著作用，很可能是青少年出于对友谊的需要而选择服从同伴的结果。同时，功利性影响可正向预测网络购物意向，说明青少年对网络购物持积极态度。

　　我们进一步建构了青少年主观规范、风险知觉与网络购物意向的关系模型（见图17-4）。

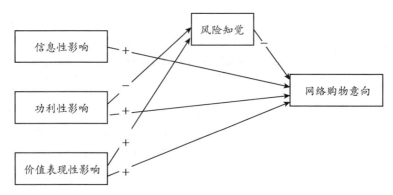

**图 17-4 主观规范、风险知觉与网络购物意向的关系模型**

从图 17-4 中可以看到：

①风险知觉对网络购物意向有着显著的反向预测作用，即青少年的风险知觉水平越高，他们选择网络购物的意向水平就越低。

②主观规范由信息性影响、功利性影响和价值表现性影响三个维度构成，这三个维度都对网络购物意向有显著的正向预测作用，即青少年受到的主观规范的影响越大，他们选择网络购物的意向水平就越高。

③功利性影响与价值表现性影响除了能直接预测网络购物意向之外，还能通过影响风险知觉间接预测网络购物意向，即风险知觉起到了中介作用。青少年越容易接受功利性影响，他们的风险知觉水平就越低，从而会表现出更高的网络购物意向水平；青少年越容易接受价值表现性影响，他们的风险知觉水平就越高，从而会表现出更低的网络购物意向水平。这也再一次说明青少年对网络购物持积极态度。

## 三、金融风险和心理社会风险共阻网络购物

为了进一步深化研究，本研究对风险知觉进行了分解，并充分考虑了这几个维度之间的内在联系。本研究以风险知觉所包含的金融风险、隐私风险、省时知觉、费时知觉和一般风险来代替总风险知觉，

对模型进行修改，逐渐删去不显著的路径，最终得到以金融风险为中介变量的关系模型（见图 17-5）和以心理社会风险为中介变量的关系模型（见图 17-6）。

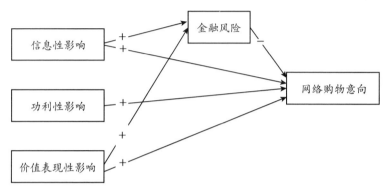

**图 17-5 主观规范、金融风险与网络购物意向的关系模型**

从图 17-5 中我们可以看到：

①金融风险对网络购物意向有显著的反向预测作用，即青少年的金融风险知觉水平越高，他们选择网络购物的意向水平就越低。

②信息性影响、功利性影响和价值表现性影响这三个维度都对网络购物意向有显著的正向预测作用，即青少年受到的主观规范的影响越大，他们选择网络购物的意向水平就越高。与总体风险知觉模型相比，信息性影响和功利性影响对网络购物意向的预测作用有所增强，价值表现性影响的预测作用则有所下降。

③信息性影响与价值表现性影响除了能直接预测网络购物意向之外，还能通过金融风险间接预测网络购物意向，即金融风险起到了中介作用。青少年越容易接受信息性影响，他们的金融风险水平就越高，从而会表现出更低的网络购物意向水平；青少年越容易接受价值表现性影响，他们的金融风险水平就越高，从而会表现出更低的网络购物意向水平。与总体风险知觉模型相比，价值表现性影响的中介作用有所增强。

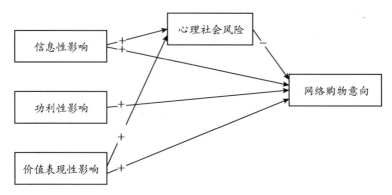

**图 17-6　主观规范、心理社会风险与网络购物意向的关系模型**

从图 17-6 中我们可以看到：

①心理社会风险对网络购物意向有显著的反向预测作用，即青少年的心理社会风险知觉水平越高，他们选择网络购物的意向水平就越低。

②信息性影响、功利性影响和价值表现性影响这三个维度都对网络购物意向有显著的正向预测，即青少年受到的主观规范的影响越大，他们选择网络购物的可能性就越大。与总体风险知觉模型相比，信息性影响和功利性影响对青少年网络购物意向的预测作用有所增强，价值表现性影响的效应值则有所减弱。与金融风险模型相比，信息性影响和价值表现性影响的作用有所下降，功利性影响的作用则保持不变。

③信息性影响与价值表现性影响除了能直接预测网络购物意向之外，还能通过心理社会风险间接预测网络购物意向，即心理社会风险起到了中介作用。青少年越容易接受信息性影响，他们的心理社会风险知觉水平就越高，从而会表现出更低的网络购物意向水平；青少年越容易接受价值表现性影响，他们的心理社会风险知觉水平就越高，从而会表现出更低的网络购物意向水平。与金融风险模型相比，价值表现性影响的中介作用有所增强，而信息性影响的中介作用则有所

下降。

　　一个有趣的现象是，价值表现性影响在直接正向预测青少年的网络购物意向的同时，还通过风险知觉间接反向预测青少年的网络购物意向，同样的现象也存在于金融风险模型、心理社会风险模型的信息性影响和价值表现性影响中。这很大程度上是因为主观规范的三个维度的影响过于广泛，不同的参照群体会有不同的意见。当参照群体的意见不同时，或许就会出现这种情况。同一参照群体针对的是不同变量，所以看法也会不同。某一参照群体完全有可能在意识到网络购物的风险之后，出于其他方面的原因仍然愿意进行尝试。这也能解释为什么主观规范对青少年网络购物意向的直接与间接影响的方向不同。

　　一般认为，个体在不确定的情境下为了降低风险而求助他人、搜寻信息的过程就是受信息性影响的过程。按照这个逻辑，信息性影响应该能够降低风险知觉水平。但在本研究中，信息性影响不仅没能降低风险知觉水平，反而还提高了它。这可能与接收的信息内容有关。如果接收的信息不是关于怎样防范风险的而仅仅是风险很高的话，那这种信息一定会提高个体的风险知觉水平。

　　心理社会风险指的是个体内心的平静被打破或者在社会及群体中丧失地位的风险知觉。负面信息可能会打破消费者内心的平静，使得他们时刻为风险担忧。消费选择的失误或许会导致个体与自己向往的团体渐行渐远，从而降低他的自我认同。

## 四、产品种类调剂主观规范和风险知觉的影响

　　研究者考察了风险知觉、主观规范与产品属性的交互作用。结果显示，金融风险与产品属性在网络购物意向上存在交互作用，价值表现性影响与产品属性在风险知觉上存在交互作用。

　　首先，当产品是奢侈品时，金融风险对网络购物意向的反向预测

作用被放大；当产品是必需品时，金融风险对网络购物意向的反向预测作用降低。当产品是奢侈品时，价值表现性影响对风险知觉的预测作用降低，即风险知觉对价值表现性影响与网络购物意向的中介作用降低；当产品是必需品时，价值表现性影响对风险知觉的预测作用被放大，同时风险知觉对价值表现性影响与网络购物意向的中介作用也被放大。

其次，本研究检验了产品种类对风险知觉、主观规范和网络购物意向之间的关系是否存在调节作用。分析结果显示，产品种类与金融风险在网络购物意向上存在交互作用，即产品种类能够调节金融风险与网络购物意向之间的关系。当产品是奢侈品时，由于其价格昂贵，金融风险对网络购物意向的反向预测作用被放大，消费者对风险更加敏感，变得更加谨慎；当产品是必需品时，低廉的价格使得消费者放松了心情，从而愿意承担更多的风险。

最后，产品种类与价值表现性影响在风险知觉上也存在显著的交互作用。当产品是奢侈品时，由于其价格昂贵，消费者需要更多的信息，尤其是来自专业人士的信息，因此他们所向往的团体对他们的影响反而会降低；当产品是必需品时，消费者很愿意参照他们所向往的群体进行消费选择，因此价值表现性影响的作用被放大。

## 拓展阅读

### 衣服从不穿，为啥要买它？

当你买它的时候，你是真心喜欢那件柔软的毛衣，或者那件朋克风格的T恤。但买回来以后，你就再也没有穿过它。衣服的标签都没被扯掉，就被挂在衣橱里落灰了。这听起来熟悉吗？

一位63岁的咨询师保拉·海尔深知这种浪费性购物。她称之为"痴迷"，就像收集小玩意儿一样。

"一些时候因为它太便宜，所以我买了它。"海尔说道，"有时是我内心的公主苏醒了，我看到一些亮片，就感觉特别有趣。我买的时候我认为我会穿，但是买了以后我就再也没穿过，就放在了衣橱里。"

消费心理学家基特·亚罗（Kit Yarrow）说，这种行为十分常见。她的文章关注的就是购物者的动机和行为。

"作为研究的一部分，我到人们的家里查看他们的衣橱和床底，"她说，"我发现那里有很多灰尘，并且我几乎在每一个衣橱里和床底下都能找到那些他们并没有穿过的衣服。"

### 一、高端时尚

生活在多伦多的黛博拉·博兰（Deborah Boland）撰写时尚博客。她告诉美国广播电视台的新闻记者，她对于把钱浪费在这件事上感到愧疚。她相信她和其他女人这样做是有很多原因的。

"首先，它是高端的，"她说，"当你看向橱窗时，看到它们挂在那儿，你会想'哇，它真是超级华丽，我喜欢它。这感觉太好了。我买了它并且感到很兴奋。'然后随着时间的推移，你会想，'我为什么会买这个？我以后再也不会这样做了'。但是依然会这样做。"

人们为什么要这样做？

"很多消费者随心而动且不过大脑，"托德·马克斯（Tod Marks）说道："他们的判断力被交易的预期蒙蔽。我们购买东西是基于我们看待自己的理想化的方式，而不是我们实际的样子。"

亚罗的研究证实了这点。她发现人们购买衣服通常基于对自己的一种幻想。

"他们想象自己坐在游轮里或要去参加盛会或要去野营，"亚罗解释道，"因此他们为自己幻想出的将要成为的那种人去买那些对于他们现在来说并不需要的东西。"

### 二、便宜的诱惑

人们买那些他们不会穿的衣服时，倾向于关注他们省了多少钱，而不是花了多少钱。

"你发现一些衣服只在某种角度下看起来不错。也许它有一点不对劲，如有点紧或者它的颜色不适合你，但是它打八折，所以你最终还是买了它。可是因为它的确不合适你，所以最终你也不会穿它。"她说道。

有的人把衣服挂在衣橱里是因为她们太喜欢这件衣服，以至于不敢冒险穿出去。她们担心会弄脏或者弄破。她们会为那些可能永远不会到来的完美的场合留着它们。

博兰承认她会这样做，并且她认为其他女人也会这样做。

"你看到一件带着珠宝或水晶或羽毛的衣服，它很漂亮，"她说，"它就像是一件艺术品，然后你买下了它并把它挂在衣橱里。它看起来很华丽，但是你就是不能穿它。然后它就过时了——多浪费！"

这种"买然后忘记它"的行为不仅限于女人。"男人也会做同样的事情，但是他们源于另一种思考方式，"购物和流行趋势专家萨拉·斯柯博尔（Sara Skirboll）说，"女人倾向于幻想穿衣服的场合，然而男人可能认为，'我已经有类似的了，但是我喜欢它，因此我需要所有颜色的这一款衣服。'"

三、减价出售的心理学

冲动购物会导致人们买很多商品，尤其是在节日期间。

"人们为他人选购东西，但是大概10%的节日购物是为自己。"圣地亚哥州立大学营销教授朱罗·科皮克（Miro Copic）说道，"如果你买东西的时候，买一送一或者第二件半价，这样就可以一个给你另一个给我。这真是极好的心理。"

科皮克警告说："相较于在线购物来说，在商店，你很容易基于情感而冲动购物。"

"一旦你碰触到它、感受到它，一旦你把它拿在手里，你心里就会这样想：哇，这是个崭新的闪亮的东西，它看起来真的不错，它只有这些了，我要买！"

四、在你买之前停下并三思

关于美国一家在线优惠券团购网站的研究发现，21％的人购物是为了缓解压力，尤其是在节日期间。这个网站建议你在去收银台之前问自己三个问题：

①它适合吗？如果不适合，那么不要买！

②你有类似的东西吗？如果有，那么你并不需要这个。

③你将会在什么场合穿它？如果不知道，那么你可能不需要它。

五、最后：要仔细核查退货政策

首先，你能退货吗？在一些商店尤其是那些清仓的商店，所有的打折商品都是断码货。问问你自己，你真的想要不能退货的东西吗？

其次，你要确保了解了商店退货政策的所有细节。有没有退货截止日期？退货是否需要保留商品标签？如果你在网上下单，是到线下商店退货还是要邮回去？如果邮寄，谁付邮费？

总之，要注意一句话：如果你喝醉了，就不要网络购物！醉了的消费者经常会买那些他们并不想要的衣服，并且有可能不会退货。

作者：赫布·韦斯鲍姆（Herb Weisbaum）

译者：王新月、雷雳

## 五、总结

### (一)研究结论

综上所述，通过对青少年网络购物意向与主要相关变量之间关系的研究，我们可以得出以下结论。

①金融风险、省时知觉、费时知觉、一般风险可以反向预测网

络购物意向，即认为网络购物在金融风险、省时知觉、费时知觉、一般风险等方面存在较大风险的青少年，其网络购物意向水平较低。

②主观规范中的功利性影响可以正向预测网络购物意向，即如果青少年在消费决策时为了迎合群体的偏好与期望而受到的影响越大，其网络购物意向水平就越高。

③主观规范除了能直接预测网络购物意向之外，还能通过风险知觉间接预测青少年网络购物意向。

④产品种类能够调节金融风险与网络购物意向之间、价值表现性影响与风险知觉之间的关系。青少年在网上购买必需品和奢侈品的意向与其风险知觉的关系是不同的。

## (二)对策建议

根据本研究的结果，对青少年的网络购物给出以下建议。

我们可以看到青少年的网络购物市场的潜力巨大，而且网络购物也是一种发展趋势。因此，如果要进一步开拓该市场，就应该针对青少年的特点开发相应的程序，使购物过程的互动性、参与性更高。

由于青少年的可支配资金有限，针对青少年的网上销售产品应是廉价的时尚品、必需品，这些商品更适合青少年。如果试图以所谓"精品"等奢侈品为主要销售商品，在考虑种种风险的情况下，青少年可能会望而却步。

由于网络购物经历可以大大降低青少年网络购物的风险知觉水平，因此在帮助青少年熟悉、适应网络购物的流程，协助他们评估网络购物的可能风险后，青少年能够成长为成熟的网络购物者。

此外，有关部门应规范网络购物市场，防止不法商家利用青少年爱冒险、标新立异、追逐时尚等特点进行欺诈。

# 第十八章　青少年与网络游戏

**开脑思考**

1. 人们有时候会看到一些青少年沉迷于网络游戏，他们体验到的是什么感觉？这正不正常？

2. 青少年在网络游戏中获得的感受和体验到底是源于网络游戏本身，还是源于青少年自身的易感特质？

3. 网络游戏体验可能会导致青少年网络游戏成瘾。从网络游戏设计、青少年自身和社会环境等角度，我们可以采取哪些相应的预防和干预措施？

**关键术语**

网络游戏，网络游戏体验，网络游戏卷入，网络游戏成瘾，网络游戏设计

## 第一节　问题缘起与背景

### 一、网络游戏体验的众说纷纭

"体验"是一个内涵十分丰富的概念，对它的理解通常离不开认知和情绪两个层面。张鹏程和卢家楣(2012)在整合各种体验概念的基础上指出，体验是以身体为中介，以"行或思"为手段，以知情相互作用为典型特征，作用于人的对象，对人产生意义时而引发的不断生成的居身状态。网络游戏体验的内涵非常复杂。游戏玩家、游戏类型、游

戏设备和游戏环境的千差万别，使得网络游戏体验难以尽数。有研究者曾指出，我们几乎不可能通过几个简单的词汇或概念完整地罗列玩家的游戏体验或者感受（Poels，Ijsselsteijn，& de Kort，2008）。因此，目前还没有统一的网络游戏体验的概念界定（Brockmyer，Fox，& Curtiss，2009）。

有研究者认为，网络游戏体验是玩家对网络游戏的主观感受和情绪体验，包括即时体验、事后体验、积极体验和消极体验（Poels，de Kort，& Ijsselsteijn，2007）。另有研究者将网络游戏体验定义为个体和网络游戏诸要素交互所产生的一种体验（Hsu，Wen，& Wu，2009）。游戏诸要素之间复杂的相互影响能够促进或抑制用户体验，使每一款游戏都显得独一无二（Elson et al.，2014）。这里的游戏要素既包括游戏情节、音乐和画面，也包括游戏中的其他玩家，还包括玩家自己操纵的游戏化身。这两个定义的侧重点有所不同。前者强调体验的内容，后者则强调用户与游戏的交互作用。在上述概念界定中，有研究者指出网络游戏体验是用户与游戏交互作用产生的体验，这提示我们网络游戏体验实质上是用户体验的一种（Hsu，Wen，& Wu，2009）。因此，在对网络游戏体验进行概念界定时，我们可以借鉴"用户体验"的概念阐述。另有研究者对"用户体验"的定义颇具代表性：用户的内部状态（如预期、需要、动机、心境等）和产品特征（如复杂性、可用性、功能性等）在一定的情境（或环境）下（如组织/社会环境、有意义的活动、自愿使用等）交互作用的结果（Hassenzahl & Tractinsky，2006）。这个定义突出了情境（或环境）的重要性。

综合上述分析，网络游戏体验应当包括体验内容、用户与游戏的互动、游戏情境（或环境）三个要素。在此基础上，我们将网络游戏体验定义为网络游戏玩家与网络游戏诸要素在一定的游戏情境下交互作用产生的认知和情绪反应（张国华，雷雳，2016）。

## 二、网络游戏体验的林林总总

与网络游戏体验的概念界定相似，研究者对网络游戏体验结构的界定也尚未取得一致的观点。研究者采用焦点小组的方法探索了数字化游戏体验的结构。他们将游戏体验分为即时体验和事后体验两个维度，每个维度都包括享受、沉醉、想象沉浸、感觉沉浸[①]、悬疑、能力、控制、负性情感和社会临场感九个方面（Poels，de Kort，& Ijsselsteijn，2007）。后来，研究者又分别探讨了成人游戏体验的结构和儿童游戏体验的结构，成人游戏体验包括沉浸、紧张、胜任、沉醉、负性情感、挑战和积极情感七个方面，儿童网络游戏体验在此基础上增加了社交体验和身体体验两个方面（Poels，Ijsselsteijn，& de Kort，2008）。另有研究者从个体水平、社会水平和游戏本身三个方面对大型多人在线角色扮演游戏用户的游戏体验进行了探索，得到了与用户体验有关的三个因素共 11 个因子（Hsu，Wen，& Wu，2009）。其中，个体水平包括增强用户与游戏内容之间互动的内在动机因素，反映的是个体与游戏世界互动所产生的体验，包括挑战、幻想、好奇、控制和奖赏五个因子；社会水平包括满足用户与他人互动的网络社交需要的因素，反映的是个体与其他玩家互动所产生的体验，包括竞争、合作、认可、归属和义务五个因子；游戏本身包括一个角色扮演维度，反映的是个体与自己控制的角色互动所产生的体验。

大量研究表明，沉醉是网络游戏体验最重要的维度（Hsu & Lu，2004；Inal & Cagiltay，2007；Sweetser & Wyeth，2005；Voiskounsky，

---

[①]  沉醉（flow）和沉浸（immersion）是两个相互联系又有所区别的概念。沉醉通常被用来描述在玩有内在奖励的网络游戏时实现游戏技能和挑战的平衡过程中所享受到的快乐。沉醉状态还包括体验到控制感、与活动合二为一和时间失真等。在网络游戏中，沉醉体验通常不如沉浸体验普遍，大多数网络游戏玩家都会体验到某种程度的沉浸。玩家获得沉浸体验时仍能意识到周围的环境，有真正成为游戏环境的一部分或"身临其境"的感觉。

Mitina，& Avetisova，2004；Chou & Ting，2003），也是研究者最关注的游戏体验方面。研究者从专注、趣味性、时间扭曲、临场感和探索行为五个方面来概括网络游戏玩家的沉醉体验（Chou & Ting，2003）。其他研究者进一步将网络游戏的沉醉体验定义为极其愉快的体验，个体全身心地参与网络游戏活动，并在其中享受到乐趣、控制感、专注和内在兴趣（Hsu & Lu，2004）。还有研究者提出了游戏心流模型（game flow model）。该模型包括八个要素，分别为专注、挑战、技巧、控制、明确的目标、反馈、沉浸和社交互动（Sweetser & Wyeth，2005）。由此可见，沉醉体验是一个包括不同概念的多维度结构。此外，心流体验也与过度卷入有关。根据研究者的分析，网络游戏卷入包括专注、沉醉、临场感和沉浸四个因素，从中可以看出它与沉醉体验具有较大的重合。他们还指出，有些个体的游戏体验是从临场感到沉醉再到专心的深度卷入连续体（Brockmyer，Fox，& Curtiss，2009）。

通常，不同的玩家和不同的游戏类型会带来不同的体验，如有趣、放松、沉醉、沉浸、享乐、浪费时间、挫折、无聊等。即使是玩同一款网络游戏，不同玩家获得的游戏体验也可能会有差异。前已述及，网络游戏体验是一个包括多维度和多层次的复杂概念，可以概括为即时体验、事后体验、积极体验和消极体验四种类型。这为网络游戏体验的类型划分提供了框架。表 18-1 是部分研究对网络游戏体验的结构和类型的概括及总结。

**表 18-1　网络游戏体验的结构和类型**

| 作者（年代） | 体验的结构 | 体验的类型 |
|---|---|---|
| Chou & Ting（2003） | 专注、趣味性、时间扭曲、临场感和探索行为 | 事后体验 |
| Hsu & Lu（2004） | 乐趣、控制感、专注、内在兴趣 | 事后体验 |

续表

| 作者（年代） | 体验的结构 | 体验的类型 |
|---|---|---|
| Sweetser & Wyeth (2005) | 专注、挑战、技巧、控制、明确的目标、反馈、沉浸和社交互动 | 事后体验 |
| Poels, de Kort, & Ijsselsteijn (2007) | 享受、沉醉、想象沉浸、感觉沉浸、悬疑、能力、控制、负性情感、社会临场感 | 即时体验、事后体验、消极体验 |
| Inal & Cagiltay (2007) | 挑战、目标、反馈、专注、故事、控制 | 事后体验 |
| Poels, Ijsselsteijn, & de Kort (2008)；Engl & Nacke(2013) | 沉浸、紧张、胜任、沉醉、消极情感、挑战、积极情感、社交体验、身体体验 | 事后体验、积极体验和消极体验 |
| Brockmyer, Fox, & Curtiss(2009) | 专注、沉醉、临场感、沉浸 | 事后体验 |
| Hsu, Wen, & Wu (2009)；魏华等(2012) | 挑战、幻想、好奇、控制、奖赏、竞争、合作、认可、归属、义务和角色扮演 | 事后体验 |
| Poels et al. (2012) | 愉悦感、情绪唤醒 | 即时体验、事后体验 |
| Law & Sun (2012) | 挑战、胜任、沉醉、沉浸、高兴、愤怒、紧张 | 即时体验 |

从网络游戏体验的类型来看，目前研究者对事后体验的研究较多，而对其他类型的网络游戏体验的研究较少；从网络游戏体验的结构来看，沉醉、挑战、控制等是很多研究都提及的网络游戏体验。尽管不同研究者对网络游戏体验结构的归纳有所不同，但基本上都体现了玩家对网络游戏的认知和情绪反应。此外，沉醉体验颇受研究者的关注，在各研究中沉醉体验的结构不尽相同。专注、挑战、控制和反馈等是沉醉体验的重要方面。

## 三、网络游戏体验的可查可测

网络游戏体验的测量方式以被试的自我报告为主，有些研究还结合了心理生理学和行为测量的指标，但目前还没有比较主流的测量方式。大部分研究者都是从即时体验或事后体验的角度测量网络游戏体验的（Regan，Kori，& Thomas，2006；Ivarsson et al.，2009；Poels，van den Hoogen et al.，2012）。

即时体验的测量方式一般为先让被试玩一段时间（如 30 分钟）的网络游戏，接着测量被试的心理体验（如快乐、支配和唤醒等）和生理指标，然后让被试选择玩某款网络游戏一段时间，以考察先前的游戏体验对后来的游戏偏好和游戏行为的影响（Regan，Kori，& Thomas，2006；Ivarsson et al.，2009）。这种测量方法的优点在于，能够客观评价玩家在不同游戏条件下（如不同的游戏难度和竞争对手）的心理体验和生理反应；其缺点在于，被试无法在短期的实验条件下产生各种类型的游戏体验，而且难以通过实验结果推断被试的主观体验，因而可能无法全面了解被试的网络游戏体验。

对网络游戏玩家事后体验的测量，通常的做法是询问被试以前是否玩过某款游戏、有何感受和体验等，然后将项目分数合成为事后体验的分数（Hsu，Wen，& Wu，2009；Brockmyer，Fox，& Curtiss，2009；Kwak et al.，2010；魏华等，2012）。目前比较典型的测量问卷是网络游戏用户体验问卷（Hsu，Wen，& Wu，2009）。该问卷共有44 个项目，被试从"1＝完全不同意"到"5＝完全同意"进行评定，得分越高，表明网络游戏体验越强。魏华等人（2012）的研究表明，该量表在我国大学生中具有良好的适用性。此外，游戏卷入问卷也测量了部分游戏体验，包括专注、沉醉、临场感和沉浸等 19 个项目，具有较好的信效度（Brockmyer，Fox，& Curtiss，2009）。总体来说，事后体验的测量方式能够较为全面地测量被试的各种游戏体验，有助于考察网络游戏体验的发展和变化及其与相关变量之间的关系。但这种测量方式过分依赖被试的主观报告，难以准确反映被试内心的真实体验和感受及其对游戏行为等变量的潜在影响。

此外，研究者深入分析了沉浸的本质，同时发展出了沉浸体验的主观和客观测量方法(Jennett et al.，2008)。这种做法值得借鉴和推广。他们编制的沉浸体验问卷包括五个因素，分别为认知参与、情绪参与、与现实世界分离、挑战和控制。此外，他们还通过实验测试了两种客观的测量方法。一种测量方法是采用七巧板任务，主要关注沉浸的"与现实世界分离"的成分，结果表明沉浸体验影响了被试在随后七巧板任务中的表现。另一种测量方法是假设玩家的眼球运动会在非沉浸式任务中明显增多，而在沉浸式任务中减少，因为他们的注意力都集中到与游戏有关的视觉特征上了。研究表明，这两种方法都可以作为沉浸体验的有效测量方式(Jennett，Cox，& Cairus，2008)。

## 四、网络游戏体验的相关因素

我们对网络游戏体验的相关因素进行了梳理(张国华，雷雳，2016)，并将其归纳为玩家的人口学特征、网络游戏特征、心理特征三个前因变量，以及网络游戏行为和网络游戏成瘾两个后果变量。

### (一)网络游戏体验的前因变量

网络游戏体验可能受到多种因素的影响，现有研究发现玩家的性别和年龄等人口学特征，用户界面、游戏难度及挑战性等网络游戏特征，玩家的游戏技能与游戏难度的匹配程度、玩伴和对手的心理特征等，都会影响玩家的网络游戏体验。

### 1. 人口学特征

性别和年龄会影响个体对网络游戏的选择与偏好(Inal & Cagiltay，2007)，是影响网络游戏体验的重要因素。相关研究表明，男性和女性对网络游戏体验的需求具有很大的相似性。例如，他们都喜欢玩有趣的游戏，喜欢能满足好奇心和控制感、改善认知和社会化的游戏。但是，成年男性和成年女性之间以及男孩和女孩之间的游戏体验仍然存在显著差异。研究发现，相对于成年男性和男孩来说，成年女性和女孩更少沉浸在游戏中，想要赢得游戏的动机也没那么强烈。此外，成年男性和成年女性都喜欢与其恋人一起玩游戏。相比之下，成年女性在与其恋人一起玩游戏时感觉更快乐（Williams et al.，2009）。研究者对儿童网络游戏体验的研究发现，男孩在玩游戏时更容易产生沉醉体验，而女孩则很少产生沉醉体验；女孩喜欢玩的网络游戏通常不具有太大的挑战性，因而难以产生沉醉感（Inal & Cagiltay，2007）。后来有研究进一步表明，男孩比女孩的游戏体验多，对自己的游戏能力更为自信（Terlecki et al.，2011）。

**2. 网络游戏特征**

网络游戏要想吸引玩家的注意力并使其保持较高的动机水平，尤其是让玩家获得沉醉体验，就必须具备某些特征。现有研究表明，用户界面、游戏难度和挑战性等网络游戏特征对玩家的游戏体验具有重要影响。研究者强调了游戏的用户界面的重要性。为了有效促进沉醉体验的产生，用户界面不应该要求太多的认知加工（Pilke，2004）。还有研究者认为，挑战是好的游戏的一个重要方面（Sweetser & Wyeth，2005）。好的网络游戏应该提供适当的挑战，以便玩家能够轻易找到与其技能水平相匹配的难度水平。通常玩家只在完成较难的游戏任务后才会体验到沉醉感。此外，游戏应当是适于使用的，并且提供清晰的目标和恰当的反馈以提升玩家的沉醉体验。挑战不恰当、可用性不佳则会降低沉醉体验。相对于明确的结果反馈，游戏的挑战性和复杂性对沉醉体验具有更为重要的作用。

研究表明，网络游戏特征会影响儿童的沉醉体验（Inal & Cagiltay，2007）。他们研究中的大多数儿童将游戏难度和挑战性视为网络游戏最重要的元素与增加沉醉体验的最有效的因素。同时，复杂性和反馈也是被试经常提到的游戏元素。比如说，挑战水平和即时且清晰的反馈能够引起更多的沉醉体验，而难度水平较低的游戏则不会引起沉醉体验。此外，他们还发现游戏特征对游戏体验的影响具有性别差异。一般来说，男孩不太关心游戏的故事情节，但很看重游戏的规则。他们认为自己是因为游戏规则才喜欢上玩网络游戏的，而大多数女孩却很在乎游戏的故事情节和目的。总体来说，男孩和女孩对网络游戏特征具有不同的要求，但都能从游戏中获得沉醉体验。

### 3. 心理特征

首先，玩家的游戏技能与游戏难度的匹配程度会对游戏体验产生影响。契克森米哈伊(Csikszentmihalyi，1990)指出，挑战性和技能是影响沉醉体验的主要因素。挑战水平太高，个体会对环境缺少控制力，从而产生焦虑或挫折感；反之，挑战水平太低则会让个体觉得无聊而失去兴趣。两者平衡，个体就会产生最佳体验。研究表明，中度或偏难的游戏更容易使人产生沉醉体验，而较简单和太难的游戏则较少使人产生沉醉体验(Rheinberg & Vollmeyer，2003)。有研究指出，玩家感知到的技能和挑战性(难度)在沉醉体验的产生过程中具有重要作用，玩家的技能必须与游戏的挑战性相匹配(Sweetser & Wyeth，2005)。两者只有保持平衡，才能促进和维持游戏时的沉醉体验。

其次，游戏玩伴和对手会对游戏体验产生影响。很多网络游戏都支持玩家之间的竞争与合作，并在游戏内外建立起社团群体。男生尤其喜欢在网络游戏过程中结成游戏团体。一项调查显示，三分之二以上的玩家($N = 2000$)每周与朋友玩至少一小时的电子游戏(Nielsen Interactive Entertainment，2005)。有研究表明，多人在线游戏对玩家的心理体验具有重要作用(Lim & Lee，2009)，游戏团体中的成员在游戏过程中更容易产生沉醉体验(Inal & Cagiltay，2007)。大多数人喜欢和朋友一起玩游戏。有趣的是，当女生组成一个游戏小组后，她们会让其中的一个女生玩而其他人站在一旁观看。但在相似的情况下，男生通常会轮流玩。在这两种情况下，被试都会体验到沉醉感，甚至那些在一旁观看的被试也体验到了沉醉感(Inal & Cagiltay，

2007)。研究者认为，网络游戏的交互性和参与性为玩家获得最佳体验(沉醉)提供了机会(Wan & Chiou，2006)。

最后，在游戏中存在竞争对手也会对游戏体验产生影响。当游戏中存在竞争对手时，被试更容易产生沉醉体验。对儿童、青少年和成人的研究都发现，与其他人一起玩对抗性的游戏会增强游戏体验。相对于与电脑控制的游戏角色对战，与朋友甚至是陌生人一起玩对抗性游戏会引发更高的卷入程度和更激烈的对抗，唤醒更多的积极情绪(Mandryk，Inkpen，& Calvert，2006；Ravaja et al.，2006)，尤其是强烈的社会临场感(Weibel et al.，2008)。研究(Inal & Cagiltay，2007)也发现，玩家之间的相互竞争会增强儿童的沉醉体验。沉醉于网络游戏的儿童只考虑如何通过下一关或完成既定的游戏任务，很少会意识到自己和朋友的存在，也很少会去帮助朋友完成游戏任务。

### (二)网络游戏体验的后果变量

网络游戏具有人际互动性、情节开放性、情感卷入等特点(郑宏明，孙延军，2006)，这使青少年群体容易沉醉于这种娱乐活动，在游戏中体验到的畅快感受又使他们更愿意投入网络游戏中去。相关研究发现，网络游戏的积极体验越多，个体就越可能依赖网络游戏来满足自己的需要，从而与现实世界更加疏远，在这一过程中就容易出现网络游戏成瘾(魏华等，2012)。大量研究表明，网络游戏体验(尤其是沉醉体验)与网络游戏行为和网络游戏成瘾具有密切关系(Chou & Ting，2003；Hsu，Wen，& Wu，2009；Kwak et al.，2010；魏华等，2012)。甚至有研究发现，网络游戏的沉浸体验能够显著预测被试的网络成瘾(Caplan，Williams，& Yee，2009)。

大量研究表明，网络游戏体验能够显著预测玩家的游戏使用意向(Hsu & Lu，2004；Lee & Tsai，2010；Shin & Shin，2011)。研究者以技术接受模型为理论框架，考察了沉醉体验对用户网络游戏使用意向的预测作用。他们对233名用户的问卷调查结果表明，社会规范、网络游戏态度和沉醉体验能够解释大约80%的网络游戏行为意向

（Hsu & Lu，2004）。后来，有研究者对技术接受模型做出修正以研究大型多人在线角色扮演游戏玩家的游戏行为。结果表明，沉醉体验能够显著预测玩家的游戏使用意向（Lee & Tsai，2010）。另有研究表明，感知到的乐趣能够影响玩家对网络游戏的态度和目的（Shin & Shin，2011）。还有研究表明，玩家的游戏体验能够显著预测随后的游戏行为，如每天花更多的时间玩游戏（Kwak et al.，2010）。一般来说，网络游戏使用行为的增加可能会提高玩家对网络游戏的卷入程度（Brockmyer，Fox，& Curtiss，2009），反复玩网络游戏养成的习惯以及在游戏过程中产生的沉醉体验将会导致网络游戏成瘾（Chou & Ting，2003）。

研究表明，好奇、角色扮演、归属、义务和奖赏这五种体验能够显著预测网络游戏成瘾（Hsu，Wen，& Wu，2009）。魏华等人（2012）的相关分析也表明，网络游戏体验中的幻想、控制、角色扮演、竞争与网络游戏成瘾存在较高的相关。研究者将网络游戏成瘾的影响因素归纳为动机因素和吸引力因素（Yee，2007）。动机因素为可能导致人们网络游戏成瘾的现实生活因素，如低自尊、压力和其他现实生活问题。它为理解用户的现实生活问题与网络游戏成瘾的关系提供了依据，有助于研究者确定游戏成瘾的高风险人群。吸引力因素包括网络游戏带给人们的成就、人际关系和沉醉体验，有助于从用户体验的角度理解网络游戏成瘾问题。有学者认为，沉醉体验为解释玩家长期沉迷于某些网络服务（如网络游戏）提供了合理的视角（Voiskounsky，Mitina，& Avetisova，2004）。

许多研究都表明，沉醉体验是玩家接受新网络游戏的可靠预测指标（Hsu & Lu，2004），也是网络游戏成瘾最为重要的影响因素（Rheinberg & Vollmeyer，2003；Voiskounsky，Mitina，& Avetisova，2004；Ravaja et al.，2006；Inal & Cagiltay，2007）。体验到沉醉感的游戏玩家可能会继续挑战更高一级的难度。他们花费大量时间重复玩网络游戏，结果导致了网络游戏成瘾。不断地玩网络游戏不仅容易引起

网络游戏成瘾，而且还可能影响健康，并引发学习和社交问题（Chen &
Park，2005）。秦华等人（2007）对我国在校大学生的调查表明，网络
游戏成瘾者与非成瘾者的沉醉体验存在显著差异。沉醉体验、行为重
复和孤独感与网络游戏成瘾存在线性关系。沉醉体验在网络游戏成瘾
的过程中起着关键作用，是产生成瘾现象的一个前提条件。

相关研究表明，沉醉体验的持续时间非常短暂。在游戏过程中，
很多因素会分散玩家的注意力，因此沉醉体验通常只能维持1～2分
钟（Inal & Cagiltay，2007）。虽然沉醉状态短暂且具有高度的主观性，
但研究者还是怀疑，在活动过程中享受到沉醉体验的人会倾向于重复
该活动（Webster，Trevino，& Ryan，1993）。根据理性成瘾理论
（Becker & Murphy，1988），重复一种特定活动最终可能会导致对该
活动的成瘾倾向。对中国台湾地区高中生网络游戏成瘾者的调查发
现，沉醉体验和不断重复的网络行为之间的交互作用导致了网络游戏
成瘾，其中沉醉体验起着非常关键的作用（Chou & Ting，2003）。他
们认为，游戏时间的增加导致了更为频繁的沉醉体验，从而提高了网
络游戏成瘾的可能性。此外，相对于其他变量，沉醉体验对网络游戏
成瘾具有更为重要的影响。该研究认为，体验到沉醉感的网络游戏用
户更有可能会出现网络游戏成瘾。

# 第二节　上网特点与对策

## 一、网络游戏体验包括六个维度

我们探索了青少年网络游戏体验的结构，编制了青少年网络游戏
体验量表并分析了其信效度（张国华，雷雳，2015a）。结果表明，青
少年网络游戏体验量表包括社交体验、控制体验、角色扮演、娱乐体
验、沉醉体验和成就体验六个维度，具有较好的心理测量学指标，适

用于测量青少年的网络游戏体验。

我们分析得到的社交体验、控制体验、角色扮演、娱乐体验、沉醉体验和成就体验这六个维度，与现有的网络游戏体验量表部分重合(Brockmyer，Fox，& Curtiss，2009)。但是相比于以往的网络游戏体验量表，本量表的因素结构具有更强的理论概括性，同时各维度内容与青少年的心理发展任务和青春期心理需求具有密切的关联。已有研究表明，社会化、情感沟通与交流、人际交往与团队归属、享受乐趣、沉浸在虚拟世界、体验到支持感和控制感是青少年主要的网络游戏心理需求与网络游戏动机(Billieux et al.，2013)。本量表所得因素基本上与此相对应，较好地反映了青少年在网络游戏的心理需求和动机方面的感觉与体验。

在本研究编制的量表中，社交体验是项目最多、方差解释率最高的因素。这从一个侧面反映了人际交往是网络游戏最令青少年玩家愉悦和重视的方面。青少年最喜欢那些支持并能创造社交机会(如竞争与合作、归属感等)的网络游戏。

控制体验包括对游戏界面、游戏角色、游戏策略和游戏动作的控制与支配的感受和体验。它与之前研究(Poels，de Kort，& Ijsselsteijn，2007；Hsu，Wen，& Wu，2009)用到的量表中的控制感相似。网络游戏强大的控制功能使玩家能控制各种游戏要素，摆脱现实生活中必须遵守的各种规章制度以及来自家长、学校和社会的约束。

角色扮演与之前研究(Hsu，Wen，& Wu，2009)用到的量表中的角色扮演相似。网络游戏为青少年提供了丰富的角色扮演机会。网络游戏角色和用户之间存在密切的联系。网络游戏(特别是大型多人在线角色扮演游戏)提供以化身为中介的虚拟环境。用户通过游戏角色与外界交流和互动，如通过游戏角色探索未知的虚拟世界或通过游戏角色与其他玩家进行互动。角色扮演的这种特性使青少年可以通过体验不同的角色来更好地把握现实生活中的角色选择和定位。

获得娱乐体验是玩网络游戏的重要目的。如果玩家在玩游戏时体验不到乐趣，他们就不会再玩这款游戏了。

沉醉体验是网络游戏体验的一个重要因素，能有效预测玩家对新网络游戏的接受情况，并且是网络游戏成瘾重要的影响因素。此外，在网络游戏中得到其他玩家的尊重和认可、获得游戏的成功和奖赏对青少年来说具有重要意义。

成就体验能满足青少年玩家对成功的心理渴求，补偿他们在现实生活中的挫败感和无奈感，因而网络游戏对青少年玩家来说也具有很强的吸引力。

## 二、网络游戏体验可促游戏意向

我们以技术接受模型为理论框架，考察了品质感知、有用感、易用感、沉醉体验和网络游戏态度与大学生网络游戏意向的关系（许金亮，张国华，雷雳，2015），建构了相应的关系模型（见图18-1）。结果表明，技术接受模型能够很好地解释大学生网络游戏意向的影响因素及其作用机制。

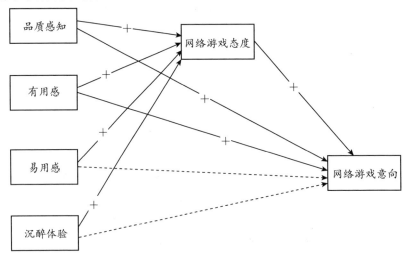

**图18-1　大学生网络游戏意向的技术接受模型**

从图 18-1 中可以看到：①品质感知、有用感、易用感、沉醉体验可以正向预测网络游戏态度，且都达到了显著性水平；②网络游戏态度可以正向预测网络游戏意向；③品质感知、有用感、易用感和沉醉体验通过网络游戏态度可以间接预测网络游戏意向。该结果表明，大学生对网络游戏的有用感越强，品质感知和沉醉体验越强，网络游戏态度越积极，网络游戏意向也就越强。

网络游戏具有人际互动性、情节开放性、更多的情感卷入等特点，使玩家容易沉醉于这种娱乐活动。在游戏中体验到的畅快感受又使他们更愿意投入网络游戏中去。体验到沉醉感的个体会全身心地参与网络游戏，并在其中享受到乐趣、控制感和专注。已有研究表明，沉醉体验能够显著预测玩家的移动手机游戏使用（Ha，Yoon，& Choi，2007）以及网络游戏意向（Hu & Lu，2004；Lee & Tsai，2010）。

网络游戏能给青少年带来丰富多彩的刺激和不断升级的挑战，产生令人愉悦的游戏体验。久而久之，玩网络游戏时的愉快体验将导致玩家对网络游戏的积极态度和期待，进一步强化网络游戏的动机（Boyle et al.，2012）。有研究表明，沉醉体验影响玩家的态度，进而影响玩家的移动手机游戏使用（Ha，Yoon，& Choi，2007）。基于技术接受模型的研究发现，沉醉体验能够直接预测玩家的网络游戏意向，但网络游戏态度在沉醉体验和网络游戏意向之间的中介作用不显著（Hsu & Lu，2004）。沉醉体验能够直接预测玩家的网络游戏意向，网络游戏态度在两者之间起部分中介作用（Lee & Tsai，2010）。本研究与现有研究的结果不完全一致。本研究结果表明，沉醉体验通过网络游戏态度的完全中介作用对网络游戏意向产生间接影响，对网络游戏意向没有直接效应。具体来说，积极的网络游戏态度可能会加强沉醉体验对网络游戏意向的正向预测作用。大学生的沉醉体验越强，对网络游戏的态度越积极，其网络游戏意向可能也就越强。

## 三、网络游戏体验可致游戏成瘾

针对青少年网络游戏体验与网络游戏成瘾的关系，我们开展了一系列的研究，并取得了一些成果。

### (一)技术接受模型可以解释青少年的网络游戏成瘾

我们提出了一个修正的青少年网络游戏成瘾的技术接受模型，以此描述青少年网络游戏成瘾的影响因素及其作用机制(张国华，雷雳，2015b)，并建构了相应的关系模型(见图 18-2)。结果表明，技术接受模型能够很好地解释青少年网络游戏成瘾的影响因素及其作用机制。

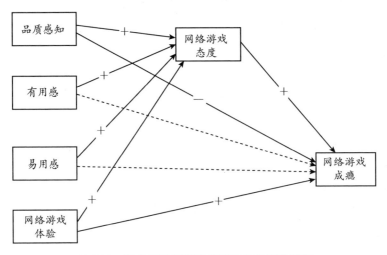

**图 18-2　青少年网络游戏成瘾的技术接受模型**

从图 18-2 中可以看到：①品质感知、有用感、易用感、网络游戏体验可以正向预测网络游戏态度，且都达到了显著性水平；②网络游戏态度可以正向预测网络游戏成瘾；③品质感知、有用感、易用感和网络游戏体验通过网络游戏态度可以间接预测网络游戏成瘾。

本研究发现，品质感知通过网络游戏态度间接地正向预测网络游戏成瘾，网络游戏态度减弱了品质感知对网络游戏成瘾的负向预测作用。具体来说，网络游戏态度越积极，越有可能削弱品质感知对网络游戏成瘾的抑制作用。网络游戏的品质越高，青少年对网络游戏的态度就越积极，也就越有可能长时间玩该款网络游戏，伴随而来的是网络游戏成瘾水平的不断提高。这样一来，网络游戏态度就削弱了品质感知对青少年网络游戏成瘾的保护作用。

　　本研究表明，有用感和易用感通过网络游戏态度间接地正向预测网络游戏成瘾。一般来说，玩家觉得网络游戏有助于提升其行为表现时才会去玩。比如说，认为玩网络游戏能发展和维护人际关系，满足个人的幻想、娱乐需求、控制感和成就感等。基于技术接受模型的网络游戏意向研究表明，有用感是玩家接受某款网络游戏的重要影响因素。虽然有用感未对玩家的网络游戏成瘾产生直接影响，但能通过网络游戏态度间接预测网络游戏成瘾（Hsu & Lu，2004；江晓东，余璐，2010）。本研究进一步表明，有用感对网络游戏成瘾的直接影响不显著，但能通过游戏态度间接地正向预测游戏成瘾。也就是说，玩家认为玩网络游戏能满足自己的目的和意图，并不会直接导致其网络游戏成瘾，只有当他们还对网络游戏产生积极态度和评价时，才有可能去玩网络游戏，从而提高成瘾倾向。易用感对网络游戏的直接影响不显著，但能通过网络游戏态度间接正向预测网络游戏成瘾。这说明网络游戏是否容易操作或者操作的难易程度会对青少年网络游戏成瘾产生影响。这与以往的网络游戏意向的研究结果相似（Hsu & Lu，2004；Lee & Tsai，2010）。一般来说，玩家都比较喜欢容易操作的网络游戏。易用感比较强的网络游戏会增强青少年对网络游戏的积极态度和评价，增加网络游戏行为，从而对青少年网络游戏成瘾产生影响。

　　本研究还发现，网络游戏体验通过网络游戏态度间接地正向预测网络游戏成瘾，且网络游戏态度增强了网络游戏体验对网络游戏成瘾的正向预测作用。本研究结果进一步表明，积极的网络游戏态度可能会加深网络游戏体验对网络游戏成瘾的影响。具体来说，青少年的网络游戏体验越强，对网络游戏态度越积极，就越有可能出现网络游戏成瘾。

### (二)宜人性和谨慎性人格的青少年不易网络游戏成瘾

我们考察了人格特征与青少年网络游戏成瘾的关系(张国华，雷雳，2015c)，并建构了相应的关系模型(见图18-3)。结果表明，宜人性和谨慎性对青少年网络游戏成瘾具有重要的预测作用，网络游戏卷入是其中重要的中介变量，网络游戏卷入的中介作用受到网络游戏体验的调节。

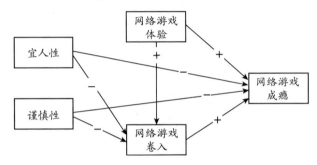

**图 18-3　青少年人格与网络游戏成瘾的关系**

从图18-3中可以看到：①宜人性、谨慎性可以负向预测网络游戏卷入，且都达到了显著性水平；②网络游戏卷入和网络游戏体验可以正向预测网络游戏成瘾；③宜人性和谨慎性通过网络游戏卷入可以间接预测网络游戏成瘾，且网络游戏卷入的中介作用受到网络游戏体验的调节。

谨慎性人格常被研究者称为责任心人格。通常，高谨慎性的青少年有很强的自律性，行为谨慎、克制、有条理，并具有较强的自我控制和延迟满足的能力。他们的责任感和自律性较强，在接触互联网后即便体验到了互联网带来的强烈的新奇感和愉悦感，也能够控制自己的思想和行为，不被外界诱惑左右。这些特质能够促进高谨慎性的青少年在现实生活中取得人际关系和学业上的成功，减少人际和学业问题。即使在现实生活中出现问题，高谨慎性的青少年也更倾向于采用积极主动的应对方式，不会将互联网上的虚拟世界作为逃避现实的途径，进而沉迷于网络。谨慎性分数较低者往往会粗心大意，懒惰散漫，杂乱无章，易半途而废。已有研究发现，责任心人格对网络成瘾有显著的反向预测作用（杨洋，雷雳，柳铭心，2006）。在当前的社会环境下，虽然很多青少年对网络游戏趋之若鹜，但高谨慎性的青少年能够把握分寸，适度使用网络游戏，从而能够有效控制网络游戏成瘾倾向。本研究发现，谨慎性对网络游戏成瘾的负向预测作用显著（直接效应为−0.15）。这说明高谨慎性的青少年不太可能会出现网络游戏成瘾。

相对于其他几种大五人格特质，宜人性人格特质较少受到以往研究者的关注。一般来说，高宜人性的青少年具有礼貌、灵活、合作、宽容、关心、信任、支持、利他、同情、和蔼、谦让等特点，愿意为了别人放弃自己的利益。低宜人性的青少年通常冷酷无情、疑神疑鬼、吝啬小气、吹毛求疵，容易发怒。高宜人性的青少年在线上和线下的人际交往中往往更受欢迎，因而也具有更好的人际关系。此外，高宜人性的个体能够创设令人愉悦的环境，并积极面对生活中的不利环境和事件，这使其能够获得更好的适应和个人发展。这些都决定了高宜人性的青少年更不容易卷入网络游戏成瘾（杨洋，雷雳，2007）。在网络游戏的背景下，高宜人性的个体以人际交往为目的而非以游戏本身为目的。这使他们不容易沉迷于网络游戏，从而避免出现网络游戏成瘾。研究者发现问题性网络游戏玩家的宜人性分数显著低于非问题性网络游戏玩家（Collins，Freeman，& Clamarro-Premuzic，2012）。这说明宜人性可能在问题性网络游戏使用的发展和维持中起重要作用。本研究发现，宜人性对网络游戏成瘾的负向预测作用显著（直接效应为−0.10）。这说明高宜人性的青少年也不太可能会出现网络游戏成瘾。

本研究发现，网络游戏卷入在宜人性和谨慎性与网络游戏成瘾的关系中起部分中介作用。从影响的路径来看，网络游戏卷入的中介作用增强了宜人性和谨慎性对青少年网络游戏成瘾的负向预测，有助于进一步降低网络游戏成瘾倾向。前已述及，高宜人性和高谨慎性的青少年能够很好地克制网络游戏行为，更愿意积极主动地解决现实生活中的问题，发展和维持人际关系，而不是借助网络游戏来逃避现实，在虚拟的网络游戏世界里获得满足（杨洋，雷雳，柳铭心，2006；杨洋，雷雳，2007）。这样一来，高宜人性和高谨慎性的青少年会明显降低游戏卷入程度，从而有效减弱网络游戏成瘾的倾向。

网络游戏卷入的中介作用还受到网络游戏体验的调节，网络游戏卷入在模型中是一个中介变量。从路径来看，网络游戏体验能够增强网络游戏卷入对网络游戏成瘾的正向预测作用。通常，青少年主要的网络游戏心理需求和网络游戏动机包括社会化、情感沟通与交流、人际交往与团队归属、享受乐趣、沉浸在虚拟世界、体验到支持感和控制感，这六个游戏体验维度较好地反映了青少年在网络游戏的心理需求和动机方面的感受与体验。以往研究表明，玩家的网络游戏体验越强，网络游戏意向和网络游戏成瘾的倾向就越强。从影响机制层面来看，青少年玩家在网络游戏过程中获得的网络游戏体验能够直接加深青少年网络游戏成瘾的程度（Hsu, Wen, & Wu, 2009；魏华等，2012）。本研究进一步表明，网络游戏体验还能加深青少年玩家网络游戏的卷入程度，从而进一步提升网络游戏卷入对网络游戏成瘾的正向预测作用。一般来说，网络游戏能给青少年带来丰富多彩的刺激和不断升级的挑战，使其产生令人愉悦的体验。这些积极的网络游戏体验将导致玩家对网络游戏产生积极的态度和期待，进一步强化其网络游戏的动机，不断加深网络游戏的卷入程度，久而久之，青少年的网络游戏成瘾倾向会不断提高。

### （三）网络游戏体验可以预测青少年的网络游戏成瘾

我们考察了网络游戏体验与青少年网络游戏成瘾的因果关系及其内在心理机制（张国华，雷雳，2015d）。结果表明：①在为期四个月的追踪研究期间，青少年的网络游戏成瘾倾向保持相对稳定；②网络游戏体验与网络游戏成瘾相关显著；③交叉滞后分析结果表明，网络游戏体验是网络游戏成瘾的预测变量。进一步的回归分析表明，网络游戏体验对网络游戏成瘾的预测是同时性预测。这种关系可以通过图18-4形象地反映出来。

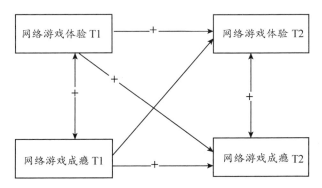

**图 18-4　青少年网络游戏体验与网络游戏成瘾的交叉滞后分析图**

从图 18-4 中可以看到：①两次测量的网络游戏体验和网络游戏成瘾均为正相关，且都达到了显著性水平；②网络游戏体验 T1 对网络游戏成瘾 T2 具有显著的正向预测作用。

本研究表明，网络游戏体验与网络游戏成瘾相关显著。这与国内外已有的相关研究结果一致（Hsu，Wen，& Wu，2009；魏华，周宗奎，鲍娜，等，2012）。从总体上来看，青少年的网络游戏体验越强，网络游戏成瘾倾向越强。本研究中的社交体验、控制体验、角色扮演、娱乐体验、沉醉体验和成就体验基本上反映了青少年的人际交往与团体归属等网络游戏心理需求（才源源，崔丽娟，李昕，2007）以及享受乐趣等网络游戏动机（张红霞，谢毅，2008）。这与青少年的心理发展任务和青春期的心理需求具有密切的关联。如果青少年无法在现实生活中获得这些心理体验的满足，就可能转而在网络游戏中寻求并获得满足，从而提高对网络游戏的依赖性，增加网络游戏成瘾的可能性。

关于网络游戏体验与网络游戏成瘾的因果关系，由于现有研究大多采用相关设计，因此无法回答这一问题。本研究采用交叉滞后分析的方法，在一定程度上澄清了两者之间的因果关系。从总体上来说，网络游戏体验是网络游戏成瘾的影响因素。进一步的回归分析表明，前测的沉醉体验和角色扮演能够显著预测前测的网络游戏成瘾，后测的控制体验、社交体验和沉醉体验能够显著预测后测的网络游戏成瘾。从两次回归分析进入的变量来看，网络游戏体验对网络游戏成瘾的预测是同时性预测，其中沉醉体验对网络游戏成瘾的预测作用最明显。从影响的方向来看，前测的角色扮演对网络游戏成瘾以及后测的社交体验对网络游戏成瘾的预测是负向的。这说明这两个变量可能有助于减轻青少年的网络游戏成瘾。此外，娱乐体验和成就体验在两次回归分析过程中的预测作用均不显著。由此可见，网络游戏体验对青少年网络游戏成瘾的影响效应大小和方向是不同的。这一结果对于青少年网络游戏成瘾的预防和干预具有一定的启示意义，我们今后可以针对不同的网络游戏体验开展青少年网络游戏成瘾的预防和干预工作。

本研究表明，沉醉体验与网络游戏成瘾显著正相关，而且能够显著正向预测网络游戏成瘾。这与现有的大部分横断面研究（Hsu，Wen，& Wu，2009；魏华，周宗奎，鲍娜，等，2012；魏华，周宗奎，田媛，等，2012）结果一致，但与某些追踪研究（Wan & Chiou，2006）结果不一致。沉醉感理论认为，挑战性和技能是影响沉醉体验的主要因素，两者达到平衡时个体就会产生沉醉体验或"最佳体验"（Csikszentmihalyi，1990）。秦华等人（2007）认为沉醉体验在网络游戏成瘾的产生过程中起着关键作用，是产生成瘾现象的一个前提条件。这也是目前研究者集中关注沉醉体验的主要原因。因为本研究以及之前的研究（Wan & Chiou，2006）都没有评估被试的游戏技能与挑战的交互作用，所以难以分析结果不一致的原因。这有待后续进一步研究。

## 拓展阅读

### 玩视频游戏可以提高学习、健康和社交技能

根据《美国心理学家》中的一篇研究综述，玩视频游戏，包括射击视频游戏，可以促进孩子的学习、健康和社交技能。

在心理学家与其他健康专业人士中有关媒体暴力对青少年的影响争论不断，于是这个研究就出现了。

"关于游戏的负面影响（包括成瘾、抑郁和攻击）的研究已经进行了几十年。我们当然并不是建议这应该被忽略。"来自荷兰内梅亨大学（Radboud University Nijmegen）的伊莎贝拉·格拉尼奇（Isabela Granic）博士（论文的第一作者）这样说。

根据文献回顾的一些研究，普遍持有的一个观点是玩视频游戏是智力上的懒惰，但是这种游戏其实可以提高一系列认知技能，如空间导航、推理、记忆和知觉。作者发现，射击视频游戏尤其是这样的，它们往往是暴力性的。这项研究中提到2013年的一个元分析发现，玩射击视频游戏会提升玩家思考三维空间目标的能力，和旨在提高这些相同技能的学术课程设计一样。

"这对教育和职业发展具有重要意义，因为以前的研究已经明确了空间技能对科学、工业技术、工程与数学等的影响。"格拉尼奇说。

其他类型的视频游戏，如拼图或角色扮演游戏，并没有被发现能增强这种思维。

作者说玩游戏还可以帮助青少年培养问题解决的能力。2013年发表的一项长期研究显示，更多报告玩战略性的视频游戏的青少年，如角色扮演游戏，在问题解决方面进步很多，次年的学习成绩也进步很快。其他研究发现，青少年的创造力也可以通过玩视频游戏来提升，但当青少年使用其他技术形式，如计算机或手机时，并不会如此。

该研究称玩家很容易进入简单的游戏，可以改善玩家的情绪，促进放松并帮助抵御焦虑。"如果玩视频游戏只是使人们更快乐，那这似乎是可以考虑的一个基本的情感收益。"格拉尼奇说。作者还强调了一种可能性，即视频游戏是学习面对失败时的弹性的有效工具。作者认为，通过学习应对游戏中的不断失败，青少年发展了在日常生活中他们可以依赖的情绪弹性。

有文章指出70％以上的玩家和朋友玩；世界各地数以百万计的人通过视频游戏进入大型的虚拟世界中。作者说多人游戏成为虚拟社交的共同体，在这里需要迅速做出决定、信任谁或拒绝谁以及如何领导一个群体。2011年的一项研究发现，那些玩视频游戏，即使游戏是暴力的，也会被鼓励合作的人，比竞争性地玩同样游戏的人更有可能对他人有帮助。

作者：伊莎贝拉·格拉尼奇等人

译者：王艳、雷霈

# 四、总结

## (一)研究结论

综上所述，从对青少年网络游戏体验及其影响后果的研究中，我们可以得出以下结论。

①青少年的网络游戏体验由社交体验、控制体验、角色扮演、娱乐体验、沉醉体验和成就体验六个维度组成。编制的青少年网络游戏体验量表具有较好的心理测量学指标，适用于测量青少年的网络游戏体验。

②沉醉体验对网络游戏意向的直接效应不显著，但通过网络游戏态度的完全中介作用可以对网络游戏意向产生间接影响。

③网络游戏体验对网络游戏成瘾的直接效应显著，而且通过网络游戏态度的部分中介作用可以对网络游戏成瘾产生间接影响。

④宜人性和谨慎性对网络游戏成瘾具有重要的预测作用，网络游戏卷入是其中重要的中介变量，网络游戏卷入的中介作用受到网络游戏体验的调节。

⑤网络游戏体验与网络游戏成瘾显著相关，并且对网络游戏成瘾具有显著的预测作用。

## (二)对策建议

从网络游戏的角度来看，目前流行的大型多人在线角色扮演游戏在社交、游戏设置、叙事以及奖惩等方面具有明显的特点，对玩家的认知和情感需要的满足也有别于其他网络游戏。这使其玩家的游戏频率和卷入程度明显高于其他类型的游戏，也更有可能使玩家成瘾(Elliott et al.，2012)。因此，要保护青少年免受或少受网络游戏成瘾的干扰，一方面运营的网络游戏要保证具有较高的品质，如游戏内容健康、游戏情境合理、游戏画面精良、游戏反应准确、指令易于理解、便于玩家交流等，同时要为玩家创造现实生活中无法实现的虚拟世界的条件(江晓东，余璐，2010)。另一方面要在网络游戏的产品设计、开发中建立一种网络游戏的道德规范，即绿色游戏和以人为本的思想，也就是说网络游戏运营商应本着对顾客的身体健康和心理健康负责的态度来进行产品设计、开发，并改变运营策略。通过产品本身的设计来控制游戏时间，使玩家单次花费在游戏上的时间控制在一个健康合理的范围内，同时通过游戏规则的调整来降低玩家的成功预期，避免更多的玩家成瘾，以发挥游戏本身所具有的正面意义(董建蓉，李小平，唐丽萍，2007)。

通常来说，网络游戏使人成瘾的因素包括想完成游戏的动力、竞争的动力、提高操作技巧的动力、渴望探险的动力以及获得高得分的动力(张璇，谢敏，胡晓晴，等，2006)。网络游戏成瘾者常常在虚拟的世界中去"实现"对权力、财富等需求的满足，并逐步代替现实中的有效行为，从而导致情绪低落、志趣丧失、生物钟紊乱、烦躁不安、丧失人际交往的能力等(Peters & Malesky，2008)。因此，在青少年网络游戏成瘾的预防和干预过程中，我们要注意通过现实生活中的各种活动让青少年体验到成功、控制等积极体验和心理满足感。这有助于青少年网络游戏成瘾的干预与矫治。此外，教育行政主管部门、学校和家长要针对青少年可能在网络游戏中获得的各种体验进行干预与教育，并通过一定的措施弱化网络游戏体验可能带来的负面影响，以对网络游戏成瘾进行预防和干预。未来研究需要探索基于游戏体验视角的青少年网络游戏成瘾的预防和干预。

有学者指出，从平衡网络游戏相关的商业利益和网络游戏成瘾干预实践的角度出发，在游戏开发的环节，可以通过一些设计尽量削弱能够增强网络游戏成瘾的体验，加强对网络游戏成瘾影响较小的游戏体验(魏华，周宗奎，鲍娜，等，2012)。然而，如何实现两者之间的平衡是未来研究需要进一步探讨的问题。

# 第十九章　青少年的心理健康与网络

**开脑思考**

1. 随着技术的不断进步，网络空间中的场景呈现越来越逼真，加上青少年对化身的操控性越来越强，这会不会让他们分不清虚拟和现实？

2. 一些青少年喜欢玩暴力网络游戏，他们是否会变得对生死麻木不仁？

3. 一些青少年花费较多的时间上网且注意力高度集中，这对他们的身体健康有何影响？这是一种锻炼，还是一种摧残？

**关键术语**

心理健康，暴力网络游戏，非暴力网络游戏

## 第一节　问题缘起与背景

### 一、互联网的普及是福是祸已引人关注

为什么要探讨青少年上网与其心理健康问题之间的关系？青少年上网是否会带来更多的心理行为问题？这一问题的背景又是怎样的？

1998 年，唐·泰普斯科特（Don Tapscott）写了一本关注青少年上网经历的书——《数字化成长》，将青少年称为"网络一代"。他认为青少年积极主动地运用在线交流，已经形成了新的学习方法、新的语言

和新的价值观。他认为"网络一代"不仅没有失去社会技能，而且凭借网络这一新的媒介在很早就逐渐形成和发展了在未来的数字化社会中进行有效交往所必需的社会技能。这种观点得到了大量研究的支持。

由于互联网具有交流功能，因此它能对个体(Bargh & McKenna，2004)、群体和组织(Sproull & Kiesler，1991)、社区(Welhnan et al.，2001)，甚至整个社会产生重要而积极的影响。由于互联网使得人际交流可以突破时间、空间和个人状况的束缚，因此它允许人们与远方或身边的家人和朋友、同事、生意伙伴以及具有相似兴趣的陌生人进行联系。广泛的社会接触能提高人们的社会卷入，就像早些时候的电话一样(Fischer，1992)。

互联网还能促进新的人际关系的形成(Parks & Roberts，1998)、社会认同和归属感的建立(McKenna & Bargh，1998)，以及促使人们加入社会群体和组织中去(Sproull & Kiesler，1991)。

随着互联网的迅速发展，网络游戏得到了迅猛发展，但是目前大多数比较流行的网络游戏都带有暴力和攻击性内容。青少年若长期沉迷于这些网络游戏，对游戏中的"死亡""暴力"等现象熟视无睹，久而久之，他们的正常共情反应必将减少。这样可能不仅会影响他们对死亡这一生命现象的认识，混淆虚拟的游戏人物与现实生命之间的区别，而且会增强他们在现实生活中的攻击性。

因此，网络游戏中过多的暴力和攻击性内容是否会增强青少年的攻击性，减少青少年的助人等亲社会行为，并引发青少年社会性发展方面的问题，是值得关注的问题。

## 二、青少年上网恐致某些心理健康问题

互联网的使用会给使用者带来社会性的益处。人们通过互联网可以建立更为广泛的朋友群体。这在一定程度上具有治疗作用，因为许多互联网用户都把互联网交往当作逃避让他们感到不舒服的社会交往

的避难所。

研究者分析了一项针对全美青少年计算机用户的为期 5 年的纵向研究的数据，结果显示高频率的计算机用户具有更好的学业成绩和更强的自信（Rocheleau，1995）。研究者主持的有 176 人参与的网上调查显示人们形成了中等或高级水平的广泛而深入的在线人际关系（Parks & Floyd，1996）。还有研究者证实了上网能减少个体的孤独感（Hamburger & Ben-Artzi，2003）。

拉罗斯与其同事（2001）发现网上交流，尤其是通过电子邮件与先前认识的人进行交流，可以提高个体的社会支持。肖和甘特的研究发现，网上聊天对个体有益，有助于减少个体的抑郁和孤独感；随着研究的进行，个体对社会支持的知觉不断提升，自尊也得到了提高（Show & Gant，2002）。研究者还发现，感知到的愉快与互联网的使用频率之间呈正相关（Thompson，Vivien，& Raye，1999）。也有研究发现互联网可以让使用者获得安慰和满足感（Morahan-Martin & Schumacher，2003）。

当然，与这些积极的观察结果相对应，对网络成瘾、不断加剧的社会孤立感以及社会技能的缺乏的关注也一直存在（Kiesler et al.，1998；Suler，2004）。研究者发现互联网使用的潜在消极后果，包括成瘾（Brenner，1997；Griffiths，1999）、社会孤立（Kraut et al.，1998）、亲社会行为卷入的减少（Funk & Buchman，1996）等。克劳特等人（1998）对 73 个家庭的 169 个用户在第一年、第二年使用互联网的情况进行了跟踪研究，发现互联网会使使用者的社会卷入减少，心理幸福感水平降低，表现为孤独感和抑郁增加。特克尔也发现青少年过度上网交友将导致社会孤立和社会焦虑（Turkle，1996）。计算机的过度使用对人们的心理和社会健康状况具有消极影响（Brenner，1997；Black et al.，1999）。

一些研究表明，网络成瘾者往往具有下列人格特点：喜欢独处、敏感、倾向于抽象思维、警觉、不服从社会规范等。高频率的计算机用户往往是孤独、缺乏自尊的人，并且经常伴随有短期或终生的精神病学症状。在某些群体中，计算机放纵行为的广泛蔓延已经使得网络成瘾成为心理失调领域的一个常见问题（Mitchell，2000）。罗等人（2005）发现，玩网络游戏的时间越长，人际关系能力的降低和社会焦虑程度的上升越明显。研究者调查了 1501 名使用网络的 10～17 岁未成年人及其监护人。结果显示，那些经常在网上与陌生人聊天、频繁使用电子邮箱联系他人以及上网频率高的人，更多地出现了抑郁症状（Ybarra，Alexander，& Mitchell，2005）。另一研究发现有网络困扰症状的人数是无症状的 3 倍多（Ybarra，2004）。

国内的相关调查也显示，在上网的青少年中，20％的青少年有低落的情绪和孤独感（张冠梓，2000）。过分迷恋网络上的"人—机"式交往，导致青少年忽视了人与人之间表情、手势、语气的面对面的真实的人际交往，产生了现实人际交往萎缩和角色错位；过度沉迷于虚拟社会而脱离丰富多彩的现实生活；在网络的虚拟社会中寻求安慰和满足，结果出现孤僻、冷漠、逃避现实等心理问题。岑国祯（2005）整群抽取上海市 2 所普通中学的九年级和高一年级学生，共 291 人，进行心理健康测量，发现上网者存在过于敏感倾向，应予以关注。蔡春岚等人（2006）以合肥市 6 所中学的 36 个班级的 2010 名中学生为研究对象，进行调查发现，有网络成瘾的中学生绝大多数因上网导致成绩下降，并有较多逃学、离家出走的现象。此外，网络成瘾对学生的自尊产生影响，会使学生的自尊水平下降。

李韬等人（2005）运用整群抽样的方法，以西安市 5 所高校的 263 名在校大学生为研究对象，进行问卷调查发现，大学生对网络影响及使用网络利弊的认识（能否很好地控制上网行为）对大学生的抑郁情绪有影响。张静等人（2005）以黑龙江某重点大学大一至大四学生为研究对象，采取 SCL-90 自评量表来监测大学生网络使用者的心理健康水平，发现网络依赖性越强，大学生的心理健康水平越低。大学生网络成瘾者存在不同程度的心理健康问题和人格缺陷。

## 三、暴力网络游戏可能是攻击性催化剂

对暴力网络游戏的元分析表明，无论是在实验还是非实验设计研究中，也无论是男性还是女性，暴力网络游戏都提高了年轻成人和儿童的攻击水平；暴露在暴力网络游戏中增强了玩家的攻击性情感、生理唤醒，增多了攻击行为，减少了亲社会行为；暴露在暴力网络游戏中对玩家的攻击型人格特征——攻击性认知的发展的潜在机制具有长期影响（Anderson & Bushman，2001）。

不过，目前集中探讨暴力网络游戏的研究很少。以往关于网络游戏的研究主要集中于玩家的人口学特征及其他描述性特征方面。例如，研究者调查研究了 11～15 岁男孩玩网络游戏的群体特征，发现其网络游戏群体具有层级性，且各群体之间经常发生言语或身体冲突（Sorensen，2003）。格里菲斯等人调查了网络游戏玩家的人口学特征，发现 85％的网络游戏玩家是男性，60％多的玩家年龄大于 19 岁（Griffiths，Davies，& Chappell，2003）。

此外，格里菲斯等人调查研究了 540 名网络游戏玩家，比较了青少年和成人在玩网络游戏方面的差异。他们发现，与成人网络游戏玩家相比，青少年网络游戏玩家更偏爱网络游戏中的暴力，男性玩家更多，更少在游戏中改变他们的性别角色，更可能牺牲学习、工作时间玩网络游戏。他们还发现，玩家的年龄越小，每周玩网络游戏的时间越长（Griffiths，Davies，& Chappell，2004）。

当前一部分网络游戏有逼真、极端的暴力内容，暴力网络游戏对攻击行为的影响及其特点值得关注。陈美芬和陈舜蓬（2005）在这方面做了有益的探索研究。他们通过实验考察了暴力网络游戏对内隐攻击性的影响，选择了网络游戏玩家和未接触过网络游戏的人作为研究对象，用内隐联想测验测量研究对象的内隐攻击性。他们发现暴力网络游戏可以提高网络游戏玩家的内隐攻击性，女性的内隐攻击性强度要

低于男性，研究对象是否接触网络游戏和研究对象性别的交互作用显著。

崔丽娟等人（2006）的研究表明，网络游戏成瘾者与非成瘾者相比，持有自我攻击性信念和对攻击性有更为积极的内隐态度；网络游戏成瘾者与非成瘾者在外显攻击性上没有表现出显著差异。上述研究表明暴力网络游戏会增强玩家的攻击性，但对一款暴力网络游戏的纵向研究并不支持这一结论。该研究测量了控制组的攻击认知以及行为改变，结果并不支持以往的研究结论，即暴力网络游戏会增强玩家现实中的攻击性这一说法（Williams et al.，2005）。对这一问题的澄清有待今后进一步研究。

## 四、暴力网络游戏可致青少年麻木不仁

共情使人产生爱与温柔的感觉（Baider & Wein，2000），是在人际交流过程中自然产生的一种情感。史密斯将共情解释为"站在他人的角度理解他人的感受体验，设想自己也处在别人的位置、经历别人的体验"（Smith，1989）。共情是个体由真实或想象中的他人的情绪情感状态引起的与之相同或相似的情绪情感体验，是一种替代性情绪情感反应的能力。

大量研究表明，暴力电视、电影和电脑游戏对玩家的攻击行为、攻击性认知、生理唤醒和亲社会行为具有消极影响（Anderson，2004）。从公众健康的角度来看，暴力网络游戏具有"在短期内提高暴力思维、感觉和生理唤醒，从长远来看形成攻击观念、态度、暴力图式和行为模式"的作用（Brown，2005）。经常暴露在现实生活与媒体暴力中可能会改变人们的认知、情感和行为过程，导致去敏感性（Fun et al.，2004）。去敏感性意味着对刺激（如媒体或现实生活中的暴力）的认知、情绪和行为反应的减弱或消除。这其中的关键变量在于，共情水平的降低和对暴力的态度变化（如对暴力行为的接受）（Funk et al.，

2004)。

研究表明，玩网络游戏的频率及对暴力网络游戏的喜好与共情分数呈负相关(Sakamoto，1994；Barnett et al.，1997)。芬克等人研究了暴力网络游戏偏好对暴力的态度与共情之间的关系，结果表明对暴力网络游戏的偏好与较低的共情水平及更强的赞同暴力的态度有关(Frunk et al.，1998)。令人关注的是，喜欢暴力网络游戏并经常卷入暴力网络游戏的儿童的共情水平最低。总的来说，由于网络游戏具有交互性和创造性的特点，因此玩电子游戏与共情反应具有很强的负相关。

在互联网上，用户会变得更加轻松自在，更少感觉到限制，更加开放地表达自己。人们把这种现象称为"互联网的去抑制性效应"。这种去抑制性效应能以两种相反的方式发生。一方面，一些人在网上分享私密信息。他们向他人吐露自己的秘密情绪、害怕以及愿望。他们也会做出一些不平常的亲密举动并表现得慷慨大方。他们有时也帮助他人，尽管这不是他们的一贯行为风格。我们把这称为"良性的去抑制性"。另一方面，人们在网上看到过粗鲁的语言、尖刻的批评甚至是威胁，也会接触互联网的阴暗面——充满色情、犯罪和暴力的地方——那些他们在现实世界中不会探索的领域。我们称之为"不良的去抑制性"。研究者列出了导致去抑制性效应的六种因素：匿名性、不可视性、非同步性、唯我性的投入、分离性的想象以及权威作用的最小化(Suler，2004)。

互联网的去抑制性是网上行为的一个特征(Joinson，2001)，很多人发现这是网上自由的一个方面(Niemz，Griffiths，& Banyard，2005)。网络游戏也是一种匿名性的情境，大多玩家崇尚的是"实力"和"技术"。"胜者为王"是他们信奉的信条，击败对手取得胜利是他们唯一关心的目标。所以，玩家通常都不会考虑对手的真实身份、社会地位以及其他一些与社会背景有关的因素。他们在乎的是对手的实力以及如何在游戏中战胜对手。因而，他们更多地选择一些有效的"进攻手段""战术"，以求最快地打倒对手，尽快完成"战斗"，获得胜利。总的来说，在网络游戏（特别是暴力网络游戏）中玩家表现出了很强的去抑制性，而这种去抑制性可能会影响玩家在现实生活中的行为反应，如攻击行为。

# 第二节　上网特点与对策

## 一、青少年上网与否并不影响心理健康

首先，我们考察了小学非上网组与上组网在心理健康各因素上的差异。结果表明，小学非上网组与上网组在心理健康各因素上未见显著差异（见表 19-1）。也就是说，上网并未成为小学生心理健康的影响因素。

表 19-1　小学非上网组与上网组在心理健康各因素上的差异

|  | 非上网组（$M \pm SD$） | 上网组（$M \pm SD$） | 差异 |
|---|---|---|---|
| 全量表 | $26.35 \pm 14.47$ | $29.60 \pm 14.04$ | 不显著 |
| 学习焦虑 | $6.26 \pm 3.22$ | $6.74 \pm 3.05$ | 不显著 |
| 对人焦虑 | $3.20 \pm 3.02$ | $3.04 \pm 2.24$ | 不显著 |
| 孤独倾向 | $2.16 \pm 2.64$ | $2.18 \pm 2.05$ | 不显著 |
| 自责倾向 | $3.66 \pm 2.77$ | $4.39 \pm 3.18$ | 不显著 |
| 过敏倾向 | $3.84 \pm 2.67$ | $4.37 \pm 2.41$ | 不显著 |
| 身体症状 | $3.53 \pm 3.11$ | $3.87 \pm 2.99$ | 不显著 |
| 恐怖倾向 | $2.53 \pm 3.27$ | $2.51 \pm 2.51$ | 不显著 |
| 冲动倾向 | $1.94 \pm 2.16$ | $2.52 \pm 2.54$ | 不显著 |

其次，我们考察了初中非上网组与上网组在心理健康各因素上的差异。结果表明，初中非上网组与上网组在心理健康各因素上未见显

著差异(见表 19-2),即上网并未成为影响初中生心理健康的因素。

表 19-2 初中非上网组与上网组在心理健康各因素上的差异

| | 非上网组($M\pm SD$) | 上网组($M\pm SD$) | 差异 |
|---|---|---|---|
| 全量表 | $30.08\pm 14.26$ | $34.56\pm 13.73$ | 不显著 |
| 学习焦虑 | $7.21\pm 3.25$ | $7.94\pm 3.17$ | 不显著 |
| 对人焦虑 | $3.35\pm 2.60$ | $3.77\pm 2.17$ | 不显著 |
| 孤独倾向 | $1.78\pm 1.41$ | $2.35\pm 1.95$ | 不显著 |
| 自责倾向 | $4.30\pm 2.45$ | $4.59\pm 2.52$ | 不显著 |
| 过敏倾向 | $4.17\pm 2.42$ | $5.12\pm 2.24$ | 不显著 |
| 身体症状 | $4.00\pm 2.45$ | $4.42\pm 2.97$ | 不显著 |
| 恐怖倾向 | $2.17\pm 2.47$ | $2.64\pm 2.56$ | 不显著 |
| 冲动倾向 | $2.08\pm 2.44$ | $2.59\pm 2.36$ | 不显著 |

本研究结果显示,小学和初中非上网组与上网组在心理健康各因素上不存在显著差异,即上网并未成为小学生和初中生心理健康的影响因素。这与岑国桢(2005)用相同量表对九年级和高一年级学生的测查结论有所不同。他的研究发现上网学生比非上网学生明显地表现出过于敏感的倾向。然而,本研究结论与陈英等人(2006)用 SCL-90 自评量表对高一、高二年级的测查结论一致。我们分析后认为可能的原因为小学生和初中生的累积上网时间少,网络对他们的负面影响尚不明显。

## 二、网络成瘾者难免有心理健康问题之扰

我们考察了网络成瘾边缘组与正常使用组学生在心理健康上的差异。检验结果表明,网络成瘾边缘组和正常使用组在心理健康量表总分和各因素得分上均表现出显著差异(见表 19-3)。

表 19-3　网络成瘾边缘组与正常使用组在心理健康各因素上的差异

| | 网络成瘾边缘组（M±SD） | 正常使用组（M±SD） | 差异 |
|---|---|---|---|
| 全量表 | 44.43±15.32 | 31.84±13.32 | 显著 |
| 学习焦虑 | 9.10±3.42 | 7.40±3.16 | 显著 |
| 对人焦虑 | 4.51±2.13 | 3.430±2.21 | 显著 |
| 孤独倾向 | 3.76±2.10 | 2.15±1.92 | 显著 |
| 自责倾向 | 5.76±2.71 | 4.40±2.73 | 显著 |
| 过敏倾向 | 6.56±2.09 | 4.71±2.28 | 显著 |
| 身体症状 | 6.56±3.91 | 4.01±2.78 | 显著 |
| 恐怖倾向 | 3.64±3.08 | 2.50±2.46 | 显著 |
| 冲动倾向 | 4.51±2.70 | 3.11±2.41 | 显著 |

虽然上网与否并未造成中小学生心理健康状况上的差异，但是随着网络成瘾程度的提高，网络成瘾边缘组和正常使用组在心理健康量表总分和各因素得分上均表现出显著差异。按心理健康诊断量表的解释，我们可以认为属于网络成瘾边缘组的研究对象表现出"对考试有恐惧心理、无法安心学习、十分关心考试分数""自卑、常怀疑自己的能力、常将失败和过失归咎于自己""极度焦虑时会出现呕吐、失眠、小便失禁等症状""对某些事物有较严重的恐惧感""十分冲动、自制力较差"的问题，表现出"过分注重自己的形象、害怕与人交往、退缩""孤独、抑郁、不善于与人交往、自我封闭""过于敏感、容易为一些小事而烦恼"的倾向。

以上结论提示我们，人们想象中的上网学生的心理问题并不一定比不上网学生多；只要上网适度，并不会导致心理问题的增加。但是，网络成瘾程度的提高可能会对心理健康造成显著影响。

## 三、逗留网络的时间越长，心理健康问题越严重

我们考察了中小学生在互联网使用中的基本行为特点与其心理健

康状况之间的关系。结果表明，网络成瘾程度与心理健康全量表及八个内容量表均存在显著正相关，互联网使用基本行为中的网龄与心理健康中的冲动倾向、每周上网时间与孤独倾向、每周上网次数与过敏倾向存在显著正相关。

进一步回归分析发现，网络成瘾程度对心理健康具有显著的预测作用，能预测心理健康11.1％的变异量。本研究继而建构了互联网使用基本行为、网络成瘾与心理健康问题的关系模型（见图19-1）。

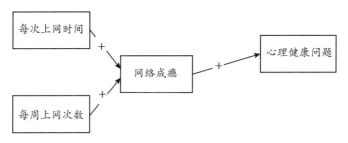

**图 19-1　互联网使用基本行为、网络成瘾与心理健康问题的关系模型**

按照心理健康诊断量表分量表的解释，网龄长的学生可能自制力较差；有时无缘无故地想大声哭、大声叫；一看到想要的东西，就一定要拿到手；毫无理由地想到远处去或想死。这些冲动倾向往往起因于生来具有的情绪易变性和激情性。

每周上网时间越长的个体越易孤独、抑郁、不善与人交往、自我封闭。和大家在一起做事情时，他们经常会感到很失败。因此，他们觉得和大家一起玩还不如自己一个人玩。当别人高兴地相互谈话时，他们有一种自己不仅不能参加，而且会被人家排挤的感受。因为孤独，所以他们更长时间与网络为伴。每周上网次数越多的个体越易表现出敏感的特点，即使是很小的事也放心不下。例如，对周围的噪声特别敏感，担心家人会受伤、生病或死亡，做决定不果断，即使做了好事也会感到烦恼等。

## 四、男生更喜暴力游戏且不同年级相差无几

我们考察了青少年网络游戏程度在性别及年级上的基本特点（张国华，雷雳，2007）。结果表明，男生显著高于女生，年级的主效应不显著，年级与性别的交互作用也不显著（见图 19-2）。

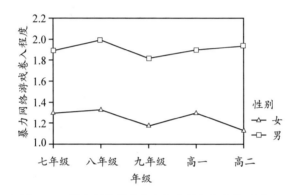

**图 19-2　暴力网络游戏卷入程度的年级和性别差异**

在非暴力网络游戏卷入程度上，八年级显著高于七年级、高一和高二年级，女生显著高于男生，年级与性别的交互作用不显著（见图 19-3）。

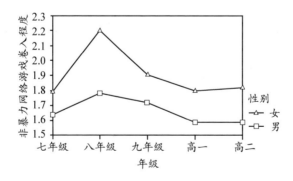

**图 19-3　非暴力网络游戏卷入程度的年级和性别差异**

## 五、网络游戏不分暴力与否，均可催生身体攻击

我们考察了青少年网络游戏卷入程度与其攻击性之间的关系。结果显示，网络游戏卷入时间 T1（周一至周五平均每天玩网络游戏的时间）和 T2（周六和周日平均每天玩网络游戏的时间）、暴力网络游戏卷入程度和非暴力网络游戏卷入程度都比较低。这说明研究对象的网络游戏卷入时间及程度均不高。

相关分析表明，网络游戏卷入时间 T1 和 T2 与共情、愤怒、敌意之间的相关均不显著，但与去抑制性及身体和言语攻击之间的相关均达到了显著性水平；暴力网络游戏卷入程度与共情、去抑制性、身体和言语攻击之间的相关显著，与愤怒和敌意的相关不显著；非暴力网络游戏卷入程度与共情、去抑制性、言语攻击和愤怒之间的相关显著，与身体攻击和敌意之间的相关不显著。非暴力网络游戏与攻击性之间存在显著相关，这是以往研究没有发现的。

为了更好地说明网络游戏、去抑制性、共情与身体攻击之间的关系，我们建构了关系模型（见图 19-4）。

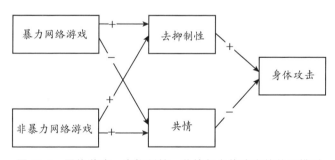

**图 19-4　网络游戏、去抑制性、共情与身体攻击的关系模型**

从图 19-4 中可以看到：①暴力网络游戏和非暴力网络游戏不能直接作为预测身体攻击的指标；②去抑制性对身体攻击有显著的正向预测作用，也就是说去抑制性水平越高的青少年更有可能进行身体攻

击；③共情对身体攻击有显著的反向预测作用，也就是说共情水平越高的青少年对他人进行身体攻击的可能性越小；④暴力网络游戏、非暴力网络游戏卷入程度分别通过去抑制性和共情对身体攻击产生显著的间接预测作用。

从影响路径可以看出："暴力网络游戏—去抑制性—身体攻击"的路径为正，"暴力网络游戏—共情—身体攻击"的路径为正，说明暴力网络游戏对身体攻击产生正向效应；"非暴力游戏—去抑制性—身体攻击"的路径为正，说明非暴力网络游戏通过去抑制性对身体攻击产生正向效应；"非暴力网络游戏—共情—身体攻击"的路径为负，说明共情可以有效调节非暴力网络游戏卷入程度对身体攻击的影响。由此可以看出，去抑制性对青少年的暴力网络游戏和非暴力网络游戏卷入程度与身体攻击之间的关系有正向预测作用，且共情水平高的青少年玩非暴力网络游戏对身体攻击具有抑制作用。

暴力网络游戏卷入程度越高的青少年，越倾向于对他人进行身体攻击。这与以往关于暴力网络游戏等暴力媒体对青少年攻击性影响的研究结果一致。研究发现青少年的非暴力网络游戏卷入程度也会影响身体攻击。非暴力网络游戏不像暴力网络游戏那样残酷、"血腥味"十足。以往研究者及家长均认为它对青少年的攻击性不会产生消极影响，因此没有给予相应的重视。然而，本研究的结论却对这种观念产生了质疑。

虽然非暴力网络游戏（如拖拉机、斗地主等输赢类的网络游戏）没有打斗、流血等暴力内容，但青少年在游戏过程中也会产生某种求胜欲望，希望能够成为某款网络游戏的高手，希望多赚取积分、提高等级。他们因此经常在游戏中采用作弊等手段。在网络空间"你看不见我，我看不见你"的情境中，这种情况更加严重。

另外，网络游戏也是青少年交流的一个平台。他们在游戏娱乐的同时也彼此交流经验和感受，但去抑制性经常使得网上交流变成争论不休。言语不和可能会导致情绪受到极大影响，他们把这种不良情绪带到学习和生活中又会进一步导致现实生活中的人际交往出现问题，如身体和言语攻击、敌意态度等。

非暴力网络游戏的特点决定了它对青少年的共情不会产生消极影响。这一点又使非暴力网络游戏卷入程度对身体攻击的影响趋势得到了一定程度的缓解。总的来说，非暴力网络游戏卷入程度对身体攻击可能会产生某些消极影响。

## 拓展阅读

### 手机是否会影响儿童的大脑？

英国研究者正在全世界进行一项大规模研究，调查使用手机和其他无线设备是否会影响儿童的大脑发育。该项目名为"认知、青少年和手机"，关注记忆和注意等认知功能，因为这些功能在青少年开始拥有和使用自己的手机的青春期持续发展。

目前，还没有确切的证据表明手机的无线电波会影响健康。迄今为止，很多研究都在关注成人患脑癌的潜在风险。科学家不确定儿童正在发育的大脑是否比成人的大脑更加脆弱：一方面是因为儿童的神经系统还在发育；另一方面是因为儿童在生命中有更多的累积暴露。

该项目的领导者保罗·埃利奥特（Paul Elliott）说："到目前为止的科学证据都是让人放心的。从短期来看（10 年以下），暴露于手机频射波和成人脑癌没有关系。但对于手机长期使用者以及孩子来说，这个证据则受到限制，而且不明确。"

埃利奥特和主要研究者米雷耶·托莱达诺（Mireille Toledano）计划招募 2500 名 11～12 岁的被试，记录他们在两年内的认知发展，同时记录他们使用手机和其他无线设备的频率、原因和时间。同意参与到研究中的家长和学生要回答儿童生活方式、健康情况与对手机和无线技术的使用情况。学生也要同意在教室进行关于认知能力的脑电测验。

托莱达诺说："从本质上说，认知就是我们如何思考、如何做决定、如何加工和回忆信息。这与智力、教育成就、个体创新和创造潜力的形式、社会都有联系。"

世界卫生组织称，该项目的很多研究已经在过去二十年间完成了，这些研究评定了手机是否会造成潜在的健康风险，迄今为止还没有证实手机对健康有不利的影响。因为手机产生的电磁场被国际癌症研究机构分类为"可能致癌"，所以全球卫生机构认为对这个议题进行更多的研究是很有必要的。

日前英国卫生政策指导方针提倡，16岁以下儿童应该被鼓励只在重要的情况下使用手机。但托莱达诺认为："这个建议是在没有有价值的证据的情况下提出的，并不是因为我们得到了任何有害影响的证据。由于手机是我们生活中的一种新型普通的技术，因此该项目是很重要的。通过对父母和孩子的研究，该项目可以提供证据，帮助他们做出更明智的人生决定。"

作者：凯特·凯兰德（Kate Kelland）

译者：邢亚萍、雷霄

# 六、总结

## （一）研究结论

综上所述，通过对青少年的心理健康问题与上网之间关系的研究，我们可以得出以下结论。

①上网并未成为小学生和初中生心理健康的影响因素。

②中小学生网络成瘾程度的提高会对心理健康产生显著影响。

③暴力网络游戏与共情、去抑制性、身体和言语攻击之间的关系密切，与愤怒和敌意的关系不大。

④非暴力网络游戏与共情、去抑制性、言语攻击和愤怒之间的关

系密切，与身体攻击和敌意的关系不大。

⑤暴力网络游戏、非暴力网络游戏均可通过去抑制性和共情间接预测身体攻击。青少年对暴力网络游戏及非暴力网络游戏的沉迷都可能会导致去抑制性，继而增加身体攻击的可能性；共情的减弱，也会增加身体攻击的可能性。

## (二)对策建议

互联网并未成为儿童和青少年心理健康问题的"肇事者"。因此，家长对他们上网不必过度紧张，不要只担心互联网可能给儿童和青少年带来的负面影响。

当然，的确有一些青少年可能会出现网络成瘾。因此，心理健康问题也不容忽视，社会、学校、家庭都应重视并采取积极对策。我们应该帮助青少年正确认识互联网的功能和作用，加强上网动机的宣传和教育，让互联网成为青少年成长和发展的有力助手、有用工具，而不是玩具。学校应积极开展心理健康教育，通过网络心理健康教育课程，让学生了解自身的个性特点，掌握判断心理健康的基本标准，提高上网行为调控能力。针对网络容易导致的心理问题等，学校可开展现场心理辅导，以提高学生的心理健康水平和心理素质，引导学生解决在上网过程中产生的心理问题。学校应开展学生心理健康调查与心理测试，建立学生心理档案，尤其要针对心理活动异常的学生做好疏导工作。

由于网络游戏卷入会对青少年的身体攻击产生间接预测作用，因此，学校教师和家长应在生活中对青少年使用互联网进行适当引导与监控，尽量减少青少年的暴力网络游戏卷入。

另外，努力培养和增强青少年的共情能力，教会青少年如何正确区分虚拟与现实，更好地在现实生活中与人和睦相处，以减小网络游戏卷入对青少年攻击性的影响。

# 第二十章　青少年的互联网信息焦虑

**开脑思考**

1. 互联网的开放性使得网络空间的信息容量与日俱增。这一方面让人们"什么都可以找到",另一方面是否也让人不知所措呢?

2. 人们在网络空间中想要找到自己需要的信息,有什么比较靠谱的方法和策略? 在各种信息中,我们怎么知道哪些是真的、哪些是假的呢?

3. 随着青少年的成长,其在网络空间中搜索信息的能力会变化吗?

**关键术语**

互联网信息焦虑,网络信息服务,互联网自我效能感,搜索策略

## 第一节　问题缘起与背景

### 一、包罗万象的互联网信息可使人如坠烟云

为什么要探讨青少年的互联网信息焦虑呢? 这一问题的背景又是怎样的呢?

进入 21 世纪以来,互联网快速发展,越来越多的青少年开始接触和使用互联网。互联网也开始成为青少年重要的信息资源。

互联网几乎提供了青少年心理行为发展所需要的一切信息。青少年的好奇心和求知欲强，亟须拓展知识面、探索外部世界以及追求新体验。互联网信息的多样性和容量巨大的特点正好满足了青少年的心理需求。因此，随着年级的升高，青少年会更多地使用互联网信息服务（雷雳，柳铭心，2005）。

互联网信息的多样性和大容量一方面提供了便利的信息需求渠道，另一方面使互联网信息数量的增加和信息质量的提高不成比例，造成了信息质量的相对降低（刘君，2004）。用户在使用信息功能时，如果接收的信息超过了其所能消化或负载的信息量，就容易紧张和焦虑，出现信息焦虑症（程焕文，2002）。研究发现，青少年也会受到网络信息的负面影响（Subrahmanyam et al.，2001）。信息超载容易造成认知负载，使青少年的认知压力增大、兴趣过于泛化和注意力不稳定（张智君，2001），并出现焦虑现象（谢奎芳，2004）。

网络信息搜索策略是影响网络信息搜索的重要因素。人们在网上搜索信息时，会使用不同的搜索策略。这些策略会导致不同的搜索效果（Tsai，2003）。国内研究者开始关注心理因素对信息搜索过程、行为及结果的影响（谢宏赐，2000；刘晓燕，2005）。

以往研究发现，大学生互联网自我效能感对搜索策略有一定的影响，相比于低互联网自我效能感水平的用户，高互联网自我效能感水平的用户倾向于使用多种搜索策略更快地获得准确的信息，且不同的搜索策略会导致不同的搜索结果（谢宏赐，2000；刘小燕，2005；Tsai，2003）。同时，研究发现，43％的青少年儿童在搜索引擎的使用中感到困惑和挫败（Bilal & Kirby，2002）。计算机自我效能感与计算机焦虑（Durndell & Haag，2002；杨琨，2007）、互联网自我效能感与互联网信息焦虑也存在密切关系（Eastin & LaRose，2000）。

那么，青少年的互联网自我效能感水平与信息焦虑程度是否有关呢？网络信息搜索中的迷惑和焦虑是否与搜索策略有关呢？青少年互联网自我效能感、搜索策略和信息焦虑的关系又是怎样的呢？这些都是人们感兴趣的问题。

## 二、互联网信息焦虑可谓信息焦虑的加强版

互联网信息焦虑到底指的是什么？

信息焦虑是近年来研究者开始关注的一种焦虑类型。它是一种新的社会现象，目前对这个概念的阐释还不统一。有学者认为，信息焦虑是数据与知识间的黑洞，当所得到的信息不是所需的或者已经理解的信息与本应理解的信息差距过大时产生的紧张状态（Wurman，1989）。随后，国内外研究者从不同的角度研究了信息焦虑现象。也有学者提出了互联网搜索焦虑，即在一个迷宫似的电脑空间里搜索信息引起的焦虑情绪（Presno，1998）。

从信息技术的应用角度看，信息焦虑是用户由于对信息技术的恐惧而不能利用先进的技术手段获得所需信息而产生的（曹锦丹，贺伟，2007）。这一信息焦虑主要是指因使用技术困难而产生的信息匮乏导致的焦虑。从信息用户的心理和行为角度看，信息焦虑是用户在心理上产生的信息匮乏感；同时，由于信息的更新速度过快，新信息过多，大脑负担过重，用户可能会有思绪混乱、言语吞吐、行动犹豫不决、判断力下降的表现（曹锦丹，贺伟，2007）。在这一视角下，图书馆焦虑受到了研究者的关注。

广义的信息焦虑指个体没有获得所需信息，或者获得的信息量大大超过了大脑认知负载时产生的紧张和焦虑的情绪，包含图书馆焦虑和互联网信息焦虑。狭义的互联网信息焦虑指用户在使用互联网获取信息时产生的紧张和焦虑的情绪。以往研究从不同方面阐述了互联网信息焦虑，但最终都反映在两个角度上，一个是互联网搜索技术角度，另一个是互联网的信息内容角度。

国外的研究将互联网信息焦虑作为互联网焦虑的一个方面。普雷斯诺首先提出了互联网焦虑，即个体使用互联网时体验到的害怕和担

忧（Presno，1998）。研究者定义了四种互联网焦虑：一是信息术语焦虑，即一大段新词汇和首字母缩写术语引起的焦虑；二是网络搜索焦虑，即在一个迷宫似的电脑空间里搜索信息引起的焦虑；三是网络时间延迟焦虑，即占线信号、时间推迟和更多的人堵塞网络引起的焦虑；四是网络失败者的总体恐惧，是一种无显著特点的焦虑，个体害怕不能使用互联网或者在互联网上完成作业。

在此基础上，研究者编制了适用于高中教师的互联网焦虑量表（Chou，2003），试图将互联网焦虑作为一个新的与互联网相关的问题，并且以此来扩展计算机焦虑的评估量表，用"从大量的互联网资源中搜索特殊的信息"等项目来反映互联网焦虑。

对大学生互联网认同、互联网焦虑和互联网使用之间关系的研究（Joiner et al.，2007）发现，大部分学生都没有出现互联网焦虑的现象，只有8%的学生存在焦虑情绪。互联网焦虑与互联网使用存在显著负相关，高互联网焦虑的学生倾向于回避使用互联网。

另有研究者（Thatcher et al.，2007）进行了一个互联网焦虑的实证研究，考察了个性、信念和社会支持对互联网焦虑的影响。在研究局限中，作者提到，研究只考察了一组互联网应用而不是一个应用程序，焦虑可能与应用软件的类型有关系。因此，关注互联网焦虑是有必要的。

## 三、互联网自我效能感可缓解互联网信息焦虑

由于国外对互联网信息焦虑的考察都被放在互联网焦虑的研究中，因此，探讨互联网自我效能感和互联网信息焦虑的关系，首先应关注互联网自我效能感与互联网焦虑、计算机自我效能感与计算机焦虑的关系。

研究发现，计算机自我效能感与计算机焦虑呈显著负相关，计算机自我效能感的提升能够降低计算机焦虑水平和计算机恐惧程度（杨

琨，2007；Wilfong，2006）。研究者通过实证研究发现，计算机焦虑可以直接预测互联网焦虑（Thatcher et al.，2007）。因此，互联网自我效能感和互联网焦虑可能存在一定的关系。

研究者指出，互联网自我效能感与互联网焦虑存在密切关系（Eastin & LaRose，2000）。互联网自我效能感与互联网焦虑呈显著负相关，高互联网自我效能感水平的个体倾向于更多使用互联网，积累更多的互联网经验和技巧，其互联网焦虑水平相对较低（Sun，2008）。鉴于以往研究中互联网信息焦虑与互联网焦虑的关系，我们也可以说，互联网自我效能感与互联网信息焦虑存在一定的关系。

从人格特质的角度看，研究发现，高神经质水平的个体在搜索信息时，会没有安全感并且很焦虑（Tuten & Bosnjak，2001）。他们会试图比自信的个体收集更多的信息。这种倾向可能是因为高神经质水平的个体在这个领域有较高的焦虑水平和较低的自我效能感水平（雷雳，柳铭心，2005），也就是说，互联网自我效能感与焦虑感呈负相关，共同影响着个体的搜索行为。

## 第二节　上网特点与对策

### 一、青少年的互联网信息焦虑总体体验适中

我们对青少年互联网信息焦虑及其各维度[①]的均分进行了描述统计（李富峰，雷雳，2009），各维度按均分由高到低依次为环境维度、搜索维度、情感维度和知识维度。各维度的均分都处在 2～3 分，其

---

① 互联网信息焦虑各维度的含义如下：网络搜索知识，简称"知识维度"，即青少年对互联网信息和搜索知识的认知；网络信息环境，简称"环境维度"，即青少年在互联网信息环境上的困扰；网络搜索障碍，简称"搜索维度"，即青少年在互联网搜索上的困扰与障碍；网络搜索感受，简称"情感维度"，即青少年对其搜索能力的自我评估与情绪感知。

中知识维度上的均分最低，环境维度上的均分最高。由于评定区间为
1～4分，因此我们可以认为整体的互联网信息焦虑为中等数值（见图
20-1）。这表明青少年报告的互联网信息焦虑水平比较低，但是也有
一部分青少年的互联网信息焦虑水平比较高，且青少年在互联网信息
环境上的焦虑和不安等级最高。

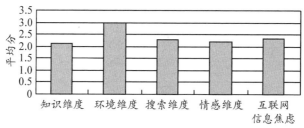

**图 20-1　青少年互联网信息焦虑的描述统计**

我们检验了青少年互联网信息焦虑在性别和年级上是否存在差
异。结果表明，在互联网信息焦虑的情感维度上，年级与性别交互作
用显著（见图20-2）。在情感维度上，高一女生的得分要显著高于同年
级男生的得分，其他年级没有性别差异。在情感维度上，性别在年级
水平上差异显著。高一男生的得分显著高于七年级、八年级男生的得
分，高二男生的得分显著高于七年级、八年级男生的得分。与男生一
样，高一女生的得分显著高于七年级、八年级女生的得分，高二女生
的得分显著高于七年级、八年级女生的得分。

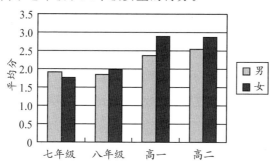

**图 20-2　情感维度上的年级与性别的交互作用**

互联网信息焦虑的情感维度受到年级和性别的交互影响，男生在情感维度上的焦虑得分从七年级到八年级有所下降，从八年级到高一急剧上升且差异达到了显著性水平，高一和高二的得分差距不太大。也就是说，男生的互联网信息焦虑水平变化曲折，并且高中男生针对互联网信息内容和网络信息搜索中消极情绪的认知水平要高于初中男生。

女生在情感维度上的焦虑得分一直处于上升状态，高一学生的得分最高，并与初中生的得分差异显著，高一和高二学生的得分基本上持平。这说明女生的互联网信息焦虑水平比较高，且高中女生针对互联网信息内容和网络信息搜索中消极情绪的认知水平要高于初中女生。高一时，男生在情感维度上的得分显著低于女生，其他年级男生和女生的得分没有显著差异。这说明高一男生在网络搜索时认知到的焦虑情绪水平要低于同年级的女生。这可能是由于刚升入高中，环境适应能力的差异和性别的差异使得女生在网络使用上的焦虑水平更高一些。

## 二、高中生互联网信息焦虑"力压"初中生

我们进一步检验了情感维度上的年级变化趋势（见图 20-3）。我们可以看到，高中生在情感维度上的焦虑水平显著高于初中生。

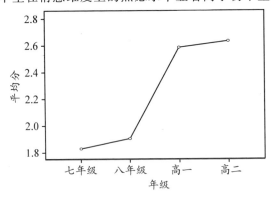

**图 20-3　情感维度上的年级变化趋势**

同时，我们对互联网信息焦虑及其他维度在年级和性别上进行了差异性检验。结果显示，在年级变量上，互联网信息焦虑及其他三个维度均有显著差异。我们进一步检验了互联网信息焦虑及其他三个维度的年级变化趋势，其变化趋势见图 20-4。

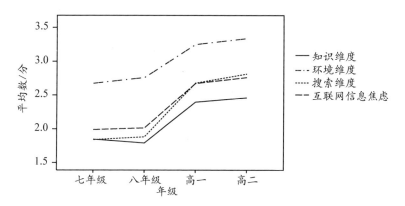

**图 20-4　互联网信息焦虑及其维度上的年级变化趋势**

从图 20-4 中可以看出，互联网信息焦虑及其他三个维度在年级发展趋势上相似。高中生的焦虑水平均比初中生高。在互联网信息焦虑上，高一学生显著高于七年级、八年级学生，与高二学生没有显著差异；高二学生显著高于七年级、八年级学生。

在知识维度上，高一学生显著高于七年级、八年级学生，高二学生显著高于七年级、八年级学生。

在环境维度上，高一学生显著高于七年级、八年级学生，高二学生显著高于七年级、八年级学生。

在搜索维度上，高一学生显著高于七年级、八年级学生，高二学生显著高于七年级、八年级学生。这表明高中生的互联网信息焦虑水平特别是搜索方面的焦虑水平要远高于初中生。

互联网信息焦虑与其他三个维度只受到年级的显著影响。初中生的互联网信息焦虑及其他维度的得分要显著低于高中生的得分。这说明初中生的互联网信息焦虑水平明显比高中生低。这可能也是由于互联网经验对年级和互联网信息焦虑关系的影响。现在高中生的上网时间和次数都要少于初中生，上网经验也相对比较少，因而更容易在使用互联网时出现紧张、焦虑的情绪。以往研究也发现互联网经验与互联网焦虑呈显著负相关（Chou，2003）。

在性别上，多数研究显示女性比男性的互联网信息焦虑水平更高（Sun，2008），但是也有少数研究不支持这一结论。这些研究发现性别差异不显著（Joiner et al.，2007）。在本研究中，除了高一男生和女生在情感维度上出现了显著差异之外，互联网信息焦虑及知识维度、环境维度、搜索维度在性别上均不存在显著差异。这说明性别对互联网信息焦虑水平的影响可能不是很大。

## 三、互联网自我效能感与信息焦虑此消彼长

我们探讨了青少年互联网信息焦虑与互联网自我效能感的关系。结果显示，互联网自我效能感及其维度分别与互联网信息焦虑及其维度呈显著负相关，并且在互联网自我效能感的三个维度中，信息功能维度与互联网信息焦虑及其维度的相关系数最高。这说明互联网自我效能感及其维度对互联网信息焦虑可能有反向的预测作用。

进一步回归分析显示，进入互联网信息焦虑总分、知识维度、搜索维度和情感维度的回归方程式的显著变量分别有 2 个（见图 20-5），进入环境维度的回归方程式的显著变量有 1 个（见图 20-6）。

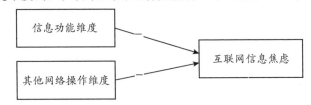

**图 20-5　互联网自我效能感对互联网信息焦虑的预测（一）**

注：对知识维度、搜索维度、情感维度三者的预测模式均相同。

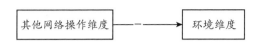

**图 20-6 互联网自我效能感对互联网信息焦虑的预测(二)**

从图 20-5、图 20-6 中可以看出,互联网自我效能感中的信息功能和其他网络操作维度对互联网信息焦虑及其知识维度、搜索维度、情感维度都具有显著的预测力,其中联合预测力分别为 52.0%、50.0%、43.9%、47.9%;其他网络操作维度对环境维度有预测力,预测力为 13.4%。

回归分析结果显示,互联网自我效能感显著地反向预测互联网信息焦虑及其各维度,即青少年的互联网自我效能感水平越高,互联网信息焦虑水平越低。在互联网自我效能感的三个维度中,信息功能和其他网络操作维度对互联网信息焦虑及其知识维度、搜索维度、情感维度都具有显著的反向预测力,其他网络操作维度对环境维度有显著的预测力。可见,信息功能上的自我效能感对互联网信息焦虑具有很好的预测作用,信息功能上的自我效能感水平越高,其互联网信息焦虑水平越低。

互联网自我效能感与互联网信息焦虑的反向关系与以往的研究结论一致(Sun,2008)。从前面青少年互联网自我效能感和互联网信息焦虑状况的分析结果来看,初中生的互联网自我效能感水平高于高中生,初中生的互联网信息焦虑水平也相应地低于高中生。这一结果也正与互联网自我效能感反向地预测互联网信息焦虑相吻合。

## 四、混合式搜索策略可减少互联网信息焦虑

通过实验设计,我们探讨了青少年的互联网信息搜索策略。[①] 结

———————————

① 搜索策略的含义如下:如果输入一个关键词,分析出现的各结果链接,并顺着一个链接持续搜索,分析对比各网站的信息,则为"分析式搜索策略"。如果根据经验和直觉直接进入某个相关网站查询信息,快速浏览网页信息完成搜索任务,则为"启发式搜索策略"。如果通过转换关键字、组合关键字进行搜索,或者搜索和前次相似类型网站的方式进行信息查找,则为"混合式搜索策略"。

果表明，使用分析式搜索策略的学生占 44.9％，使用混合式搜索策略的学生占 55.1％；使用混合式搜索策略的学生多于使用分析式搜索策略的学生。

然而，高一、高二两个年级的具体情况并不一样。在高一年级，使用分析式搜索策略的学生约占 69％，使用混合式搜索策略的学生约占 31％。也就是说，在高一年级，使用分析式搜索策略的学生要多于使用混合式搜索策略的学生。在高二年级，使用分析式搜索策略的学生约占 28％，使用混合式搜索策略的学生约占 72％，即高二年级的学生多数使用混合式搜索策略。

检验年级及性别差异的结果表明，这两个年级在搜索策略的使用上存在显著差异，但是男生和女生在搜索策略的使用上没有显著差异。

青少年在互联网信息搜索中主要使用分析式搜索策略和混合式搜索策略，很少使用启发式搜索策略。青少年搜索策略的使用受年级的影响显著，受性别的影响较小且不显著。在年级方面，在高一年级，使用分析式搜索策略的学生要多于使用混合式搜索策略的学生，但是，高二年级的情况相反，使用混合式搜索策略的学生要多于使用分析式搜索策略的学生。这有可能是因为高二年级的学生在学校接受网络技术的课程比高一年级的学生多，使用网络搜索信息的机会也相对较多，所以高二年级的学生在互联网信息搜索上能更灵活地使用搜索策略。

我们进一步考察了青少年搜索策略的使用与其互联网信息焦虑水平是否有关系。结果显示，使用分析式搜索策略的学生与使用混合式搜索策略的学生，在互联网信息焦虑及其情感维度上存在显著差异，在其他三个维度上差异不显著。

搜索策略与互联网信息焦虑的回归分析显示，搜索策略的类型的确可以显著地反向影响互联网信息焦虑水平，使用分析式搜索策略的学生的互联网信息焦虑水平要显著高于使用混合式搜索策略的学生的互联网信息焦虑水平。

互联网自我效能感和搜索策略两个因素对互联网信息焦虑的交互作用分析显示：两个因素的主效应显著，但是交互作用不显著。也就是说，当把互联网自我效能感划分为高、中、低三个水平时，搜索策略对它与互联网信息焦虑关系的影响不显著。

当将互联网自我效能感还原为连续变量时，我们分析了搜索策略对它与互联网信息焦虑关系的影响，发现分析式搜索策略对互联网自我效能感与互联网信息焦虑关系的影响没有达到显著性水平，也就是影响不大。混合式搜索策略的使用显著地增强了互联网自我效能感与互联网信息焦虑的反向关系。也就是说，对使用混合式搜索策略的学生而言，其互联网自我效能感水平越高，其互联网信息焦虑水平就越低。

混合式搜索策略的调节作用在互联网自我效能感的信息功能维度与互联网信息焦虑的关系上也成立。对使用混合式搜索策略的学生而言，其信息功能上的自我效能感水平越高，其互联网信息焦虑水平越低。这一结果可以为学校的信息技术教育提供一定的指导。在提高学生互联网自我效能感或信息功能使用上的自我效能感的同时，教会学生灵活使用各种搜索策略会大大降低互联网信息焦虑，并提高学生在学习和生活中对互联网信息功能的使用频率。

## 拓展阅读

### 年轻人对社交网络上的内容持健康的怀疑态度

一项研究发现，尽管年轻人（或称初显期成人）经常使用和阅读社交网络上发布的信息，但这些"千禧一代"（millennials，特指出生于 1984 至 1995 年并在互联网陪伴下长大的年轻一代）对信息内容的真实性却始终持有健康的怀疑态度，并不会盲目地相信。

来自美国密歇根州立大学（Michigan State University）的金伯

利·芬恩（Kimberly Fenn）博士指出，几乎任何人都可以随时申请一个推特账号并发送多达 140 个单词的信息，而这些信息内容既有真实的也有虚假的。事实上，参与研究的年轻人对推特上的信息内容的真实性一直都有所警惕。这毫无疑问是一个好现象。

该研究得到了美国国家科学基金会的资助，是心理学研究者对社交媒体和虚假记忆关系的首次关注。其中的参与者是被称为"千禧一代"的大学生。由于推特是青少年及初显期成人群体中流行的社交网络平台，因此受到了研究者的重点考察。

具体来看，芬恩及其同事在整个实验过程中用电脑向 74 名本科生呈现了一系列图片，形象地描述了一名男子抢劫汽车的故事。随后，研究者编写了一段关于图片内容的虚假信息，并且以两种不同的文本方式呈现。两种文本呈现方式分别为推特式的滚动文字以及更为传统的网络文字。之后，研究者对大学生的虚假记忆进行了考察，也就是说，对大学生将虚假信息整合到大脑中的情况进行了考察。

结果表明，与更为传统的网络文字呈现方式相比，那些阅读推特式的滚动文字的大学生有着更少的虚假记忆（不接受虚假信息）。基于此，芬恩认为年轻的大学生更加信任传统意义上的网络信息（如网页），而对推特等平台的信息则缺乏信任。年轻人在整合加工网络信息时，需要特别考虑发布信息的媒体类型。

作者：瑞克·瑞特

译者：周浩、雷雳

# 五、总结

## (一)研究结论

综上所述，通过对青少年互联网信息焦虑的研究，我们可以得出以下结论。

①青少年在网络信息搜索中存在一定程度的互联网信息焦虑，初中生的互联网信息焦虑水平要低于高中生，但男生和女生在互联网信息焦虑水平上的差异不明显。

②青少年搜索策略的类型对互联网焦虑有显著影响，分析式搜索策略比混合式搜索策略在网络信息的搜索中引起的互联网信息焦虑水平高。

③青少年互联网自我效能感及其信息功能上的自我效能感都与互联网信息焦虑有显著的反向关系。互联网自我效能感得到提高，互联网信息焦虑水平就会降低。同样，信息功能上的自我效能感得到提高，互联网信息焦虑水平也会降低。这一反向关系受到混合式搜索策略的调节，即对使用混合式搜索策略的学生而言，其互联网自我效能感或信息功能上的自我效能感提高时，其互联网信息焦虑降低的程度会越大。

## (二)对策建议

根据上述研究结果，本研究提出以下建议和对策。

首先，研究发现青少年在互联网信息环境上的焦虑和不安程度最高。这提醒政府和有关网络技术工作人员要规范网络信息环境，提高信息质量，为青少年有效使用互联网信息功能提供前提和保障。

其次，青少年互联网自我效能感的提高，特别是信息功能上的自我效能感的提高，能够降低互联网信息焦虑水平。学校信息技术教育可以从提高青少年使用网络的自我效能感入手，提高他们对自己使用网络获取有效信息的信心，从而降低互联网信息焦虑水平。

再次，相比于分析式搜索策略，混合式搜索策略的使用更能降低互联网信息焦虑水平。以往的结论证明，使用混合式搜索策略与启发式搜索策略的个体在简单和中等难度的任务中能更有效、更快速地获得信息。因此，学校在网络信息技术教育中，除了引导学生使用搜索引擎进行分析式搜索之外，应适当地多教学生使用启发式搜索策略与混合式搜索策略，引导他们灵活使用，提高搜索技能。

最后，在青少年的信息技术教育中，要注重心理因素与技术因素的结合。家庭和学校可以通过鼓励、表扬，为青少年创设使用网络信息的机会，丰富上网经验等多种方式，提高其内在自信心和使用网络获取信息的兴趣；同时结合搜索技术教育，发挥技术教育对互联网自我效能感与互联网信息焦虑反向关系的增强作用，促使青少年更合理、更有效地使用互联网。

# 第二十一章　青少年的健康上网

**开脑思考**

1. 面对互联网的飞速发展，青少年因为使用互联网而出现问题的案例偶有发生。我们应该趋利避害，还是因噎废食？

2. 要想让青少年健康地使用互联网，有没有一些指标可以作为评估的依据？

3. 无论是青少年自己，还是家庭、学校、社会，对于善用互联网，有什么可做的呢？

**关键术语**

健康上网，健康上网时限，健康上网行为，网络成瘾

## 第一节　问题缘起与背景

### 一、健康上网可让青少年如虎添翼

为什么会提出"健康上网"？这一问题的背景又是怎样的呢？

互联网改变着人们的思想和观念；在给人们带来快捷和便利的同时，更深刻地影响着人们的心理和行为。历次调查网民年龄的数据都表明，互联网的快速发展使之悄然成为现代人的一种生活方式，并已渗透在青少年的日常生活中，成为可能影响他们成长的重要因素。当互联网越来越成为青少年生活中的重要部分时，网络成瘾等带来的心理、教育和社会问题也变得严峻起来。由此，中国青少年网络协会自

2005 年起在全国进行了马拉松式的宣传活动，推广并普及青少年健康上网的观念。

什么是健康上网呢？目前来看，学术界并没有这样的一个概念。这个问题完全源于现实生活的需要。那么公众是怎样理解健康上网的呢？在我们（郑思明，雷雳，2006）调查青少年健康上网的公众观时，有些人直言不讳地说：“你要是调查青少年使用互联网的坏处，我可以说一堆给你听。”“健康上网是什么样的，乍一想，脑子里真没想法，没有思考过。”在访谈教师时，有的教师说：“我亲眼看见过好多孩子由于沉迷于互联网而荒废了学业，我希望尽可能地让孩子避免使用互联网。”但又有许多公众提到“不久的将来，学校、社区、社会广泛地使用互联网这个现代化工具是必然趋势”。家长和教师在这个网络时代带来的强烈冲击面前，尚未做好足够的心理和行动准备。

因使用互联网而引发的一系列心理、社会问题极度困扰着家庭和社会。健康上网对青少年的成长和发展乃至个人潜能的发挥，都具有非常重要的作用。

健康上网是一扇窗，让人们看到了青少年使用互联网的美好前景。那么究竟什么是健康上网，青少年的健康上网涉及哪些方面，有何结构，又该如何评估，这些都是令人感兴趣的问题。本研究希望能够为人们提供一个客观的尺度或可借鉴的科学观念，使人们对青少年使用互联网充满希望和信心，引导青少年和教育者追求使用互联网的健康目标。

## 二、互联网之双刃剑可以趋利避害

从前面的内容中我们可以看到的，互联网对青少年的影响是多方面的。互联网已经成为一种对青少年的身心发展发挥着重要作用的媒体（Suss et al.，2001），影响着青少年的外部世界表征与自我表征（Meyrowitz，1985）。互联网实际上引发了新型的社会行为与社会交往、新型的社会关系与人际关系（Valentine & Holloway，2002）。互联网带来的社会问题及负面影响引起了社会各界的极大关注。不断有新闻媒体向公众展示青少年沉迷于网络不能自拔后深受其害的一系列反面案例，轻则影响学习，重则导致犯罪。

互联网对青少年的负面影响以网络道德和网络成瘾问题为首（Aaron，2001；Bruce，2006；Elisabet et al.，2006）。根据厦门市未成年人思想道德建设课题组的调研报告，互联网对未成年人的危害主要有三个。一是网上暴力信息。未成年人从网上获取的暴力信息以及在飙车、砍杀、爆破、枪战等暴力网络游戏的强烈刺激中，会淡化虚拟与现实的差异，逐渐模糊道德认知，容易产生以行使暴力为乐、以致人伤亡为趣的思想和行为。二是网上色情信息。大量的色情信息给正处于青春萌动的未成年人带来许多令人忧虑的心理刺激和不良情绪，严重危害他们的身心健康。三是沉迷于网上游戏。沉迷于网上游戏会使缺乏自制力的未成年人学习成绩下降、旷课、逃课，甚至走上违法犯罪的道路等。媒体界和学术界纷纷从不同的角度对此进行研究，使得许多教师和家长"谈网色变"。

其实，互联网是一把双刃剑，对于个体、社会的作用永远是双重的。互联网的发展缔造了许多创业传奇人物，他们通过互联网自我实现的经历为青少年的成功之路提供了榜样，激励着他们大胆尝试。霍洛韦（Holloway）等人（2003）的研究表明，儿童并没有在电脑前消磨过多的时间并取代户外活动。信息通信技术并未促成社会疏离及导致家庭关系和友谊的破裂。更恰当地说，年轻人似乎在以平衡和复杂的方式利用技术来开发与改善他们的在线、离线社会关系，以此开拓眼界。

实际上，互联网对青少年的积极影响也是很广泛的。它是一个巨大的信息库。研究发现，越来越多的青少年使用互联网满足他们对健康信息的需求（Cotton，2004；Rice，2006）。一项研究表明，青少年利用论坛讨论健康和社会热点问题。青少年非常关心正在发生改变的身体、情绪和社会自我，因此类似于性健康这样的敏感话题是他们经常发起的讨论主题（Suzuki，2004）。

同时，青少年通过互联网建立与传统的以面对面互动为基础的友谊一样的人际关系，不受年龄、外表等因素的影响。这特别适合那些对身体形态缺乏信心的青少年，帮助他们学会悦纳自己，为他们提供社会支持，并且增强社会认同感和归属感（Rheingold，1998）。互联网能对个体（McKenna & Bargh，2000）、群体和组织（Sproull & Kiesler，1991）、社区（Wellman et al.，2001）甚至整个社会产生重要而积极的影响。

此外，互联网的道德环境会对青少年学生的道德水平和文明程度进行新的考验，对青少年的各种道德因素进行重新组合。当外在的道德命令限制内化为青少年的道德自律，并成为主体的自我选择和内在的需要时，青少年的道德会进入一个新的发展阶段（姜志鹏，2004）。如果充分发挥互联网的信息丰富性、交流功能等优势为青少年身心各方面的健康教育提供多方位服务，那么健康教育的实效性也将更为显著。

# 第二节　上网特点与对策

## 一、青少年的健康上网包含八类表现

我们对青少年健康上网行为的概念进行了分析。由于其研究是自下而上的归纳路线，因此了解研究主题的意义也应先从概念类别开始分析（郑思明，雷雳，2007）。经过主轴编码的反复比较、分析归类，抽象概括出类别，进行编码信度分析后初始形成的编码结果及含义分别如下（反映了青少年"健康上网"概念的大体内容）。

①抵制不良：不登录黄色、暴力等网站，限制浏览不良网页及信息等。

②不可沉迷：尤其是不沉迷于游戏，不依赖、不成瘾等。

③不扰常规：不影响正常的学习生活，不带来消极影响或最起码不要有害。

④控制时间：由家长限制、控制上网的时间。

⑤健康时限：给定一个健康上网的"健康"时间限度，自觉控制自己。

⑥放松身心：愉快身心，释放压力，调节自己。

⑦辅助学习：将互联网大部分用在学习上，帮助学习、拓展知识等。

⑧长远获益：从长期来看有积极影响，给学习、生活和身心带来积极的影响，有益发展。

这八个方面是主轴编码最初得到的关于研究主题的概念类别或次类别。

本研究在统计编码后可以得到两种数据，一是各类别的提及人数，二是各类别的提及频次。其中，提及频次是各类别的累计频次，包括重复登录的频次在内，因而不能用这种数据进行类别之间的统计分析，但可以在不同研究对象之间做各类别的纵向比较。

为了了解青少年健康上网行为概念中各类别的分量，我们选用第一种数据，即各类别的提及人数，将各类别进行重要性排序。但是，被选出用来统计的类别必须是提及频次不少于总数的 25% 的。初始编码得出的八个类别均符合这个选取标准，进行统计后排出各自的重要性程度见表 21-1。

表 21-1　青少年健康上网行为概念的重要类别

| 二级编码名称 | 提及人数 | 占受访人数的比例/% | 重要程度排序 |
| --- | --- | --- | --- |
| 控制时间 | 27 | 51.9 | 1 |
| 健康时限 | 27 | 51.9 | 1 |
| 辅助学习 | 22 | 42.3 | 3 |
| 抵制不良 | 19 | 36.5 | 4 |
| 不扰常规 | 16 | 30.8 | 5 |

| 二级编码名称 | 提及人数 | 占受访人数的比例/% | 重要程度排序 |
|---|---|---|---|
| 长远获益 | 15 | 28.8 | 6 |
| 放松身心 | 14 | 26.9 | 7 |
| 不可沉迷 | 14 | 26.9 | 7 |

从表 21-1 中可以看出，"控制时间""健康时限""辅助学习"是青少年健康上网行为中最重要的三个项目，接下来是"抵制不良""不扰常规""长远获益"，最后才是"放松身心""不可沉迷"。

## 二、健康上网有标准，健康时限十小时

在对访谈结果编码分析的基础上，我们试图建构青少年健康上网行为的概念理论。本研究采用质性方法，依据扎根理论，在经过严密分析、判断经开放编码和主轴编码得到的概念类别及其之间的关联之后，最后选择编码抽取出了两项核心类别"有益因素"和"控制因素"。这两个类别对上述八个方面具有统领性。因此，在这两个核心类别之间建立起联系，就形成了本研究关于青少年健康上网行为的概念理论：青少年的健康上网行为指的是青少年对互联网的使用从外控到内控形成有节制的上网行为，从而获得对学习、生活和身心发展有益的结果。

我们试图提出青少年健康上网行为的标准。在对访谈资料进一步的主轴编码分析后，我们根据类别之间的关联性对其进行分析、比较、归纳，将最初的八个类别归为六个类别："抵制不良""不可沉迷""控制时间""放松身心""辅助学习""影响适度"。之后，根据发展核心类别的原则来选择编码，将前三个归到"控制因素"，后三个归到"有益因素"。也就是说，青少年的健康上网行为包括以上六项内容，见表 21-2。

表 21-2　青少年健康上网行为概念的核心类别

| 核心类别 | 次级类别 |
|---|---|
| 控制因素 | 抵制不良、不可沉迷、控制时间 |
| 有益因素 | 放松身心、辅助学习、影响适度 |

为了全面探讨青少年的健康上网行为，我们认为有必要就健康上网行为的内容形成一个可判定的标准。因此我们提出：在以上六条中，数量上满足五条或五条以上的行为可被称为青少年的健康上网行为。在很多心理行为的评估中，当某种现象的出现达到或超过 75% 时，就可以被认为或者被认定为一个质变。也就是说，在涉及青少年上网的六个次级类别上，数量上满足五条或五条以上的互联网使用行为与五条以下的互联网使用行为有着质的差别。因此，在对青少年健康上网的标准设定上，我们提出让研究对象回答是否符合以上六条，只要符合其中五条就可以判定为健康上网行为。

本研究提出的青少年健康上网行为的概念，体现了青少年使用互联网行为的行为过程和行为结果。它具有以下几个特点。

①系统性。本研究由扎根理论归纳得出的健康上网行为概念包括六个类别，类别之间存在一定的关联，并构成一个整体（陈向明，2000；Strauss & Coxbin，2003）。因而，假如抽出某个类别而不考虑其他类别的重要意义，就等于剥离了它们之间内在的关联，那么概念也就不能成为一个概念。所以，对青少年来说，要全面系统地考虑他们在六个方面的行为表现，才可做出是不是健康上网行为的综合评价。

②积极性。本研究是在积极心理学的理论背景之下挖掘、建构这个研究主题的，"积极、正向"是健康上网行为固有的特性（任俊，2006）。辅助学习反映了青少年利用互联网的学习方向，同时行为结果应该是积极有益的。

③控制性。从重要性的排序中，我们可以得知控制时间是概念中

的重要类别，突出反映了"控制"在健康上网行为概念中的重要意义。"抵制不良"和"不可沉迷"具有同样的意义。

④主观性。本研究概念的资料来源是青少年，是在青少年自身认识的基础上建构得来的。根据皮亚杰的观点来推论，青少年对健康上网行为的认识源于他们与环境（包括互联网环境）之间的相互作用。在这个过程中，青少年通过思考或反省自己的行为而获得知识和经验。青少年是行为的主体，对健康上网行为的认识和他们的主观体验有密切关系。

⑤稳定性。长远获益反映了青少年健康上网行为的一种时间视角。这证明了它不是一次、两次的行为，而应当是在一段时间内具有相对稳定性的一种行为。事实上，研究访谈中共有 5 名受访者均谈及了健康上网行为应该是行为习惯，即行为在较长时间内应保持稳定。

此外，青少年提出的健康时限是健康上网行为中的重要类别之一。为了使它明确化，我们利用量化的调查手段，得出了表 21-3 中的具体数据。其中，访谈组指的是本研究中正式接受访谈的 52 名学生，调查组是随机抽样的学生。根据数据统计，我们认为，对于青少年而言，健康上网的总平均时间为每周 $9.30 \pm 0.62$ 小时、每天 $1.40 \pm 0.11$ 小时。因此，我们建议青少年健康上网行为的健康时限为每天一个半小时、每周十小时。

表 21-3　青少年健康上网行为的健康时限

|  | 访谈组中学生 | 访谈组大学生 | 调查组中学生 | 调查组大学生 |
|---|---|---|---|---|
| 平均年龄/岁 ($M \pm SD$) | $15.65 \pm 1.60$ | $19.23 \pm 0.86$ | $15.09 \pm 2.07$ | $19.56 \pm 1.82$ |
| 平均网龄/月 ($M \pm SD$) | $52.27 \pm 24.47$ | $61.64 \pm 24.16$ | $41.98 \pm 26.23$ | $56.93 \pm 25.33$ |
| 每天健康时限/小时 | $1.26 \pm 0.84$ | $1.38 \pm 0.45$ | $1.52 \pm 0.84$ | $1.44 \pm 0.91$ |
| 每周健康时限/小时 | $8.62 \pm 4.06$ | $10.10 \pm 4.10$ | $9.38 \pm 4.03$ | $9.11 \pm 4.92$ |

　　本研究中健康时限的提出来自青少年自身的要求和需求。实际上，它也是许多有关互联网研究的关注点之一。这些研究从不同的角度探索了青少年上网的时间与互联网使用之间的密切关系，从而突出时间指标在互联网使用中的重要性。例如，研究者以个体使用互联网的客观时间为划分青少年互联网使用问题不同类别的维度之一，进而提出青少年网络问题谱系的概念(高文斌等，2006)；时间管理倾向是中学生互联网使用方式的影响因素之一(汪文庆等，2006)；青少年的每周上网时间与互联网卷入呈显著正相关(陈猛，2005)；中学生的每周上网时间与网络成瘾之间有显著关系(潘琼，肖木源，2002)；互联网过度使用的学生的时间管理水平较低，可能是造成互联网过度使用的原因之一(曹枫林等，2006)。

　　我们可以看到，时间对青少年科学健康地使用互联网有着指导和衡量的作用。本研究得到的健康时限(具体为每天一个半小时、每周十小时)，是遵循量化研究抽样、统计的结果，是青少年根据自身实际情况给出的尺度。因此它可以作为衡量青少年健康上网行为的参照标准。

## 三、青少年健康上网行为分四形态

　　结合以上概念，我们构想按照控制的内—外方向和个体寻求有益影响的现实—虚拟倾向，形成青少年健康上网行为结构的两个维度。第一个维度可以被命名为控制性维度：其正向为受内部控制的行为特征，即内控型；其负向为受外部控制的行为特征，即外控型。第二个维度可以被命名为有益度维度：其正向包括利用资源，拓展知识，获得对学习、生活、身心发展有益的结果，即现实型；其负向包括代偿满足、追求虚拟生活，即虚拟型。

　　进一步，这两个维度构成的二维空间可以把青少年的健康上网行为分在四个象限(所谓"四分型")(见图 21-1)。

在第Ⅰ象限（控制性维度和有益度维度皆为正向），行为具有主动控制、自我要求、积极寻求、利用等特征。

在第Ⅱ象限（控制性维度为负向，有益度维度为正向），行为具有寻求发展、获得有益的结果、受外界影响等特征。

在第Ⅲ象限（控制性维度为正向，有益度维度为负向），行为具有自己控制、约束自己、代偿愿望、无不良结果等特征。

在第Ⅳ象限（控制性维度和有益度维度皆为负向），行为具有受外界影响、抵制不良较弱、虚拟满足、无不良结果等特征。

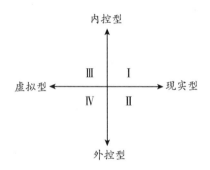

**图 21-1　青少年健康上网行为的"四分型"结构**

通过进一步分析比较，我们认为可以把健康上网行为的四个象限予以命名，即第Ⅰ、Ⅱ、Ⅲ、Ⅳ象限分别为"健康型""成长型""满足型""边缘型"。

这四种类型可以从个案分析中找到验证其合理性的证据，证实青少年健康上网行为的"四分型"结构。从对个案的分析中，我们也可以归纳出每个典型个案的关键特点，具体是：健康型的突出特点是能自觉控制自己、利用互联网学习和主动寻求有益发展；成长型的突出特点是能够有效利用互联网帮助学习、寻求发展，自我的约束能力稍弱，这与成长有关；满足型的突出特点是利用互联网代偿需求、心情愉快、自我控制、利用互联网帮助现实（学习）少、无不良影响；边缘型的突出特点是追求虚拟生活、利用互联网帮助现实（学习）少、自觉性较差、无不良影响。

综合来看，这四种类型是不同的，但又有两两相似的特点，它们之间可以相互转化。也就是说，对个体而言，他有可能同时具有两种相似类型的健康上网行为。例如，健康型和满足型都具有自我控制性，健康型和成长型都具有寻求现实发展的积极性。

## 四、三大因素护航青少年健康上网

为了明确青少年健康上网行为的影响因素，我们借助概念图和本体语义分析的方法对影响因素之间的关系进行了分析，提出了影响青少年健康上网行为的因素（见表21-4、表21-5）。

表21-4　影响青少年健康上网行为的主要因素

| 影响因素的名称 | 提及人数[*] | 占受访人数的比例/% | 重要程度排序 |
| --- | --- | --- | --- |
| 自身 | 52 | 100.00 | 1 |
| 父母 | 48 | 92.31 | 2 |
| 同伴 | 27 | 51.92 | 3 |
| 社会 | 19 | 36.54 | 4 |
| 教师 | 18 | 34.62 | 5 |
| 学校 | 17 | 32.69 | 6 |

[*] 选取标准是提及人数不少于总人数的25%（以下同）。

表21-5　影响青少年健康上网行为的个体心理因素

| 影响因素的名称 | 提及人数 | 占受访人数的比例/% | 重要程度排序 |
| --- | --- | --- | --- |
| 自制力 | 45 | 86.5 | 1 |
| 对互联网的态度（知觉用途） | 44 | 84.6 | 2 |
| 行为态度[*] | 42 | 80.8 | 3 |
| 道德态度 | 40 | 76.9 | 4 |

| 影响因素的名称 | 提及人数 | 占受访人数的比例/% | 重要程度排序 |
|---|---|---|---|
| 对互联网的态度（知觉控制） | 39 | 75.0 | 5 |
| 现实目标 | 38 | 73.1 | 6 |
| 愉快体验 | 24 | 45.2 | 7 |
| 乐群开朗 | 16 | 30.8 | 8 |
| 多样化的活动兴趣 | 15 | 28.8 | 9 |
| 自信心 | 14 | 26.9 | 10 |

＊行为态度指的是青少年对健康上网行为的积极态度，即认为健康上网行为对青少年是重要或非常重要的。

由表 21-4 可以看到，在影响青少年健康上网行为的外部因素中，父母因素最重要，提及人数占受访人数的 92.31％，其次是同伴因素，接下来分别是社会、教师和学校因素。表 21-5 显示，影响健康上网行为最重要的心理特征是自制力；再次是对互联网的态度（知觉用途）、行为态度、道德态度，其中对互联网的态度包括知觉用途和知觉控制两个方面；最后是现实目标、愉快体验、乐群开朗等。

在此基础上，我们对青少年健康上网行为的影响因素进行了分类。通过探索性因素分析，我们抽取了三种主成分。从六个影响因素中可以抽取出三种主成分，累计可以解释总变异的 72.43％。每种主成分分别包含两个影响因素。在访谈和整理资料的过程中，我们发现了父母的作用与社会的作用的相似点、自身的作用与同伴的作用的关联性。因此，在分析青少年多次提及的重要影响因素的基础上，我们分别整理出父母与社会、自身与同伴、教师与学校三组因素发挥作用的关键特征。

根据每种主成分所包含的影响因素及其关键特征，我们给三种主成分加以命名：首先，教师和学校因素对青少年的作用是显然的，来自教师和学校的因素是"教育指导"；其次，来自父母和社会的是"经验引导"；最后，自己与同伴为一组突出反映的是青少年个体及群体的特点，也强调了同伴关系在青少年的发展中起着成人无法替代的独特作用，被称为"心理参照"。由此，青少年健康上网行为的所有影响因素主要分为三大类。

对影响因素评分的分类也提示我们，三组因素的地位都很重要，不过各组影响因素所起的作用可能有所不同。因此，我们建构了结构图（见图 21-2）。三组因素作用的主要过程可能是这样的。

其一，由于许多家长本身对互联网的了解有限，因此在孩子应该如何使用互联网的问题上，他们以电视、报纸等各种媒体上的事实、案例为替代的经验来引导孩子健康地上网。

其二，青少年同伴群体是一个联合而成的群体。在群体中，学生交互作用，并获得评价个人态度、价值和行为的参考性框架。现如今使用互联网的行为方式已然成为青少年同伴群体独特的文化内容之一，青少年的思想和行为在与同伴群体文化规范的对照中得以调整、修正。

其三，教师、学校发挥特有的教学功能，对青少年怎样正确使用互联网、如何有效利用互联网等都可以起到积极作用。

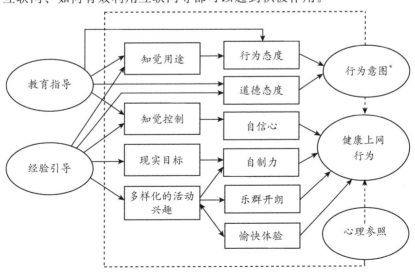

**图 21-2　青少年健康上网行为的有利影响因素结构**

＊行为意图指的是对健康上网行为的行为意图。

从图 21-2 中可以看出，外部影响因素没有以父母、教师、同伴这样的名称呈现，而是以它们在实际当中所发挥的作用为名，即经验引导和教育指导。命名源于实际的访谈资料，研究结果与以往研究有许多相同之处，即父母、同伴、教师在青少年健康上网行为的塑造中都发挥着重要作用。

但是，在健康上网行为这个问题上，除了父母、教师这样关系密切的人能够发挥重要作用之外，还有没有其他人？换句话说，经验作用的引导者和教育作用的指导者就一定是父母和教师吗？在访谈中，我们了解到现在有些父母对互联网并不怎么了解，或者他们的了解并没有孩子多，教师方面也有这个问题；反而可能是社会上的一个陌生人，或来自网络世界的陌生人，在认识孩子之后，会给他们良好的引导和教育。

## 五、不利于青少年健康上网的两大因素

本研究的目的虽然是明确有利于青少年健康上网行为的影响因素，但是明确那些不利于健康上网行为的因素也是极有意义的。在访谈中，我们发现，不少青少年在提到有利因素的同时，也提到了不利因素。归纳起来，不利于健康上网行为的因素主要有两个。

一是社会的消极作用。例如，大肆宣传网络成瘾而损害了互联网的形象。

二是青春期问题带来的消极影响。这以逆反心理为主，正如有些青少年谈到的那样，"你们说不好，但我觉得很好。我就不相信了，然后我就验证给你们看""他不让我们做，我们就偏去做，比如说他说不要去摸电门，我们就会想凭什么不让我们摸，我们就过去摸"。访谈中共有 18 名研究对象谈到了青春期心理在青少年使用互联网过程中的表现。

## 拓展阅读

### 免受手机"奴役"的九妙招

无聊时玩手机，已经不是什么秘密了。美国心理学会发布的一份报告显示，感到强迫、不受控制地发信息的青少年女孩在学业上可能会表现得更差。同时，并不只有青少年会沉迷于手机，过度使用手机也会对成年人的人际交往造成困扰。贝勒大学发布的研究发现，将近一半的成年人正在被他们的配偶疏远，22.6%的成年人说这给他们的关系造成了冲突。好消息是，现在有很多方法可以让全家人重新在一起，并且不用完全抛弃数码产品。

一、试着把手机收起来

晚饭时，家人的手机是否侵占了餐桌上原本属于小菜、点心的地方呢？考虑一下把它们收起来吧。电子设备戒瘾法的发明者马丁·陶克斯说："在一次会议中、在酒馆或者在一场家庭聚餐中，每个人都把自己的手机放在桌子的中央，第一个去拿手机的人必须受点惩罚，如给每个人沏茶、付下一轮酒钱或者收拾桌子。"

二、提倡专注

"很多青少年在吃饭的同时，写作业、发信息或看电视。"青少年短信行为的研究者、来自德拉华社区学院的凯丽·利斯特兰德曼说："应该鼓励孩子一次专注于一项或两项任务来限制他们分散注意力。最重要的是，和青少年建立开放的沟通机制，包括倾听他们讲那些使用手机的积极方面。这些积极方面可能有很多。这种沟通能够改善父母和孩子的关系，并且使青少年在沟通时感到更自在，无论是在他们认为自己有问题时，还是当父母告诉他们一些他们自己没有注意到的问题时。"

三、关掉没有必要的消息提醒

消息提醒往往就在你手边，或者说可能会把你的注意力从正在做的更为重要的事情中拉过来。快关掉你不用的消息提醒来避免这种情况。

四、更加有自律和自控能力

考虑下载一款相关的应用，让它能追踪你解锁手机的次数和你手机屏幕亮着的时间。挑战自己去减少这种时间。

五、使用真正的闹钟

像消息提醒一样，你手机上的闹钟不仅能把你叫醒，而且还能立即提醒你每天开始玩手机。很快，你就在起床之前刷照片墙和脸书。想要一个更好的替代吗？找一个老式的数字闹钟吧。

六、把手机藏在车里

美国交通运输部预估有160万起车祸和在驾驶过程中使用智能手机有关。"自驾车正在路上行驶，同时把你的手机放在你拿不到的地方，如放在盒子里。即使是'解放双手'的手机系统也会减慢你的反应，因为人们没有集中精力在道路上。如果你需要听到人声，就去听车载广播、有声读物或者播客吧。"托克这样说。

七、有其他活动时放下手机

你听说过有人把自己的银行卡藏进冰柜里来不让自己乱花钱的事件吗？把这种方法也运用到你的智能手机上。你在工作时间查看手机其实不利于工作效率的提高，还很危险，所以把你的手机放在柜子里。花上一小时和其他在球场边的阿姨一样，好好享受没有手机的美好时光吧。

八、执行屏幕空闲时间

全家人坐在一起，却各自盯着自己的手机看个不停？试试放下手机，大家一起来玩纸牌游戏吧。美国儿科学会建议，对于3～18岁的孩子来说，每天玩手机的时间应该不超过2小时。好习惯的建立从每一个家庭成员执行屏幕空闲时间的习惯开始。

九、减少你的手机数据流量

如果以上方法都不能让你从对手机的沉迷中解脱出来，那么减少你每个月的数据流量吧!

作者：露西·马厄(Lucy Maher)

译者：戴维多、缪童昕、侯津柠等

## 六、总结

### (一)研究结论

综上所述，通过对青少年健康上网的研究，我们可以得出以下结论。

①我们提出的青少年健康上网行为的概念是，青少年对互联网的使用从外控到内控形成有节制的上网行为，从而获得对学习、生活和身心发展有益的结果。

②我们根据概念理论的两个核心类别"有益因素"和"控制因素"，形成一个"内控—外控"和"现实—虚拟"的两维四象限("四分型")结构，划分了青少年上网的四种主要类型："健康型""成长型""满足型""边缘型"。

③我们提出了评估青少年健康上网的操作化标准，包括六个项目的综合标准与健康时限的参考标准。综合标准是在"抵制不良""不可沉迷""控制时间""放松身心""辅助学习""影响适度"六项中，只要符合其中五项就是健康上网行为。青少年健康上网行为的健康时限为每天一个半小时、每周十小时。

④有利于青少年健康上网行为的因素由三大类构成：由父母—社会的经验引导作用、教师—学校的教育指导作用、自身—同伴的心理参照作用。有利因素之间是一种层级关系的结构，主要影响路线包括外部因素(父母、教师、社会等)影响个体的动力认知因素(对互联网的态度、现实目标等)，动力认知因素影响人格因素(自制力、自信心等)，人格因素直接影响健康上网行为。

## （二）对策建议

从健康上网的质性研究中可以看到，从教育工作的角度来看，大部分青少年是发展中的常态青少年，教育需要做出的不仅仅是矫治型的措施，更是制定预防型的发展性目标。当前关于网络成瘾的宣传、预防和干预工作很多，但网络成瘾的青少年所占的比例毕竟很小。这提示我们在今后的工作中，应该注意以下几点。

首先，应从态度上明确互联网及其各方面功能对青少年发展的积极作用。研究发现，青少年越是具体清楚地知道互联网及其功能，就对其健康使用互联网越有预测性。为了让青少年更加全面地认识互联网，成年人特别是家长和教师，应该积极与孩子进行沟通和互动。这样才能给他们提出指导性意见，引导他们健康上网。

其次，关于个性的分析和讨论结果发现，健康上网的青少年应具备较为完整和谐的个性功能，所以应该指导青少年协调发挥个性结构中的动力与自我调控成分的重要作用，以及外向性、开放性、责任心等特质的积极作用。

再次，一个健康上网的青少年在人际、学习、道德及身体健康方面应是适应良好的，但青少年与成年人对适应特征的关注点有所不同。从现实角度考虑，为了引导青少年健康上网，教育者可以从青少年重视的方面（如身体健康）入手，开展青少年感兴趣的各项活动。用发展的眼光看问题，教育者应该坚守发展性理念，帮助青少年充分开发学习潜能，发展青少年的人际沟通能力，促进青少年更好地适应社会。适应是一个动态的、整体的过程，因此对青少年健康上网适应层面的评估需要同时考虑到以上不同的主题。

最后，通过对比不同年龄的公众评价观点的异同之处可以发现，青少年自评观点与成年公众期待之间存在密切关系。因此，如何评定青少年健康上网，可能涉及自己、家长和教师的多视角评定问题。建议以青少年自我评定为主，尝试对多视角资料进行整合，从而更好地为引导青少年健康上网的教育工作服务。

# 参考文献

安秋玲. 自我同一性发展理论的不同取向及其演变关系. 心理科学, 2009, 32(6): 1511-1513.

卜荣华. 大学生网络交往的心理解析. 安徽工业大学学报(社会科学版), 2010, 27(4): 137-140.

才源源, 崔丽娟, 李昕. 青少年网络游戏行为的心理需求研究. 心理科学, 2007, 30(1): 169-172.

曹锦丹, 贺伟. 信息用户的焦虑心理及其信息服务研究. 图书情报知识, 2007(6): 101-103.

陈会昌. 道德发展心理学. 合肥: 安徽教育出版社, 2004.

陈美芬, 陈舜蓬. 攻击性网络游戏对个体内隐攻击性的影响. 心理科学, 2005, 28(2): 458-460.

陈猛. 互联网使用、自我认同与青少年心理健康. 北京: 首都师范大学, 2005.

陈树林, 郑全全, 潘健男, 等. 中学生应对方式量表的初步编制. 中国临床心理学杂志, 2000, 8(4): 211-214.

陈侠, 黄希庭, 白纲. 关于网络成瘾的心理学研究. 心理科学进展, 2003, 11(3): 355-359.

陈向明. 质的研究方法与社会科学研究. 北京: 教育科学出版社, 2000.

陈晓杰. 关于学习及学习适应性的界定. 芜湖职业技术学院学报, 2004, 6(3): 42-43.

陈英, 陈燕, 徐应军, 等. 城市普通高中生上网行为对心理健康影响的研究. 华北煤炭医学院学报, 2006, 8(5): 603-604.

陈月华, 毛璐璐. 试论网络传播中的身体. 哈尔滨工业大学学报(社会科学版), 2006, 8(5): 149-152.

程焕文. 信息污染综合症和信息技术恐惧综合症——信息科学研究的两个新

课题．图书情报工作，2002，46(3)：5-8.

迟新丽．大学生网络交往动机问卷编制及相关问题研究．重庆：西南大学，2009.

崔丽娟，胡海龙，吴明证，等．网络游戏成瘾者的内隐攻击性研究．心理科学，2006，29(3)：570-573.

董建蓉，李小平，唐丽萍．基于网络游戏的产品属性与消费行为研究——以大学生游戏成瘾为例．中南民族大学学报(人文社会科学版)，2007，27(S1)：83-85.

杜岩英，雷雳，马晓辉．身体映像影响因素的生态系统分析．心理科学进展，2010，18(3)：480-486.

冯廷勇，李红．当代大学生学习适应性的初步研究．心理学探新，2002(1)：44-48.

冯永辉，周爱保．中学生生活事件、应对方式及焦虑的关系研究．心理发展与教育，2002，18(1)：71-74.

付丹丹．媒体形象对女大学生身体满意度的影响．北京：北京师范大学，2009.

傅荣校，杨福康．空中校园：网络传播与教育．上海：复旦大学出版社，2001.

高红艳，王进，胡炬波．青少年学生形体认知偏差与自尊、生活满意感的关系．体育科学，2007，27(11)：30-36.

高文斌，高晶，祝卓宏，等．中国青少年网络成瘾研究与调查．北京：科学出版社，2006.

郭良，卜卫．2000年中国北京、上海、广州、成都、长沙互联网使用状况及影响的调查报告．Internet信息世界，2001(10)：79-87.

郭玉锦，王欢．网络社会学．北京：中国人民大学出版社，2005.

韩笑．大学生自我表露与社会支持及其关系研究．继续教育研究，2010(3)：151-153.

郝若琦．美国大学生社交网站使用动机研究．西安：西北大学，2010.

何双海．浅析中学生网上偏差行为及其预防策略．武汉：华中师范大学，2007.

何小明．论虚拟社区中的青少年行为与心理．广西师范大学学报(哲学社会科学版），2003(4)：146-151.

贺金波，陈昌润，贺司琪，等.网络社交存在较低的社交焦虑水平吗？心理科学进展，2014，22(2)：288-294.

贺金波，郭永玉，向远明.青少年网络游戏成瘾的发生机制.中国临床心理学杂志，2008，16(1)：46-48.

侯丹.小学六～八年级学生的自我表现策略研究.上海：华东师范大学，2004.

黄希庭，余华，郑涌等.中学生应对方式的初步研究.心理科学，2000，23(1)：1-5.

江晓东，余璐.网络游戏品质对玩家忠诚度的影响——沉浸体验的中介效应.上海管理科学，2010，32(6)：76-80.

姜永志，白晓丽.大学生手机互联网依赖与孤独感的关系：网络社会支持的中介作用.中国特殊教育，2014(1)：41-47.

寇彧，谭晨，马艳.攻击性儿童与亲社会儿童社会信息加工特点比较及研究展望.心理科学进展，2005，13(1)：59-65.

寇彧，徐华女.移情对亲社会行为决策的两种功能.心理学探新，2005(3)：73-77.

雷雳.发展心理学.北京：中国人民大学出版社，2009.

雷雳，陈猛.互联网使用与青少年自我认同的生态关系.心理科学进展，2005，13(2)：169-177.

雷雳，马晓辉.中学生心理学.杭州：浙江教育出版社，2015.

雷雳，王伟.青少年移动社交媒介使用与其友谊质量的关系.心理与行为研究，2015，13(5)：664-670.

雷雳，冯丹，檀杏.青少年上网污名问卷的编制及其应用.中国临床心理学杂志，2012，20(3)：328-331.

雷雳，李冬梅.青少年网上偏差行为的研究.中国信息技术教育，2008(10)：5-11.

雷雳，柳铭心.青少年的人格特征与互联网社交服务使用偏好的关系.心理学报，2005，37(6)：91-96.

雷雳，马利艳.初中生自我认同对即时通讯与互联网使用关系的调节作用.

中国临床心理学杂志，2008，16(2)：161-164.

雷雳，杨洋．青少年病理性互联网使用量表的编制与验证．心理学报，2007，39(4)：688-696.

雷雳，杨洋，柳铭心．青少年神经质人格、互联网服务偏好与网络成瘾的关系．心理学报，2006，38(3)：375-381.

雷雳，张雷．青少年心理发展．北京：北京大学出版社，2003.

黎亚军，高燕，王耘．青少年网络交往与孤独感的关系：调节效应与中介效应．中国临床心理学杂志，2013(3)：490-492.

李宝敏，张良．从儿童对网络素养的现实需求看网络素养核心能力构建：基于儿童学习成长视角．全球教育展望，2014(11)：69-82.

李宝敏．儿童网络素养研究．上海：华东师范大学，2012.

李春玲，施芸卿．境遇、态度与社会转型：80后青年的社会学研究．北京：社会科学文献出版社，2013.

李冬梅．青少年网上偏差行为的实证与理论研究．北京：首都师范大学，2008.

李冬梅，雷雳，邹泓．青少年网上偏差行为的特点与研究展望．中国临床心理学杂志，2008，16(1)：95-97.

李宏利，雷雳．沉醉感及其在现实世界以及虚拟空间的表现．心理研究，2010，3(3)：14-18.

李宏利，雷雳．青少年的时间透视、应对方式与互联网使用的关系．心理发展与教育，2004，20(2)：29-33.

李宏利，雷雳．中学生的互联网使用与其应对方式的关系．心理学报，2005，37(1)：87-91.

李强，高文珺，许丹．心理疾病污名形成理论述评．心理科学进展，2008，16(4)：582-589.

李文道，钮丽丽，邹泓．中学生压力生活事件、人格特点对压力应对的影响．心理发展与教育，2000(4)：8-13.

林崇德．21世纪学生发展核心素养研究．北京：北京师范大学出版社，2016.

刘浩．初中生网络道德现状及教育对策研究．大连：辽宁师范大学，2006.

刘君．后信息时代的信息超载与信息焦虑．电视工程，2004(1)：21-24.

刘丽虹，张积家．动机的自我决定理论及其应用．华南师范大学学报(社会科学版)，2010(4)：53-59．

刘庆奇，孙晓军，周宗奎，等．社交网站中的自我呈现对青少年自我认同的影响：线上积极反馈的作用．中国临床心理学杂志，2015，23(6)：1094-1097．

刘小燕．上海大学生网络自我效能的实证研究．上海：上海师范大学，2005．

柳铭心，雷雳．青少年的人格特征与互联网娱乐服务使用偏好的关系．心理发展与教育，2005，21(4)：40-45．

柳铭心，雷雳．人格特征和互联网使用．首都师范大学学报(社会科学版)，2006(3)：111．

卢晓红．网络道德教育应关注网络亲社会行为．职业技术教育，2006，27(26)：115-117．

吕玲，周宗奎，平凡．大学生网络安全感问卷编制及特点研究．中国临床心理学杂志，2010，18(6)：714-716．

马利艳，雷雳．初中生生活事件、即时通讯与孤独感之间的关系．心理发展与教育，2008，24(4)：106-112．

马利艳，郝传慧，雷雳．初中生生活事件与其互联网使用的关系．中国临床心理学杂志，2007，15(4)：420-421，423．

潘琼，肖水源．病理性互联网使用研究进展．中国临床心理学杂志，2002，10(3)：237-240．

彭晶晶，黄幼民．虚拟与现实的冲突：双重人格下的交往危机．中国矿业大学学报(社会科学版)，2004，6(3)：72-74．

彭庆红，樊富珉．大学生网络利他行为及其对高校德育的启示．思想理论教育导刊，2005(12)：51-53．

彭文波，徐陶．青少年网络双重人格分析．当代青年研究，2002(4)：13-15．

秦华，饶培伦，钟昊沁．网络游戏成瘾的形成因素探析．中国临床心理学杂志，2007，15(2)：155-156．

施良方．学习论．北京：人民教育出版社，1994．

宋凤宁，黎玉兰，方艳娇，等．青少年移情水平与网络亲社会行为的研究．广西师范大学学报(哲学社会科学版)，2005，41(3)：84-88．

宋广文．中学生的学习适应性与其人格特征、心理健康的相关研究．心理学探新，1999，19(1)，44-47.

孙立新．浅谈当前网络道德的特征及其规范．辽宁师专学报(社会科学版)，2008(1)：48＋77.

唐东辉，杜晓红，陈庆果，等．青少年学生身体自我满意度的现状及分析．中国体育科技，2008，44(2)：60-63.

唐佩．虚拟环境对青少年发展的影响及教育对策研究．武汉：华中师范大学，2009.

王滨．大学生孤独感与网络成瘾倾向关系的研究．心理科学，2006，29(6)：1425-1427.

王立皓，童辉杰．大学生网络成瘾与社会支持、交往焦虑、自我和谐的关系研究．中国健康心理学杂志，2003，11(2)：94-96.

王伟，李哲，雷雳，等．移动社交媒介过度使用对青少年孤独感、焦虑和睡眠质量的影响．医学与哲学，2017，38(4)：71-74.

王伟，王兴超，雷雳，等．移动社交媒介使用行为对青少年友谊质量的影响：网络自我表露和网络社会支持的中介作用．心理科学，2017，40(4)：870-877.

王伟，雷雳．青少年移动社交媒介使用行为的结构及特点．心理研究，2015，8(5)：57-63.

王小璐，风笑天．网络中的青少年利他行为新探．广东青年干部学院学报，2004，18(55)：16-19.

罗杰·D. 维曼，约瑟夫·R. 多米尼克．大众媒介研究导论．金兼斌，陈可，郭栋梁，等译．北京：清华大学出版社，2005.

**请扫码获取更多参考文献**

**图书在版编目(CIP)数据**

在线：互联网青少年的心理画像 / 雷雳著. —北京：北京师范大学出版社，2024.4
（互联网心理学）
ISBN 978-7-303-26865-8

Ⅰ. ①在⋯ Ⅱ. ①雷⋯ Ⅲ. ①青少年心理学
Ⅳ. ①B844.2

中国版本图书馆 CIP 数据核字（2021）第 050614 号

**图书意见反馈**　　gaozhifk@bnupg.com　　010-58805079

ZAIXIAN：HULIANWANG QINGSHAONIAN DE XINLI HUAXIANG
出版发行：北京师范大学出版社　www.bnupg.com
　　　　　北京市西城区新街口外大街 12-3 号
　　　　　邮政编码：100088
印　　刷：北京盛通印刷股份有限公司
经　　销：全国新华书店
开　　本：710 mm×970 mm　1/16
印　　张：28
字　　数：376 千字
版　　次：2024 年 4 月第 1 版
印　　次：2024 年 4 月第 1 次印刷
定　　价：112.00 元

策划编辑：周益群　　　　责任编辑：宋　星
美术编辑：李向昕　　　　装帧设计：李向昕
责任校对：陈　荟　　　　责任印制：马　洁